逃生大本营

防止孩子发生意外101招

紧急出口
EXIT

陈靖昕 / 著

中央编译出版社
CCTP Central Compilation & Translation Press

图书在版编目(CIP)数据

逃生大本营：防止孩子发生意外 101 招 / 陈靖昕著. — 北京：
中央编译出版社,2016.5
ISBN 978-7-5117-2978-1

Ⅰ. ①逃… Ⅱ. ①陈… Ⅲ. ①安全教育–少儿读物 Ⅳ. ①X956-49

中国版本图书馆CIP数据核字(2016)第 058812 号

逃生大本营：防止孩子发生意外 101 招

出 版 人：刘明清
出版统筹：董　巍
策划编辑：黄海明
责任编辑：岑　红
责任印制：尹　珺
出版发行：中央编译出版社
地　　址：北京市西城区车公庄大街乙 5 号鸿儒大厦 B 座(100044)
电　　话：(010) 52612345 (总编室)　　(010) 52612313 (编辑室)
　　　　　　(010) 52612316 (发行部)　　(010) 52612317 (网络销售)
　　　　　　(010) 52612346 (馆配部)　　(010) 55626985 (读者服务部)
传　　真：(010) 66515838
经　　销：全国新华书店
印　　刷：北京柯蓝博泰印务有限公司
开　　本：710 毫米×1000 毫米　　1/16
字　　数：185 千字
印　　张：19.5
版　　次：2016 年 5 月第 1 版第 1 次印刷
定　　价：38.00 元

网　　址：www.cctphome.com　　**邮　　箱**：cctp@cctphome.com
新浪微博：@ 中央编译出版社　　**微　　信**：中央编译出版社(ID：cctphome)
淘宝店铺：中央编译出版社直销店(http://shop108367160.taobao.com)　(010)52612349
本社常年法律顾问：北京嘉润律师事务所律师　李敬伟　问小牛
凡有印装质量问题,本社负责调换。电话：(010) 55626985

前 言
Preface

①

　　孩子是祖国的未来和希望,是整个家庭的幸福支点。从孩子呱呱落地的那天开始,每个家长都希望自己的孩子能够快乐、健康地成长。

　　成长阶段的孩子,如同一叶扁舟,带着美梦、理想,向彼岸航行。在航行的道路上,有风平浪静、心旷神怡的时刻,同样也会遭遇急流险滩和滚滚浪涛的阻挠。

　　俗话说"天有不测风云,人有旦夕祸福",就在我们家长一厢情愿地希望孩子健康、平安顺利成长的时候,现实中发生的一些事情,总是与美好的意愿相违:那些不期而至的洪水、火灾、地震等"天灾"以及抢劫、暴力、诈骗等"人祸",不仅给孩子带来了巨大的肉体伤害,甚至使鲜艳的生命之花过早地凋谢。在孩子遭受身体、心理伤害的同时,也给我们的家长带来了无尽的精神煎熬和创伤。

　　面对这些"天灾"和"人祸",可能很多家长还会无知地认为"是福不是祸,是祸躲不过"的迷信,然后听天由命,不采取任何防范措施。事实上,这种悲观的"任其自然"的思想,常常让我们的孩子像一叶在大海里没有人护航的扁舟,在风浪中飘摇、折桅、触礁。

　　对于孩子来说,成长是一条漫长的路,有鲜花烂漫,也有荆棘丛生。当孩子面对鲜花一般的荣耀时,他们需要家长的肯定和鼓励;当孩子面对人生中的人身和生命威胁时,更需要家长的护航。

1

2

每个家长都对孩子寄予了厚望,这也正是很多家长重视孩子的学习成绩,从而忽略孩子人身安全的一个重要原因。是的,没有家长不希望自己的孩子能够出人头地,长大后能有所作为,但是当孩子的生存都成为问题的时候,我们再谈成绩和财富还有什么意义?当孩子的生命一直处于飘摇中的时候,我们还有什么资格谈论孩子的未来和成功?

我们应该知道,对于孩子来说,成功固然重要,但是比成功还重要的就是孩子的生命安全!而在对孩子的保护中,"预防"是重中之重,家长给予孩子保护与教导孩子自我保护是同等重要的。

让我们尽早教给孩子一些安全的知识吧,让孩子通过这些安全教育,能够学会自我保护,提高应变能力,尽可能减少和杜绝各种意外伤害的发生。

3

最后,请家长和老师们记住一个重要的日子:每年3月最后一周的周一是"全国中小学生安全教育日"。

如果所有的监护人都懂得教给孩子安全知识,让他们掌握避险技能,防范伤害事故的话,八成以上的意外伤害是可以避免的。

本书系统地、科学地从家居安全、校园安全、公共场所安全,以及突发事件和自然灾害等方面对安全教育所涵盖的主要内容做了全面、详尽、科学、完备的阐述,语言生动、活泼,可读性强。在让家长、孩子掌握一些基本的安全知识和应对方法的同时,更加注重提高其安全意识,尤其是使孩子学到保护自己、应对危险的办法,以避免和减少不必要的伤害。阅读本书能让孩子更安全,父母更放心,社会更和谐。希望我们的孩子能够在人生的航行中一帆风顺,到达成功的彼岸。

目 录

Contents

校园篇——校园非净土,自护是关键

公共场所篇——公共场所莫大意，机智应变保平安

突发意外篇——突遇意外要冷静,淡定从容莫慌张

家居篇

——家居藏隐患,安全莫大意

1.囫囵吞枣要不得,噎食危害大

孩子不可能时时刻刻都处在大人的眼皮底下,即便是孩子可以保证自己不离开大人的视线,但是,老虎也有打盹的时候。况且,现在生活条件好了,给孩子准备的东西也多了起来。闲暇时光,这些小玩意是帮助孩子解闷的利器。但如果大人忽略这些小玩意的话,这些东西往往会对孩子造成意想不到的伤害。

我们经常看到婴儿或幼儿吃果冻被噎到的新闻,其实生活中的一些常见食物,如果家长疏忽大意,都有可能成为孩子的危险食物。而小孩子被食物噎住时,抢救的"黄金时间"是在1~4分钟,4分钟内还无法将堵塞物取出,那孩子窒息死亡的可能性就很大。如果出现窒息,但仍保留心跳,只要尽快进行抢救,都可以抢救过来。相信看到这里,家长们的心估计都揪在一起了,这实在是太可怕了。当然,孩子只要掌握了正确的方法以及预防措施,那这样的意外事故还是可以避免的。

心妍跟着爸爸一块,参加了爸爸组织的同学聚会。心妍埋头吃着涮羊肉,她吃得过猛,突然被噎到了。

心妍连话都说不成了。她摸着喉结处,仰着头,表现得非常难受。

一个人递给心妍一杯茶,想让心妍就着茶水将食物咽下去。可心妍不愿喝,直摇头。另一个人给心妍拍背,试图让食物受到振动进到肚子里。心妍慌忙躲开叔叔的手,硬挤出声音说不能拍。

在场的所有人都急坏了,可又插不上手。

其实心妍已经有了妙计:一开始她试着说话,是想知道气管是否被全部堵住,得知没有被全堵住后,她就试着将食物咳出来。可是她并没有成功。于是,她有了采用"海姆利克氏"方法的念头,若使用这种办法,最忌讳的就是拍击患者后背。因此,她才会拒绝了好心叔叔的帮助。

心妍开始了。她先将两手放在肚子上,然后使大劲并快速往肚子上方按压,等她双手移至喉咙处时,已经将东西从气管里挤了出来。此时,食物很容易就被她咳出口了。

心妍咳出食物后,非常高兴,说是妈妈教会她这套方法的。

在日常生活中,孩子吃饭时,由于一时急躁,食不下咽或者咀嚼不足而导致哽噎的情况时有出现。因此,家长要教会孩子在哽噎时的自救方法。

(1)拍打胸口

如果噎的不大严重,首先不要急,可以慢慢喝几口水,做深呼吸,轻轻拍打胸口,这样一般能够将食物顺下去。

(2)刺激食道

发生噎食的时候,如果可以讲话,这证明空气还是能够通过嗓子的,因此这时候可以尝试用小手指伸进喉咙,从而刺激食道,看能不能把食物吐出来。

(3)推压腹部

如果噎得很严重,吃得太急了,连话都不能说了,可尝试将自己的双手按在上腹部,快速、用力地向上推压,当手部压到喉咙的时候,就将食物挤到气管了,然后轻轻一咳,将食物吐出来。

为了防止孩子噎食,以免孩子出现危险,一定要教育孩子吃东西防止哽噎的方法。要告诉孩子,无论吃什么,都不能急。医学表明,无论是哪一种噎食,都是因为吃东西太急太快所导致的,因此,家长要从小教育孩子,吃东西一定慢慢吃,不能囫囵吞咽。

小孩子吃果冻也要注意。很多家长以为果冻是啫喱状,不怎么哽喉,其实这个想法是错的,当果冻进入气管后,柔软的果冻随着器官舒缩而产生形状改变,更加不容易被排出,很可能造成孩子呼吸困难。因此,家长要教育孩子,吃果冻的时候,要一口一口地吃,要嚼烂。

总而言之,作为家长,我们应该从小培养孩子细嚼慢咽的习惯,这样不但能预防孩子噎食,还可以帮助食物的消化和吸收。

2.走路莫大意,滑倒摔伤了不得

为庆贺彬彬5岁生日,父母和彬彬一块在家里聚餐。

就餐中,彬彬去了一次洗手间,洗手间地面很滑,彬彬一个不慎就滑到了,头被撞出了个大包。彬彬坐在地上,疼得大哭起来。父母马上领着彬彬去就医。为以防万一,彬彬的头部做了全面的检查,值得庆幸的是伤势并不严重。可是,一件喜事就这样被一个摔伤事件破坏了。

逃生大本营
防止孩子发生意外 101 招

小孩在不断成长,平时跑得多,走得多,活动量极大,导致受伤的概率也较大,极易出现撞伤摔伤口鼻脸、膝盖等状况,严重的还可能会将头撞伤。

因此,家长必须教会小孩掌握必要的自救措施。那么,孩子摔伤跌倒,有哪些自救方法呢?

(1)擦药

轻度摔伤,若患处没有感到很痛,也并没有受到严重的污染,应用自来水或者凉水冲洗部分患处,再擦上红药水或者酒精。这一点要谨记:若患处又撞到了铁制器具上,一定要重视起来,因为患处很可能会染上破伤风杆菌。此时,家长应赶快带孩子去就医治疗。

(2)冷敷

一旦扭伤、跌伤后,患处组织内的毛细血管会大批量地破裂,会立刻渗出血液,导致患处淤血。因此,正常的皮肤上就会浮现一块青紫。这时,涂上药酒揉搓或者是热敷药酒,会导致部分血管又迅速扩张,血液流量会加大,流速会加快。血渗得就更快更多。按摩时若用力过猛,就会使患处组织再次受伤,更多的毛细血管会破损,再次导致出血,疼痛感和肿胀度也会加重。所以,应该用凉毛巾或是冰袋冷敷此类伤患。皮肤如果被擦破,应当先用纱布包好再进行冷敷。不能冷敷太久,否则会导致皮肤溃烂,敷上2~4个小时应适当休息一下,等皮肤不再湿润再开始敷。在冷敷时,毛巾等要一直处于湿润的状态才可。此外,用冻过的水冲洗伤口既方便又有效,这样可收缩血管,使伤口消肿,可迅速产生血栓阻挡在血口处;冷敷能降低部分患处的温度,可减慢感官神经的反应速度,这样就可有效地止痛了。

(3)热敷

伤后24个小时左右,方可进行热敷或者按揉,以促使血液循环、淤血块消散速度加快,有利于愈合患处的皮肤组织。热毛巾、热水袋都能用来热敷,60摄氏度以下的温度较为适宜。通常情况下,机体能渐渐吸收皮下组织的淤血,康复可能需大致两个星期的时间。

家长需要注意,如果是孩子的脑袋被碰伤,若是能立刻大哭起来,还记得是怎样碰伤的,很显然脑袋内部并无大碍,可躺床上睡一会儿,头要枕高一点。若头一直隐隐作痛,昏昏欲睡,睁不开双眼,反复呕吐并抽搐,这就显示孩子的头内也受到了损伤,应马上就医。

怎样让孩子防止跌倒滑伤呢?运动是一个不错的方法,如果孩子定期运动,不仅可塑造完美肌肉,还能适当降低摔倒频率,在摔倒时还能保证受伤程度不至于太严重。孩子运动的时候,要教育他们穿衣要宽松舒服,鞋子的底部、鞋跟要够宽且结实,还要能防滑。

家长要尽量使家庭环境处于安全的状态,屋内要保持充足的亮度,尤其是晚上,不可在没灯的情况下让孩子走进湿滑处。尽量在洗澡间、厨房地面铺上防滑垫,且室内要一直处于干燥的状态。

此外,让孩子牢记切忌在摔跤后慌忙站起,一定要镇定一会儿。若感觉摔伤了,一定要先呼救,如果坚持站起来可能会伤得更严重。若并无伤患处,应缓缓起身。由于急着爬起来,血压会猛地降低,进而导致头晕目眩。起身时一定要站稳且掌握身体平衡。若头很晕眩,应靠着墙缓缓起立。

如果孩子摔倒导致手脚淤青,除了冷热敷之外,必要的揉搓也是不可少的,这样可以让淤血散得更快一点。如果孩子不耐痛,不爱揉搓,家长们可以用一枚水煮蛋,去掉蛋壳,将一小块纯银,或者纯银首饰塞在蛋黄中,再对伤口进行热敷,轻轻地揉,这样可以帮助淤血散去,也不会让孩子感到疼痛。

3.别让阳台成为悲剧的舞台

窗户和阳台给家庭带来了明媚的阳光，使家庭的衣服得以晾晒，还能呼吸新鲜的空气,是连接大自然的主要通口,给生命和生活带来了生机和活力,但同时意味着隐患,就是这个通口容易给毫无人生经验的孩子带来安全隐患。

某居民楼三楼阳台上演了惊险一幕。牵动了周边数百名群众的心。一名6岁大的男孩疑因失足从自家阳台坠下后，幸好衣服挂在阳台防盗网的支架上,挣扎中男孩子的头部卡在阳台防盗网的间缝里,整个人悬在了半空中。

该居民楼处于闹市街巷一角,楼下遍布大排档和商铺。当晚9时40分许,楼下有人突然抬头看到三楼防盗网上正悬挂着一个小男孩。只见男孩双手在不停地晃动,似乎想要抓住防盗网支架,以此支撑摇摇欲坠的身体。因为防盗网间缝不到10厘米宽,只容得下他的脖子移动,既上不去又下不来。男孩的家里只有他一人,且家门已被反锁了。时间一分一秒地过去,见到男孩在半空中痛苦挣扎着,有人忙着撬开大门,有人拿出手机报警求助并寻找男孩的家人。

最后消防人员赶到,经过分析后制定了紧急营救行动,两名消防员先是用手将男孩托起,并使男孩的力量全落在消防员手上。另外3名消防员迅速启动液压剪对防盗网铁架进行破拆,不到4分钟,男孩肩膀上的两根铁架被剪断,随后消防员将男孩安全地抱回阳台。此时,居民楼下数百名群众纷纷鼓掌喝彩。

进入男孩家中后,他们发现,由于长时间悬挂在空中,男孩已经吓得脸色惨白，人也被卡得说不出话来。虽然男孩双手抓着防盗网上的铁架支撑身体，但如果不及时解救，男孩随时都会有坠楼或窒息而造成生命危险。

救援人员分析男孩获救原因时认为，这名男孩身材瘦小，虽然防盗网缝隙不到10厘米宽，但他一旦失足，整个人从间缝掉下楼的可能性极大。幸运的是，由于男孩的头比较大，坠落时又是正面卡在了铁架上，所以才保住了性命。

我们知道，对于住在高楼大厦里的我们来讲，阳台和窗户是我们吸纳阳光的好地方，因此很多人在购房时都会考虑阳台和窗户的朝向、大小，等等。可是我们是否想过，阳台和窗户在给我们带来温暖和明亮的同时，也意味着存在一定的隐患呢？特别是对于活泼好动的孩子们来讲，他们对"外面的世界"特别感兴趣，因此常喜欢趴在窗前和阳台前玩耍，殊不知，这是非常危险的，因此对于家长来说要保护好孩子，千万别让阳台和窗户成为孩子生命的"断头台"。

某小区的一个住户，男主人外出办事，把7岁大的儿子反锁在屋内。小男孩爬到阳台上玩耍，一不小心从二楼阳台上掉了下来。不过值得庆幸的是，正在遛弯儿的一位退休干部孙先生恰巧遇到，老人伸手就接住了孩子。

事情发生时，最先发现的是三个小朋友，他们急忙大喊："快看！上面有个小孩要掉下来了！"孙先生听到孩子们的喊叫急忙跑了过去，只见一名7岁左右的小男孩卡在二楼阳台的钢筋上，身体的一部分已倾出阳台，随时有掉下来的危险。孙先生一看报警来不及了，便迅速和另一名男子做了分工，一个负责找梯子，另一个负责在楼底接孩子。

就在孙先生喊出"孩子抓紧啊"的同时，小男孩就头朝下掉了下来。

一瞬间，做好准备的孙先生张开双臂，一把将小男孩紧紧抱在怀里，最终，小男孩毫发无伤，而孙先生倒是惊出了一身冷汗。

其实，不管是孩子平安无事还是遭遇不幸，因为阳台和窗户而发生的坠落事件都值得家长们高度重视。再者说，能被人接住的孩子毕竟是极少数，所以家长们要有意识地对孩子进行相关的教育和训练，这不仅有助于孩子的自身安全，还能培养孩子的自我保护意识和独立意识。

孩子是父母的心肝宝贝和掌上明珠，被无限地宠爱着。不谙世事的孩子就是需要照顾的特殊人群，家庭一定要给他们一个安全稳定的生活环境。做父母的，时时刻刻不得马虎，安全意识一定要牢记脑中。因此，家长要注意以下几点：

(1)不要和孩子到阳台上去玩，更不能将孩子独自留在阳台上。如果孩子经常在阳台上，就会形成习惯，在家长不注意的时候独自跑到阳台上玩耍，容易发生危险。

(2)要经常对孩子进行安全教育，告诉孩子不要独自一人到阳台上去，也不要趴在窗口向外看。

(3)家长要随时检查窗户和阳台，注意关好窗户或封好阳台，以免孩子发生意外。阳台要有足够高的护栏，最好能安装防盗网，平时要教育小孩不要爬窗。

(4)不要在窗台前放凳子，以防孩子踩着凳子去开窗户。

如果孩子不慎从阳台上掉下来，且受伤严重，应采取急救措施，疾速送往医院抢救。在送往医院的过程中要细心保护，特别要注意轻轻搬动，以免使内脏出血加重，或使受损的关节损伤加重。如小孩头部受伤，即使在医院治疗中，也要特别注意小孩的精神变化、呼吸节律，如有异常，应及时请医生组织抢救。

4.小小卫生间,安全隐患真不少

许多家长都认为,家是最安全的地方,正因如此,很多家长在家都会掉以轻心,殊不知,家里的卫生间危机重重。调皮的孩子总是会想出各种各样的"花样"来满足自己的好奇心与兴趣,因此也会出现各种各样的"险情"。

一名7岁的男孩在家中洗澡,由于地滑,一只脚不慎滑入了蹲便器里,脚踝被卡住了,他无论如何也拔不出来。妈妈闻声赶来,一番努力也帮不上忙。最后她只得求助消防官兵。最终,消防官兵将蹲便器凿碎之后,孩子的脚才被拔了出来。经过医生检查,除了有几处划伤之外,男孩的脚尚无大碍。

一名5岁的小男孩上厕所时,头被卡在了马桶座圈之内。原来,这个孩子家中的马桶上有一大一小两个座圈,大人的座圈在下面,孩子的在上面。小男孩上厕所时好奇,坐在了大人的座圈上,头往后一靠,脑袋就顺势钻进了小座圈。最终,消防队员用钢锯锯断了马桶圈,小男孩才得以脱险。

一位妈妈正在家里做晚饭,忽然听见3岁的儿子在卫生间摔倒、大哭的声音。妈妈连忙跑进卫生间,只见孩子下巴和脖子上都是血。妈妈吓坏了,连忙将孩子送进医院进行清创缝合处理。后来妈妈一问才得知,原来是孩子看爸爸每天刮胡子感到好奇,于是便模仿起来。结果他刚拿起刀片要刮下巴,脚下一滑就摔倒了,刀片一下子把下巴刮伤了。

看看这些就发生在我们身边的真实事件,我们也该对卫生间里的安全重视起来了。在这样一个狭小的空间里,孩子有可能发生各种各样的意外。因此,为了保护孩子的安全,家长们千万不能小瞧了这个小小的卫生间。

那么,卫生间究竟容易出现哪些安全隐患呢?家长怎么做才能全方位保护好孩子呢?

(1)烫伤

卫生间里经常使用热水,年幼的孩子,对什么是烫缺乏认识,对可能烫伤的东西甚至一无所知,也无所畏惧,家长应全方位保护孩子。

洗澡时要养成先放冷水再兑热水的习惯。把孩子放进浴盆时,要先试试温度。如果测不准,可买个能放在浴盆中的温度计,一般水温在37~40℃即可。使用热水时,热水的出水口和出水管也会比较烫,要确保孩子远离。

抬启式水龙头应确保始终朝向冷水出水口,确保孩子即使误开也不会被烫伤。如果是旋转式的水龙头,不用时最好能将热水的出水口暂时关闭。

卫生间不要放开水壶、暖瓶之类的物品,以防孩子不小心打翻。

让孩子认识"烫",增加他对烫的理解。父母可用两个一模一样的杯子,在杯子里分别倒入冷、热两种水,让孩子感受不同温度,并告诉孩子"烫"。热水温度在50℃左右就可以,不要太热。

(2)滑倒

卫生间用水多,地面湿滑,孩子的平衡能力不是很强,很难保护好自己,很容易滑倒,家长要把防范措施做到位。

卫生间的地板应该选择防滑瓷砖,在卫生间门口、浴盆、浴缸附近可铺上橡胶地板,避免孩子滑倒而受伤。卫生间的地面上如果有水渍,要及时擦干净。

为孩子选防滑底的鞋(鞋底有橡胶小颗粒),能起到保护作用,也可在地上贴止滑条。孩子的浴盆里要加个防滑垫,浴盆旁要有安全把手,让孩子在站起、坐下时有可以借助的东西。

卫生间的台子边缘如果是直角的,要加装圆弧角形的防护棉垫,以免孩子滑倒时受伤。

(3)溺水

澡盆中的水,浴缸中的水,都可能成为孩子的探索之地,在玩耍时很容易失去平衡而跌入水中发生危险。

孩子最好在自己专用的浴盆中洗澡,而不是在成人的浴缸里,浴缸对于孩子来说显然太大了。

当孩子在浴盆中洗澡时,永远不要让孩子离开你的视线。一旦有什么事情需要离开,一定记得把孩子抱走,以免孩子溺水。不洗澡的时候,一定要保证浴缸里没有水,最好随手关上浴室的门。

(4)触电

卫生间的潮湿环境,对于各种电力设施是个考验,用不好可能发生短路、触电的危险。家中的爸爸要担当起安全的重任,确保每样设施的安全。

卫生间的电线要布置妥当,以免潮湿引起短路。电源开关和插座必须要保持一定的高度,尤其是明装插座,建议要在1.2米的高度以上;且以有防水保护装置为佳。

最好使用带有安全防护功能的灯具和开关,接头和插座也不能暴露在外。开关如为跷板式的,最好设在卫生间门外,否则应采用防潮防水型面板或使用绝缘绳操作的拉线开关,防止因潮湿漏电导致意外事故。

卫生间的电器,如电热水器、暖风机或电暖器等,一定要做到即用即插,用完及时切断电源,并摆放在孩子够不着的地方。

如果洗衣机放置在卫生间内,不用时要拔掉电源线,避免好动的孩子拨弄开关而闯祸。

(5)皮肤烧伤或中毒

厕所清洁剂里面含有次氯酸钠、漂白剂等化学成分,霉菌清除剂的主要成分是氯化氨和杀真菌剂,具有极强的腐蚀性,对呼吸道有强烈的刺激作用,这两种物质都可能烧伤皮肤,如溅入眼睛甚至可能导致失明。

用来清洁卫生间的物品一定要妥善保管,放置在孩子够不着的位置。用这些物品清洁卫生间时,一定要注意通风,以免扩散在空气中给孩子的呼吸道带来刺激。

日用品如柔顺剂、洗衣粉、化妆用品、护肤用品等都应该锁在柜子里,橱柜最好安装在孩子够不着的位置,或者加装安全锁。

不要当着孩子的面刷洗马桶,一是防止溅出的液体进入孩子眼睛,再有可防止善于模仿的孩子学着妈妈的样子做。

孩子皮肤、眼睛不慎接触了厕所清洁液、消毒液,要采取以下方法:

要立即用清水冲洗皮肤至少15分钟,溅入眼睛者要及时用流动水冲洗眼部至少15分钟,冲洗时须将眼睑分开。衣服污染时要立即脱去衣服,并直接用水冲洗衣服污染的部位。

(6)反锁卫生间

孩子一个人在卫生间玩,可能你在厨房炒个菜的工夫,孩子把门锁上了。当大人在门外,孩子在里面又出不来时,肯定很着急。

卫生间的门最好是可以从外面打开的那种,当孩子把自己锁在卫生间时,家长能尽快解救。如果是门闩的那种,要保证门闩在高处,让孩子够不到,如果太低,孩子由于好奇去插门,插上门可能就不会打开了。

平时,家长也可以利用其他矮柜教孩子插门、开门的方法,让孩子在偶然插门后,能根据以前的家长所教的经验解决问题。

(7)剃须刀

爸爸的剃须刀,对孩子充满诱惑力,孩子会想:"爸爸老是拿着那个东东来玩,我也想玩。"趁你不在,他就可能偷偷学爸爸的样子哦。孩子模仿爸爸刮胡子的动作,很可能将嘴唇刮伤。电动剃须刀的网眼虽然小,对成人不构成伤害,但是由于孩子的皮肤娇嫩,稍一用力就可能给孩子造成伤害。

爸爸刮胡子时,可以对孩子说:"这是爸爸的剃须刀,上边有锋利的刀片,不小心会割破手指,很痛的哦。"

用完剃须刀后,剃须刀或刀片等要放到高处,确保孩子够不到。

每次带孩子去卫生间,要告诉孩子常用东西的用途,比如香皂是用来洗手的,洗衣粉是用来洗衣服的,洁厕灵是刷马桶的等等,要按孩子的接受程度,逐渐告诉孩子,让孩子知道这种东西是用来干嘛的、怎么用以及方法不当会造成什么伤害。这样随着孩子长大,他就逐渐知道如何正确使用卫生间内的物品,保护好自己。

5.病从口入,小心有毒食物

如今食品安全问题让更多的人意识到"病从口入"这句话的真正含义,由于小朋友们还处在快速生长和发育中,一旦吃了不干净或不健康的食物,极易出现食物中毒现象。在日常生活中,小朋友因为吃了变质、有毒的动植物而中毒的事件时常发生。尤其是在夏季,气温较高、细菌生长快,稍有不慎,就会引起食物中毒。食物中毒对孩子的危害较大,轻者引起上吐下泻,重者危及生命,所以应当早期发现,及时抢救。

由于孩子身体机能尚未发育完全,因此孩子的日常饮食并不能完全按照成人的饮食习惯进行,然而,在日常生活中很多家长却往往会忽略这一点,这让孩子在日常饮食中很容易发生食物中毒事故。

妈妈被小萱的呕吐声和哭声惊醒了,她起床一看,小萱在厕所把午饭吐得干干净净,嘴边还流着许多"丝"一样的东西。这个场面可把妈妈吓坏了,连忙问小萱怎么回事?小萱哭着说:"我喝了饮料就吐了,嗓子可疼了。"听她说完,妈妈连忙倒水让她漱口,并让她喝水稀释肠胃。她拿起小萱刚才喝剩下的饮料看了看,又着急又生气地对小萱说:"你为什么不仔细看一下,这是过了保质期的饮料。"小萱的胃还因此疼了好几天,吃不下饭睡不好觉。看到小萱这么不舒服,妈妈在心疼之余也责怪自己,当时应该及时把这些过期的饮料扔掉,避免孩子不看日期误食后中毒。

2~8岁的孩子,正是活泼好动的年龄,对于外界事物缺乏判断力而且很好奇,如果家长不看管好,很容易发生意外。

许东和几位同学放学后没有回家吃饭,而是一起到学校旁边的麻辣烫小店去吃烫菜。热乎乎的烫菜,再加上小店里赠送的小咸菜,几个人吃得都很舒服。

但到了下午快四点的时候,许东忽然觉得头晕、恶心,肚子还疼,他的异常引起了讲课老师的注意,老师发现他嘴唇发紫发干,刚要询问,没想到又有几名同学也都出现了类似的症状。老师一看情形不对,立刻让同学拨打了120急救电话。

许东和几名同学很快被送到了学校附近的医院。医生一检查,诊断他们是"亚硝酸盐中毒"。经过医生的紧急救治,几个人总算是脱离了危险。

后来,经过相关人员调查,发现许东他们中午吃的小咸菜中含有大量亚硝酸盐。这些小咸菜刚腌了一个星期左右,因为腌制蔬菜在8天以内,食盐浓度在15%以下时,易引起亚硝酸盐中毒。许东和几个同学得知后,都出了一身冷汗,他们决定一定要加强这方面的知识学习,防止以后再发生这样的事情。

食物中毒是指因吃了含有毒素或细菌的食物而引起的疾病。吃同一来源食物的人群可引起集体食物中毒,但由于各人体质不同,适应能力有强弱,发病也有先后。一般来说,孩子年龄较小,抵抗力弱,受到的伤害会更大。食物中毒的一般特征是:恶心、呕吐、腹泻、稀水样便,与急性肠炎基本相似。严重的伴有发热、脱水、心血管功能障碍甚至死亡。

所以,我们一定要教孩子学会预防与应对食物中毒,以防止发生类似悲剧。

(1)让孩子首先要注意个人卫生

有些食物中毒状况是因为孩子自身不注意个人卫生而引起的,关于这一点我们需要对孩子多加强调。

我们要督促孩子养成饭前、便后洗手的好习惯。提醒他在吃饭前和上完厕所之后,一定要用香皂或洗手液来清洁双手,不要随便应付了事,要认真对待。

同时,让孩子在吃糕点等食物时,不要直接用手抓,可以垫一个干净的食品袋,或者使用自己的餐具。对于他自己的餐具,要注意保持卫生,使用之前,有条件的话最好用开水烫一遍;使用之后,要尽量用洗涤灵刷洗干净。

另外,我们也要告诉孩子,如果他患有感冒等疾病,要尽量少触摸食物。如果他的手上有伤口,也要用防水的创可贴或胶布包好伤口后,再去接触食物。

(2)告诉孩子哪些食物不能吃

孩子无法拒绝美味,他会对很多看上去可以吃的东西"流口水",然后就会趁着我们不注意而去"偷嘴"。可他的这种偷嘴,却很容易使他食物中毒。我们该提前告诉孩子哪些东西是不可以吃的,让他自己建立起"保护盾"。

比如,过了保质期的食物,孩子一定要看清楚食品包装袋上的日期,一旦过期就绝对不要再吃了,同时还要注意食品包装上有没有正规的生产厂家、产地,是否有卫生合格证,如果没有也一定不要吃。

过夜的剩菜、剩饭,最好也不要再吃了,如果再食用,也定要蒸熟、煮透才能吃。

孩子也要知道食物变质发霉的特点。比如,当食物变酸、变臭,或者食物表面长出黑色、绿色的霉菌,就代表它已经不能再吃了。

还有些食物不能生吃,例如鲜黄花菜、荸荠、木耳、豆浆、鸡蛋、豆角、海鲜等等,这些食物一定都要做熟才能入口。在外面采摘的野菜也不要随便就做来吃,尤其是自己摘的鲜蘑菇,一定要注意分辨是否有毒。

另外,家中的药片、酒类,以及各种看上去像糖一样的老鼠药、干燥剂等等,也是绝对不能吃的。

总之,我们可以告诉孩子,如果他不能确定某样东西是否可以吃,就不要吃,以免发生意外。

(3)提醒孩子要妥善处理食物

有些食物不能生吃,但经过我们认真仔细的处理之后就可以入口了。我们也应该教孩子学会妥善处理食物。

我们应该在家中准备两套砧板和刀具,保证生熟食物分开处理。同时,生食和熟食也要分开放置,避免交叉污染。

一些可以生吃的西红柿、黄瓜等蔬菜一定要洗净再吃,以防止上面有农药残留。瓜果梨桃等水果也要洗净再吃。

黄花菜一类的蔬菜,要用开水焯一下再吃;发芽不算多的土豆,则要将发芽的部位以及其周边部位完全挖除,烧熟后食用;四季豆和扁豆,也要保证做熟,以没有豆腥味、颜色变成暗绿为宜,另外扁豆做熟后也要尽快食用,否则久置将可能导致亚硝酸盐的含量增多。

对于野菜,我们要教孩子学会识别几种最基本的野菜,比如马齿苋、荠菜、蒲公英、苦菜等等。我们可以先找些野菜的图片教孩子辨认,在采摘过程中,再教他区分这些野菜与杂草的不同。当野菜采摘回来之后,也要让他看看我们是怎么处理的,让他清楚野菜一定要洗净、做熟之后才能食用。

(4)教孩子学会处理食物中毒

当孩子在吃完某些东西后感觉不舒服,我们可以教他一些急救办法:

①如果孩子一人在家,发现恶心、呕吐、腹泻等症状,要立即报告家长;若病势过猛,即敲邻居家门,请求帮助送往医院。必要时可爬出门外,至有人过往处呼救,即便昏倒也要倒在户外,让路人发现。

②一边寻求别人的帮助,一边用筷子或勺子刺激咽喉部引起呕吐,或用手指抠喉咙,以便把吃下的食物吐出来。

③如果吃了变质的鱼虾引起食物中毒,可以取食醋100毫升,加水200毫升,稀释后一次服下。

6.远离开水,小心烫伤

大多数孩子都爱动,而且由于年龄尚小动作协调性较差,如果家长在照看孩子时粗心大意,那孩子在家里很容易发生烫伤、烧伤等一些意外事故。特别是在夏天,孩子穿的衣服减少,不仅烫伤的事故逐渐增加,而且受伤程度也会严重很多。当然了,之所以会出现这些状况,除了父母对孩子照看不周之外,也与孩子缺乏一定的自我保护意识有关。烧伤、烫伤的意外事故是非常危险的,轻则会带给孩子难忍的疼痛,重则会留下终身的疤痕或者残疾甚至危及到生命。不过,如果平常注意预防,掌握一些烫伤的急救常识,就可以避免烫伤,或者是减轻烫伤的程度。

放暑假了,为了让孩子能够有一个快乐的假期,爸爸妈妈决定带着4岁的萌萌一块出去旅游。萌萌听到这个消息后,心里别提有多高兴了,兴奋地围着屋子蹦蹦跳跳的绕了一圈又一圈,突然,一不小心碰倒了放在桌子上的暖水瓶,开水顿时洒到了她的小腿上。萌萌疼得立即大哭起来,爸爸迅速抱起萌萌,把烫伤的部位在水龙头下冲了10分钟左右,然后将她的长裤袜脱下来,立即送萌萌去医院治疗。

医生为萌萌敷了点药后,称赞萌萌的爸爸对烫伤的急救处理及时有效,大大减轻了孩子烫伤的程度,她的腿伤恢复后也不会留下明显的疤痕。

调查表明,在幼儿意外事故中,烫伤占很大比例,而这又往往与家庭护理的失误有关。所以,如果家长在日常生活中能处处留心,孩子的许多烫伤事故是完全可以避免的。

于凡是一个6岁的小男孩,平时活蹦乱跳,很招人喜爱。于凡的父母很忙,只好把于凡托付给奶奶照顾。冬天很冷,于凡的奶奶就用电磁炉烧了开水,想灌两个热水袋暖手。奶奶见开水没这么快烧好,就起身去忙别的事了,而于凡就独自一个人在地板上玩耍。开水烧好了,于凡见奶奶还没有回来,就想帮奶奶把电磁炉关掉,结果于凡白嫩的小手不慎碰到了开水壶上。于凡"哇"的一下就哭了起来,于凡的奶奶赶忙赶了过来,拿起于凡的手一看,发现已经红了一大片。于凡的奶奶顿时慌了神,不知道应该怎么办,站在原地手足无措。好在隔壁的邻居听到于凡的哭声,赶了过来,用冷水帮于凡冲洗烫伤的地方,并为于凡抹上了烫伤膏,这才止住了于凡的哭泣。好在邻居及时发现于凡家的异样并及时提供帮助,于凡烫伤的小手得到及时的处理,才没有让伤情恶化。从那以后于凡就知道了,被烫伤之后,要立即用冷水对伤口进行冲洗。

小孩子年纪太小,太过麻烦的方法他们也无法使用,但是父母却可以教给他们一些简单而又有效的应急方法。用冷水冲洗烫伤的部位,是最简单也是最有效的方法,小孩子掌握了这些基本的应急手段之后,在烫伤发生时,就可以使用最佳的处理办法,这对伤情有一定的缓解作用。父母再带孩子去看医生,伤口也能够好得更快些。所以这些基本的应急手段,父母应该尽早地告诉小孩子。

当然,这些也都是亡羊补牢的手段了,最好的办法还是防患于未然,在平时就要防止这些意外的烫伤事故发生:

(1)家长在给孩子洗澡时一定要多加留意,应该先放冷水再加热水。如果先放热水后加冷水,在倒入热水后,家长又去提冷水,如果这时站在一旁的孩子迫不及待地把手伸进去或将双脚踏入盆里,就会由此引起烫伤。家长洗衣服时,也不应该先倒开水,孩子跑来跑去,不慎跌入盆里容易被烫伤。同时家长也要教育孩子,看见滚烫的冒热气的水盆不要去碰,不要在开水盆附近玩耍,以免发生事故。

(2)孩子的好奇心强,又好动,总爱攀高爬低,特别爱到桌面上去抓弄东西,有时稍不留神,刚刚端上来的热菜、热茶、粥汤之类的就会被弄翻,这样也可能引发烫伤。因此,家长要嘱咐孩子:对于刚盛出来的热饭、热汤等,不要擅自翻弄、触碰。如果想食用就告诉爸爸妈妈,让他们盛到小碗里,等凉一会儿再吃。另外,不要让孩子触碰暖水瓶,以防碰倒水瓶溅出开水洒到身上。

(3)有些家庭因地方窄小,常把取暖炉放在门口或楼梯附近。孩子调皮,常在门口或楼梯口跑来跑去,不小心在炉边摔倒,就有可能被炉子或炉子上的水壶烫伤。对于这些情况,家长要常教导孩子,经过火炉时要小心。

(4)不要让孩子玩弄家中的燃气开关,以防止燃气泄漏引起烧伤。父母要告诉孩子万一自己真的被烧伤、烫伤了,也不必紧张,以免手忙脚乱。首先要脱离热源,千万不要去揭开受伤部位的衣物、袜子等,应该先用冷水冲10~30分钟,这样可以减轻疼痛,降低受伤程度,然后再脱去衣物,或用剪刀小心剪开。如果皮肤仅仅有点红肿,而范围比较小,没有起水疱,用烫伤膏涂抹即可,也可暂时涂抹牙膏以缓解疼痛。如果烫伤部位出现水疱,不要挑破,用干净纱布覆盖,再用绷带包扎好。对于面积较大的烫伤,则应用干净的棉质毛巾或纱布包住受伤部位,及时到医院进行治疗。

即便是爸爸妈妈再小心不过,孩子还是会趁着爸爸妈妈疏忽的时候发生点意外。所以一旦孩子真的出现烧伤、烫伤的情况,爸爸妈妈或家人都应先冷静下来,做各种正确的紧急处理,才能尽可能地降低烧烫伤对皮肤所造成的伤害。伤口范围占整体面积的10%~20%左右的深度伤口时,都有入院治疗的必要。烧烫伤的安全检查大多无法立刻判断,万一受到感染还会使得深度的组织发生障碍, 所以千万要避免不干净的处理方法。

烧烫伤紧急处置的第一步,是降温。穿着裤子和袜子被热水泼洒到时,若无法马上脱下,可泡到浴缸里再脱掉,接着再用洗脸盆、舀水盆或浴缸中的水浸泡烧伤的部位,用自来水大量冲洗,替伤口降温。30分钟到1个小时左右的降温时间即可。

伤口面积过大时,孩子身体容易受到风寒,最好能中间稍事休息后再继续降温的工作。冷水降温不只可以延缓烧烫伤所引发的组织障碍的速度，还具有镇痛的效果，但最好不要涂抹油膏。降温后直接盖上消毒药布、干净的手帕或纱布送往医院治疗。

在我们居家生活中，烫伤有时候是不可避免的，所以家长一定要记住上边所说的处理方法，如果被烫伤了就赶紧照着上面说的做，懂得保护自己、保护孩子！柔弱的孩子需要爸爸妈妈小心看护才能健康快乐地长大，家长在提供孩子更好的物质条件之余，应该尽可能地为孩子营造一个安全舒适的环境，并且防患于未然。

7.小心高压锅爆炸伤害孩子

现在大部分家庭中都有高压锅，它以独特的高温高压功能，不仅大大缩短了做饭的时间，而且还节约了能源。高压锅虽然可以节省烹饪时间，但由于它的工作原理，使它存在着一定的安全隐患，高压锅爆炸引发的事故屡见不鲜。

一位母亲至今依然心有余悸。那天，她家里用高压锅做汤，结果高压锅因为某种原因而爆炸了，她4岁的儿子就在厨房不远处玩耍，结果滚热的汤汁溅到了儿子的脸上，疼得他当时大哭起来。经过医院的检查，儿子除了脸上的小烫伤，其他地方并没有大碍，但是从那以后他每天晚上睡觉都会哭，即便是睡着了也睡不安稳。母亲看了格外心疼……而另一位母亲更是满心的后悔。那天，她正在用高压锅炖肉，她5岁的女儿正在屋子里玩。当时她突然接到朋友的一个电话，连煤气都没顾得上关，就直接反锁房门出去了。这位母亲一去就是一个多小时，完全忘记了煤气上还放着高压锅,锅里还炖着东西。由于长时间的烧烤,锅内的水很快就烧干了,紧接着就引发了爆炸。女儿听到爆炸声后吓坏了,大哭不止。邻居听见一声巨响连忙出来看,发现她家反锁着门,孩子在里面哭就报了警。幸运的是,警察及时赶到打开房门救出了孩子,这位母亲回来后,看到破碎的窗户,凌乱的厨房,还有女儿脸上的伤,吓得说不出话来。

无论是高压锅的质量问题,还是因为人的操作问题,总之只要它引发爆炸,就会对家庭成员造成伤害,严重的还会波及到其他无辜的人。所以,父母对于高压锅的使用一定要谨慎小心。对于这种内部温度高、压力大的高压锅,注意安全使用是非常重要的。

因此,我们的家长一定要注意以下几点:

(1)到正规的商店去购买各项指标都合格的高压锅产品,不要贪图便宜而去买一些"三无"产品,从根本上减少发生爆炸的可能。

(2)使用前要仔细检查锅盖的阀座气孔是不是畅通的,安全塞是否完好。

(3)放入锅内的食物不能过满,要不超过总容量的4/5。如果是豆类等容易膨胀的食物,则不得超过锅内容积的2/3。

(4)加盖合拢的时候,锅盖必须要旋入卡槽之内,上下手柄也要对齐。烹煮食物的时候,当蒸汽从气孔中开始排出后,再扣上限压阀。

(5)不要强行、擅自在限压阀上增加重量,表面看似是在增加锅内压力,缩短烹煮时间,但其实这也是在增加爆炸的危险。

(6)当加温到限压阀发出了较大的"嘶嘶"的响声的时候,应该要立刻降温,或者将大火转为小火。

(7)煮食物的过程中,如果发现安全塞排气,就要及时更换新的易熔片,千万不要用铁丝、布条等东西去堵塞。

(8)尽量不用高压锅煮稀饭等容易溢锅、堵塞气孔的食物,以减少安全事故的发生。

(9)使用高压锅的时候不要离开,如需离开,先要关闭煤气或液化气的阀门。

(10)闭火之后,不要立刻取下压力阀或者马上打开锅盖,要等锅里的高压热气降温降压之后才能取阀开盖。

(11)要经常检查锅中的橡胶圈是否老化,要及时清洗高压锅,去除可能堵塞气孔的食物残渣。

8.别让沙发和床成为孩子的蹦蹦床

沙发和床本来是用来休息的地方,但是很多小朋友却把沙发和床当成了"娱乐场所",喜欢在上面蹦蹦跳跳,玩得不亦乐乎。许多父母并没有把这个当成一回事,觉得小孩子喜欢在床上和沙发上闹腾,就让他们闹腾好了,也不是什么大事。孰不知,把床和沙发当成蹦蹦床,也可能引发一些安全隐患。

何力今年6岁,他和小雷、小芳是好朋友,他们三个经常在一起玩。这天何力、小雷和小芳三个人在沙发上蹦蹦跳跳,把何力家的沙发当成了蹦蹦床。开始的时候,何力和小朋友们还玩得好好的,可是就在他们跳得欢快的时候,何力的脚崴了一下,从沙发上跌倒了撞在了茶几上。当时何力的爸爸在一楼,听到楼上的响声,赶忙跑到楼上去看个究竟,才发现何力已经躺在地板上,头上摔了一个大包。

何力的爸爸赶紧把何力扶起来,为何力查看伤情,发现并没有什么大碍,这才放下心来。他拿出红花油,为何力活血化瘀,几天之后,何力头上的大包才消肿。

小孩子爱闹爱跳这是天性,多多活动对于孩子的身心发展都有很大的好处,但是却也要选择合适的场合。房间里本身空间就不大,而且摆放着各种电器和家具,小孩子在家里玩闹难免会磕着碰着。故事中的何力,正是因为在家里肆意地蹦蹦跳跳,才不慎摔倒,撞伤了脑袋。

所以,父母们应该教育自己的孩子。床和沙发是休息的地方,不要在沙发和床上玩耍,更不能把床和沙发当成蹦蹦床。

除此之外,幼儿家长们应该还要注意:

①不要将床和沙发放在窗户边;选购床和沙发时,应尽量选择高度适中的,不宜太高;

②经常带孩子参加户外活动,让孩子意识到,应该在哪里玩耍才是正确的。

总而言之,在教育孩子不要在床上和沙发上玩耍的同时,也要给予孩子足够的活动空间,让孩子有玩耍和嬉戏的场所,让孩子养成良好的游戏习惯。

9.煤气有危险,中毒怎么办?

在现代社会中,燃气已成为人们日常生活中的主要燃料。但燃气是一种有毒且易燃易爆的气体,因此在使用过程中一定要多加注意。父母要让孩子多了解一些燃气知识,一旦发生意外,孩子可以积极地采取应对措施,把危害降到最低。

2007年11月16日晚,深圳市南山区南头城小学三年级学生袁媛正在家写作业。妈妈搀扶着受了脚伤的爸爸到浴室去换药。当时天气寒冷,夫妻俩就关闭了浴室的门。当袁媛写完作业后,才发现爸爸妈妈已经一起在浴室中昏倒,空气中还弥漫着刺鼻的煤气味道。

袁媛没有慌乱,她按照在学校学的紧急自救知识,先迅速关闭了煤气阀门,然后打开门窗,接着又拨打110、120电话求救。袁媛的家当时住在很偏僻的农民房里,但她面对这种情况却一直保持着清醒的头脑,报警的时候非常清楚地说出了自己家的确切位置,为民警寻找并救助她的父母节约了宝贵的时间。她打电话3分钟后,民警和救护车就赶到了现场。最后经过医院的全力抢救,袁媛的爸爸和妈妈先后脱离了生命危险。

袁媛勇敢、冷静,受到了各界的广泛称赞,她成为当年中央电视台与公安部联合组织的"中国骄傲"的全国6位当选者之一。

刚上小学三年级的孩子,面对父母双双煤气中毒,却能临危不乱,这不得不让人佩服。而也正是袁媛的冷静处理,才将她的父母从死亡线上拉了回来。由此可见,父母让孩子了解并掌握煤气中毒的应对措施的确很重要,也很有必要。

煤气是我们生活中经常要用到的能源,做饭、炒菜、煲汤、取暖,总少不了它。若是没有好好地运用它,它就会变成一个无形的杀手,有可能会夺去人的生命。成年人在使用煤气时,都会发生危险,更不用说小孩子了。远离煤气,这也是孩子自我保护教育中,不可缺少的一课。

小宝是一个可爱的5岁小姑娘,冬天很冷,她就和奶奶一起待在家里。这天小宝的妈妈晚上回来,刚刚进屋就感觉到一阵头晕目眩,身子也有些发软。等小宝妈妈走进屋子里,发现奶奶和小宝都倒在地上,才意识到情况不对,她急忙电话通知了家人并报了警。

等救援人员赶到,发现整个房间都充满煤气的味道,大家不敢迟疑,他们赶紧将三人送进了医院。小宝和小宝的妈妈中毒较轻,经过简单的治疗,很快就没事了,而小宝的奶奶却一直神志不清,呕吐不断,生命垂危,经过医生的抢救才捡回了一条命。

事后,经过调查才知道,原来煤气泄露是由于小宝对煤气阀门很好奇,在家随意开关煤气阀门玩,而老人没有精力看顾小孩,没有及时发现煤气泄漏。好在救援还算及时,这才免除了一场悲剧的发生。

这样的事例也告诉家长,不要把上了年纪的老人和年幼好动的孩子留在家里,一定要注意老人和孩子的安全。

小宝一家是十分幸运的,因为抢救得及时,所有人都平安无事。在生活中,却有许多人都没有小宝那样幸运。为了避免这种祸事发生,大家一定要小心煤气泄漏这个看不见的危险。为了尽量避免这种危险的发生,作为父母应该做好以下的防护措施:

(1)教孩子学会安全使用燃气

一般来说,我们很少会让孩子单独去操作燃气灶。不过,有时候我们也会让孩子帮我们去烧水,而且现在有的家庭中使用的就是燃气热水器,孩子不可避免地要用到燃气,所以我们还是要教孩子学会安全使用燃气。

如果家中没有其他人,我们还是让孩子先不要使用燃气用具。如果一定要使用燃气灶,我们则要教孩子掌握正确的开关使用方法,提醒他不要玩弄燃气开关,并要时刻注意燃气开关开着的时候,灶火是否熄灭。如果没有点燃或锅溢出的汤水浇灭了灶火,就要立刻关闭阀门。而在关闭燃气灶的时候,一定要检查是不是已经将燃气灶的阀门关严了,以防泄漏。

如果孩子要使用燃气热水器,就要告诉他一定要保证开窗通风。而此时我们也要格外关心留意,时不时地去卫生间敲门问候一声,以确保孩子平安无事。

(2)让孩子清楚辨别燃气泄漏

燃气泄漏最简单的鉴别方法就是气味,家中使用的煤气里都会加入某种物质,会有一种很特别的臭味—臭鸡蛋的气味。如果是煤气泄漏的话,也会闻到一种刺鼻的气味。

我们要根据自己家庭使用的燃气情况,提前让孩子嗅一下这种气味。我们可以直接打开燃气,如果是自动点火的燃气灶就要熄灭火焰,然后用手扇一扇,让孩子"记住"这样的味道。也就是说,当孩子闻到这些异样的味道时,就要赶紧开窗通风,然后再去检查燃气管道。在检查的时候,我们可以教孩子一些小方法。比如,用抹布沾上肥皂水沿着管道涂抹一遍,如果有气体泄漏,那么泄漏的地方就会冒出气泡。此时,孩子就要立刻找维修工来帮忙维修管道。

(3)告诉孩子怎样判断煤气中毒

煤气中毒的发生往往都在不知不觉之间,如果不了解煤气中毒的症状,那么就有可能会延误治疗时机。所以,我们要让孩子记住煤气中毒的种种表现。

煤气中毒可分为轻、中、重三种类型。轻型大多只是头痛眩晕、心悸、恶心、呕吐,四肢无力,有时候会有短暂的昏厥,但一般神智清醒;中型则在轻型的症状基础之上,出现多汗、烦躁、走路不稳等等症状,还有可能出现虚脱或昏迷,此时皮肤和黏膜会呈现煤气中毒所特有的樱桃红色;而重型的病人则会陷入深度昏迷,面色、嘴唇就会呈现樱红色,四肢也开始变得冰冷,呼吸急促,大小便失禁,这样的人很可能会面临生命危险。

我们可以给孩子准备一些介绍煤气中毒判断的书籍或者动画光盘,

让他记住煤气中毒的这些症状,使他能快速作出反应,以便于及时开展救治。

(4)教孩子学会应对煤气中毒

当煤气中毒已经发生了,孩子一定要学会应对煤气中毒,我们要将基本的应对措施教给他。

首先,一旦发现煤气泄漏,孩子就要立刻关闭煤气的总阀门,并用湿毛巾捂住鼻子和嘴,尽快打开门窗换气。

其次,提醒孩子,在煤气泄漏后,千万不要打电话,不要打开电灯、抽油烟机等家用电器,否则空气中煤气浓度很高,这些电器所产生的电火花就会点燃煤气,并可能引起爆炸。

再次,如果想要求助,一定要远离煤气泄漏地,然后再打电话通知父母或维修人员。

最后,当遇到他人发生煤气中毒之后,如果那人已经昏迷,孩子要尽快将中毒者搬到空气流通且温暖的地方,对呼吸微弱或呼吸已停者,及时进行口对口人工呼吸。有条件的话还要给中毒者盖上毛毯等覆盖物进行保暖,并尽快通知医院以进行有效的对症治疗。

10.别把厨房当成游乐场

通常来讲,厨房是家庭主妇或者"煮夫"们的活动场所,在那里,我们可以做出鲜美可口的菜肴,让家人享受美味,保持身体的健康和所需营养。

可是你是否知道,厨房对孩子来说也是个极具魅力的所在,因为他们觉得那里好像一个具有魔法的城堡,经过爸爸妈妈的"操练",那里就会产生好吃的东西。同时,孩子们也会对厨房里的诸如刀、铲、锅、火等产生浓厚的兴趣和强烈的好奇心。

正因为此,厨房对孩子来讲便成了一个暗藏"杀机"的地方,这也让很多家长提心吊胆,生怕孩子受到伤害,所以,避免家居厨房给孩子带来伤害是每个家长都应该重视的问题。

李女士在厨房准备晚饭,正好这时来了一个电话,李女士擦擦手就赶忙跑去接电话。当她挂了电话返回厨房时,却看见4岁的女儿脚踩着小凳子,手拿着比自己小手大出好几倍的菜刀在案板上切菜。而且女儿在小凳子上摇摇晃晃的,随时都有摔下来的可能。加之女儿的力气小,菜刀又重,她每次提起菜刀都显得很吃力。看到这一幕,李女士赶紧走过去把女儿抱出厨房,并对孩子说:"你现在年龄还小,还不到学做菜的时候,厨房的一些工具都可能会伤到你。刚才你就差点从小凳子上摔下来,等你长大以后妈妈再教你做菜,好吗?"女儿似乎听懂了妈妈的话,认真地点了点头。

对孩子来说,厨房可是个诱人的地方。父母可以从冰箱和橱柜里取出五颜六色的东西,孩子虽然看不到操作台和炉子上的情况,但渴望参与。他们天生的好奇心再加上你偶尔的疏忽大意,意味着避免厨房中的安全隐患非常重要。

厨房是妈妈接触最多的地方,有时候顾着做饭,自然看不住孩子。为了孩子的安全,妈妈必须要尽心尽力的规划厨房,将孩子所能遇到的危险扼杀在襁褓之中。

(1)厨房里的一些家用电器,不使用时应拔掉插头,以免孩子偶然开动。

(2)菜刀、剪刀等锋利尖锐的器械放到孩子够不着的地方。平时不大用的危险器械,应该放进碗柜锁起来。

(3)如果使用燃气灶,一定要记得把开关牢牢关闭。尤其是不使用时,一定要记得关闭总开关,以免孩子无意中打开燃气,发生危险。

(4)只要你端起滚烫的东西,无论是什么,一定要先看看孩子在什么位置,绝对不要端着滚烫的东西从他头顶掠过。

(5)不要在盛装食物的容器内放不能吃的东西。孩子好奇心强,进入厨房后会自己动手拿食物吃。他们很可能认为容器里装的是食物,把里面的东西放进嘴里。

(6)把去污粉、洗洁精、家具清洁剂、蟑螂杀虫剂和其他危险物品,都放进橱柜的高处或孩子够不着的地方。

(7)在使用微波炉加热时,不要让孩子靠近微波炉,千万不要让他站立在微波炉前头部正对着加热区,否则,容易影响孩子健康。

(8)最好不要在厨房里放置凳子,防止孩子利用凳子来取高处的危险物品。

(9)厨房里最好使用加盖垃圾桶,这样可以更好地避免孩子从垃圾桶里取出危险垃圾,如变质丢弃的食物、玻璃瓶等。

在孩子眼里,厨房就像是妈妈的"游乐场"一样,妈妈不仅可以在里面游刃有余,还能够做出美味的饭菜!如此一来,厨房在孩子看来,是个特别有魔力的地方。他们也希望自己可以通过厨房像变魔术一样弄出自己喜欢的东西。

但是孩子毕竟还是太小,厨房里面总有一些潜在的危险会让他们不知所措,也会让他们受到伤害!所以,即便是家长想利用孩子的这个想法,在厨房培养孩子的动手能力,也要万分注意孩子的安全。如果稍加不注意让孩子在厨房里受伤了,那就有点得不偿失了!

11.宠物虽可爱,但也不要亲密无间

不可否认,小狗、小猫等宠物的确可爱,它们为人们带来了很多快乐,使人们的生活空间变得美好和放松,但是与此同时,宠物对我们的健康也存在着威胁,这是因为,很多宠物的唾液、分泌物、排泄物、毛皮上常带有一些致病的病菌和寄生虫,当人体抵抗力降低或被宠物咬伤时很容易被感染。小孩子由于抵抗力弱,再加上比较顽皮,就更容易被宠物伤害,一旦感染上病菌,会对身体造成很大的伤害。

爸爸把一只宠物狗送给了7岁的皓皓,作为他升入小学的礼物。皓皓对这只小狗宠爱有加。每天他都与小狗同吃同睡,洗澡也在同一个浴缸中。即使是上学,皓皓也时刻想着它。爸爸妈妈曾经多次提醒他,要他不要与小狗太过亲密,但皓皓将爸爸妈妈的话当成了"耳旁风"。

后来,皓皓生了一场大病,医生说是家中宠物携带的病菌传染的。经过治疗,以及爸爸妈妈悉心的照顾,皓皓最终痊愈了。但回家后,他却开始疏远那只小狗。

于是,妈妈对他说:"你看你以前那么疼它,现在突然就不理它了,它多可怜啊! 其实,不让你与小狗过于亲密并不是要你不接触它。只要你能做好小狗和自己的卫生工作,你们还能和以前一样做好朋友啊!"听话的皓皓后来与小狗保持了一个安全的距离,类似生病住院的事情也再没发生。

家中多一个活泼可爱的小生灵,的确会给家庭带去不少的欢乐。但是,人尚且会有生病的时候,更何况是宠物? 而且宠物身上携带的某些病菌,也许对它没有什么太大影响,但若传染给人类,就有可能使人生病。所以,父母在教育孩子有爱心的同时,也不要让孩子与宠物太过亲密。

萌萌的父母一直喜欢宠物,这些年,他们饲养的一只小狗唠唠俨然成了家庭中的一员。由于对唠唠疼爱有加外加特别信任,也只在萌萌的妈妈怀孕和哺乳期间将唠唠寄养在父母家两年,之后又把唠唠抱回了家中。

现在,他们6岁的女儿萌萌就等于是小狗唠唠的第三个主人。唠唠和一家人相处得很好,萌萌也非常喜欢它,经常抱在怀里当宝贝。

一天,唠唠不知道怎么回事,突然开始拉稀,什么都不肯吃,就连萌萌给它最喜欢吃的东西都没有反应。

看到心爱的宝贝这样,萌萌为此很难过,整天抱着唠唠不松手。为了让唠唠快点儿好起来,爸爸妈妈带着它去了几次宠物医院。经过一周左右的治疗,唠唠病好了,可是,萌萌身体却不舒服起来,先是发烧、头痛,然后是关节痛、肌肉痛。爸爸妈妈又赶紧带着女儿去看医生,经过化验得知,原来萌萌患了一种名叫"空肠弯曲菌肠炎"的疾病,而这病症是由小狗唠唠传染给她的。

许多孩子都会像故事中的小朋友一样,对小动物喜欢得无法形容。他们对宠物表达爱意的方式更是简单,就是无论做什么都想与它同步。但这也同时埋下了一个健康隐患,若是处理不当,就会如皓皓和萌萌这样生病住院。所以,父母需要提醒孩子注意,即使喜爱宠物,但为了自己的健康着想,也不要与宠物过分亲密。

宠物与其他所有事物一样,都具有两面性,好的一面是可以给人带去愉悦,但坏的一面却是能传染疾病、给人直接或间接的人身伤害。因此,养宠物或者即将要养宠物的家庭要对此格外重视。

（1）引导孩子正确对待宠物

宠物虽然可爱，但是它们根本不可能像人那样表达自己，一旦遭受惊讶或者陌生人的爱抚，它们会很容易被激怒，从而产生攻击力。如果孩子试图与狗接近，那么不要让他高声喊叫，否则会让狗受到惊吓而产生攻击性。从这一点上看，宠物狗和婴儿的反应有些类似，因此，如果孩子实在想爱抚一下宠物，那么就让他慢慢地靠近，嘴里轻声唤它，这样一来，狗就会认为人类在向它表示友好，也就不会产生攻击行为了。

（2）帮助预防宠物身上的寄生虫

虽然现代都市里的人们对于宠物很是疼爱，但它们身上还是难免会产生细菌，并且容易传染给抵抗力弱的孩子，因此，如果家里养着宠物，一定要经常给宠物注射疫苗，定期到医院、防疫站驱虫，如发现宠物粪便有虫要随时驱虫。

同时，家长还要告诉孩子，在外面玩耍的时候，不要和流浪的小动物亲近，尤其注意不要接近行为异常的动物；对于家中的宠物，也要与其保持安全距离，不要用嘴去亲吻它；当接触宠物后，不管是否吃东西，都要及时洗手，并使用肥皂或者消毒液进行消毒。

（3）当被猫、狗抓、咬伤后的处理措施

家长们都知道狂犬病的威力，因此但凡被狗咬伤后都会及时注射狂犬疫苗，对于孩子来讲同样如此，一旦孩子被狗咬后，如果流血不是太多，就不要止血，而应赶紧处理伤口，越快越好，因为时间越早，狂犬病毒渗入身体的可能性就越小，处理起来效果也就最好。接下来需要了解的是，争取在两个小时之内先将伤口用大量的生理盐水冲洗，然后用20%的肥皂水或0.1%的苯扎溴铵（新洁而灭）反复清洗，至少冲洗20分钟；最后用50%~70%的乙醇或2%~3%的碘酊反复涂擦，千万别包扎伤口。当然，如果离医院很近，也可以马上去医院做这些工作。需要提醒的是，若被狗、猫或其他动物咬伤，不管动物是否有狂犬病，都必须立即进医院做进一步的伤口处理,并向伤口四周注射抗狂犬病免疫血清,有时,病人还须注射破伤风疫苗、抗生素等。

12.告诉孩子:不要轻易给陌生人开门

现代父母大多能够认识到培养孩子独立意识的重要性,比如有的父母会让五六岁的孩子自己到小区里玩耍,而自己则偷偷跟在后面,有的家长会故意让孩子一人在家,然后自己扮作陌生人来敲门,以此来观察孩子的应对能力。

对于家长的这种鼓励孩子"小鬼当家"的行为,从培养孩子独立意识的角度而言是值得肯定的,但是仍有一些需要注意的地方,我们不能在毫无准备的情况下让孩子独自去面对一些特殊的环境。换句话说,要想让你的"小鬼"真的能把"家"当好,尚需提前进行这方面的教育,也就是预防措施一定要做到位,这样,孩子才不会因为突发情况而乱了阵脚,以致发生危险。

薛骏10岁了,暑假的时候,他经常一人在家。一天傍晚,有人敲门说:"我是你爸爸的朋友,你爸爸在家吗?"

薛骏很老实地说:"不在。"

那人又问:"那你妈妈呢?"

薛骏依然很诚实:"也不在。"

"哦……"对方接着说,"那你开下门,我借锤子用一下。等你爸爸回来你再告诉他。"

薛骏听后犹豫了一下，还是打开了家门。正这时，薛骏的爸爸刚巧下班回家，一眼就看见自家门口站着个陌生男人，他警惕地问："你找谁？"

那人一看连忙说："找错了。"说完立刻钻进了一旁的电梯。

爸爸这才意识到，刚才遇到窃贼了，还好自己回来得及时。

晚上，妈妈也下班回家后，全家就这件事情开了个小会议。妈妈对薛骏说："今天多危险啊！幸亏爸爸回来了，不然后果不堪设想。所以，以后再遇到陌生人敲门，你可千万不要给他打开，无论他问什么，都不要告诉他家里的情况。万事要小心为上啊！"薛骏此时也觉得有些后怕了，连忙点了点头。

孩子的警惕心总是差一些，思想也单纯一些，于是就会和薛骏一样，很容易就相信陌生人，并且轻易就透露自家的一些信息。薛骏的爸爸幸亏及时赶回来了，才制止了坏事的发生，但很多家庭并不如薛骏家这样幸运。所以，这就需要父母提醒孩子，遇到一个人在家的时候，如果非极其特殊的情况，千万不要给陌生人开门。

随着经济的发展，社会中人与人之间的关系已经越来越复杂了。小孩子一个人单独在家，父母事先不仅仅要告诉他们在家里需要注意安全，同时也要教会他们如何面对来自门外的骚扰。

周末的一天，由于妈妈身体不适，爸爸陪妈妈去了医院，只留下8岁的嘟嘟一个人在家。临走前，爸爸妈妈嘱咐好了嘟嘟，如果有什么事就给爸爸妈妈打电话。

这种把孩子一人放在家里的情况已经不是第一次了，而且平时嘟嘟的父母也都很注重对孩子进行安全教育，因此他们对于孩子一人在家待几个小时还是很放心的。

爸爸妈妈走后，嘟嘟听到几声敲门的声音，他想起爸爸妈妈曾教给自己的方法,嘟嘟便问:"你是谁呀?"对方回答说:"我是你爸爸的同事,你把门打开好吗?"嘟嘟说,"我不认识你,我叫爸爸去,他在睡觉呢。"

说完,嘟嘟便跑到客厅拿起电话打通了爸爸的手机,他小声地对爸爸说了有人敲门的事,爸爸告诉他,一定不要开门,门外是个坏人,爸爸很快就到家。

挂断电话后,爸爸打通了物业保安的电话。见到保安一来,那个居心不良的敲门人立马就逃走了。由于嘟嘟的机敏反应,使他的盗窃计划没能得逞。

如果父母都能像事例中的父母一样,提前给孩子打好这样的"预防针",孩子就会有在大脑中具备这样的安全意识,就会保持高度的警惕性,从而最大程度地防范危险的发生。

(1)父母要以身作则。平时有陌生人敲门时,父母不要随意就打开门。可以先透过门镜,问清情况后再开门。孩子看到父母经常这样做时,他自然也会这样做的。

(2)告诉孩子,无论对方如何有什么样的借口,比如,说是父母的朋友、同事,或是远房的亲戚,或是查水表的,或是维修工人,或是查户口的,或是送礼品的,或是他手上有好吃的,等等,都不要让孩子相信,更不要开门。

(3)让孩子知道,如果陌生人执意不肯离开,孩子就可以跟父母打电话,告知父母,或是到阳台上大声呼救,从而把陌生人吓跑。

(4)父母外出时,一定要把防盗门锁好,并告诫孩子,自己不可以随便开防盗门。

(5)教孩子隔门问答的技巧,不要让陌生人知道父母不在家,甚至可以让孩子谎称父母正在睡觉或就在楼下,等等。

(6)如果坏人以为家中没人而撬门进来时,不要让孩子反抗,也不要让孩子呼喊,要冷静。否则,可能会让只想偷点钱的坏人不知所措,从而作出对孩子不利的极端行为来。

(7)通过实际演练提高孩子的警觉性。让孩子独自面对陌生人上门这种状况,并不是一次说教就可以的,父母应该经常在生活中与孩子进行"陌生人敲门"之类的演习。

13.小小电风扇,也能"咬伤"人

对于孩子来说,夏天是个很受欢迎的季节,因为有长长的假期可供孩子玩耍。在成人看来,夏天又热又闷,实在是让人提不起精神来玩,但是这些问题在孩子眼里都不是问题。

的确,夏天一到,天气便会持续炎热,连续的高温天气总会让人吃不消,为了消暑,人们往往会打开电风扇吹风。如此寻常的降温方式,这对于成人来说,确实能够起到解热祛汗的作用,但对于不懂事的孩子来说有可能会成为一个安全隐患。

夏天的一个中午,张女士看到孩子身上汗涔涔地,本想开空调,但是担心刚刚出汗的孩子会受凉,所以就顺手打开了摆在茶几上的台扇来驱热降温。

在陪儿子玩了十几分钟之后,张女士就进厨房做午饭去了。几分钟之后,正在炒菜的张女士突然听到儿子在客厅里"哇哇"大哭起来。她立刻停下手中的活儿跑到客厅去,只见2岁多的儿子坐在地上举着右手,大哭不止,食指不停地往下滴血。她这才意识到,原来由于匆忙,她没有将台扇关掉,而且还把儿子一个人留在客厅里玩耍。孩子由于好奇将手指伸入风扇里,被扇叶刮伤。

张女士为儿子做了简单的包扎,抱着孩子急忙赶到了医院。医生经过诊断后,告诉张女士,幸好孩子的手指没伤及骨头,仅是刮了一小块肉。如果再往里伸那么一点,手指就很有可能会被刮断。这件事情之后,张女士再也不敢让儿子一个人吹风扇了,并时刻告诫儿子,千万不要去摸转动着的风扇。

因为电风扇通电后会高速旋转,看得久了,孩子往往会被转动的扇叶所吸引,总想看看里边的扇叶是怎么运转的,如果只凭脑袋去想,孩子是得不到答案的,于是稍不留神就会把手伸进去,这样就很容易被扇叶刮伤。所以,无论有多炎热、有多烦躁,一旦打开了风扇,家长就要打起十二分的精神去关注孩子。

在小区附近的一家水果店里,一个贪玩的小男孩不时地往转着的风扇内塞杂物。只见小男孩把一个塑料袋塞入风扇内,塑料袋跟着扇叶"呼呼"转个不停。有几位顾客告诉小朋友这样做不安全,可小孩玩得兴趣正浓,哪听得进去,只是看了客人一眼,转身拿来一根10厘米长的小木条,直接放入电风扇内。要阻止已来不及了,只听见"嘣,嘣"几声,那根小木条被打断,弹出来的碎木把小孩的脸划出了几道伤痕,孩子大哭起来。家长听到哭声,急忙赶过去,发现小孩脸部已经被飞出来的木屑割伤,于是家长急忙关闭了电风扇。

看到这惊心的一幕,好多顾客不禁心里发麻,还好旋转起的碎木只是割伤孩子的脸,要是飞出来的木屑刺中孩子的眼睛,后果更是不堪设想。

为了防止孩子触摸电扇受伤,家长特别要注意:

(1)将电风扇放到孩子够不到的地方,用完后及时收起来。因为即使是电扇关闭时,也会在不经意间酿成惨祸。而一旦养成了手摸电扇的坏习惯,孩子可不管电扇是否开着,很容易发生意外。

(2)经常教育孩子,不要去触碰正在运作的电器,以防止受伤。弄根芹菜或者胡萝卜,当电扇转动时往里插,让孩子看看菜是怎么被切断的。孩子形象记忆比较深,以此来告诉他不要把手指伸进电风扇的保护网内。

(3)多注意电扇的保养,选用的电扇须质量可靠,安全指标符合标准。

(4)家中的电风扇最好不要使用落地式的。移动或搬运时要关掉电风扇。面对电风扇吹风时,一定要有足够远的距离。

(5)电扇的电源线必须有保护接地装置,切忌长时间让孩子吹电风扇。

意外的发生总是源于粗心和不注意,既然我们可以人为通过一些方法去避免这些意外的发生,那何乐而不为呢?

14.电源插座可不是玩具

电是一种重要的能源,在我们的生活中有不可或缺的作用。不过,电却并不是"很听话",如果我们能正确使用它,它会发挥巨大的作用;但我们一旦使用不当,它就会变身为可怕的"老虎",反身咬我们一口。

绝大多数儿童均具备十分强烈的好奇心和求知欲。很多小朋友除了是"十万个为什么孩子",还是"玩具超人"、"破坏王"、"拆卸工"。相信很多家长都有这样的经历:这边刚把炒好的菜端上桌子,回到厨房就见孩子拿着菜刀在那里比画……收拾衣物时稍有不留意,就看到孩子把丝袜套到了头上，勒得自己喘不过气来……当然，还有更严重的，当我们在电视广告的间隙去阳台接了个电话，回来后就看到孩子正抱着通电的插线板，在那里瞧啊、摸啊，一副非要把它搞明白的样子，白白嫩嫩的小手指还往那插孔里捅去，咦，没反应，再捅一下！

今天，电成为现代社会不可缺少的动力来源，家用电器多了，儿童在家看管不当，很容易发生触电等意外伤害。有些孩子调皮捣蛋喜欢玩电线插座，将镊子等金属器具插入电插座双孔里，因为短路，身体被强电流弹出。随着手机用户普及，还有不少孩子喜欢玩充电器，这些都是可能发生触电事故的隐患之处。

4岁的齐齐是个好奇心很强的孩子，最近几天他对家里墙上的一些"小黑洞"产生了兴趣。每次他趴过去看或者想要动手摸的时候，妈妈都会把他拽开，吓唬他说"里面有大老虎"，但齐齐的好奇心却屡禁不止。

后来，在外出差的爸爸回来了，他也发现了齐齐的举动，但没有制止，而是和齐齐一起蹲在"小黑洞"的前面。爸爸很认真地给他讲什么是电，讲这些"小黑洞"是什么、做什么用的，还告诉他如果碰了之后会有什么危险。再后来，爸爸还买来了一些通俗易懂的图书，讲道理给齐齐听。从那以后，了解了什么是电源和电的齐齐，再也不好奇那些"小黑洞"了，还经常告诉其他的小朋友也不要去碰它们。

很多孩子都会对插座上的一些小黑洞好奇，好奇它们的构造，更好奇它们是如何让家里的电灯亮起来的，更会像齐齐这样趴着看，还想去摸。而对于孩子的这些行为，吓唬显然是不行的，一方面有的孩子可能会因此对电产生恐惧，就此不敢使用电器；而另一方面，有的孩子就会像齐齐这样，越禁越近。

电给我们带来动力的同时也带来了危险。因此，父母有必要教育孩子,不去触碰电源线或者电源插座。

4岁的阳阳跟爸爸妈妈永远的说再见了。阳阳在家玩耍时,爬到床上玩弄床头的插座,由于左手碰到电线,阳阳触电身亡。

事情发生在上午9时左右,当时阳阳的爸爸要到外面办点事,心想,一会就回来,不会耽误多少时间,再说阳阳呆在床上也安全。不到1小时,等爸爸回来时却发现儿子已经触电,他立即把孩子抱到附近的卫生所抢救。爸爸哽咽地说:"我抱着他时,他的脸已经发紫,连哭的声音都没有。"到卫生所的时候,孩子就没有心跳了。看到幼小的生命这样逝去,医护人员也很心痛。

所以,父母要通过各种方法,让孩子了解"什么是电""怎样预防被电到""如何防止电带来的其他危害",等等。孩子只有彻底了解了电,知道了电的危险,他才能消除好奇心,学会安全用电。

为了防止孩子触电,父母要随时做好防范措施,例如用胶带或防护罩把不用的插座封好、安装防触电保护片、把插座设在孩子够不到或看不见的地方,等等。即使这些措施对孩子没有用,也要不间断地实施。时间久了,孩子就会因为嫌麻烦而厌倦拆毁这些防护,这样,他就不会再去碰那些插座和电器接头了。这就是"持久战"的精髓。相反,如果父母首先放弃,那么孩子就会受到胜利的鼓舞,更加喜欢玩这些东西了。同时还可以采取一些其他措施来预防孩子触电:

(1)用简单易懂的话语让孩子明白什么是电。

(2)提醒孩子,家里的所有电源插座,都不要用手去摸,也不要用容易导电的物体去试探。导电物体包括铁、铜等金属制品,包括别针、钉子等等。

(3)要尽量将家中所有的电线固定在墙上或者将其缠好,不要让孩子有机会去拽,以防止电灯、电视等电器坠落引发事故。

(4)如果发现电线的线皮脱落,父母除了自己不用手去碰,更不用湿手去摸之外,还要告诫孩子也要远离。同时,要及时更换新电线。

(5)教孩子认识电闸是什么样的,并提醒他电闸也同样有可能带电,因此电闸也是危险的,不要随便去摸。

(6)将家用电器的使用方法与注意事项告诉孩子,对于一般的电器,父母可以指导他使用;对于危险性较大的电器,要提醒他千万不能独自使用。同时也要告诫他,在一些电器如电扇、电熨斗运作的时候不能用手去碰。

(7)告诉孩子,当手潮湿时,摸电源插头和电器是会被电到的。让孩子做家务时,不要让他们擦拭插头或插座甚至电器。如果可能,家中最好换成安全插座,或者给插座加上安全插座塞。

(8)让孩子明白,雷电的时候不要使用家中的电器,这时候也不要随便去碰电源或者电器。

15.被困在电梯里了,怎么办?

现在的人们大多都居住在现代化的楼房里,而且楼层也是越来越高,每天上上下下都离不开电梯,电梯成了我们生活中的不可缺少的工具。家住高层,要乘电梯;外出旅游,住饭店,要乘电梯;外出购物,要乘电梯。随着人们乘电梯的机会越来越多,因而也就有了被困在电梯里的可能性。

一旦被困在电梯里,千万不要惊慌。一般的电梯,轿厢上面都有很多安全绳,它的安全系数是很高的,所以,电梯一般是不会掉下电梯槽的。而且电梯都装有防坠安全装置,即使停电了,电灯熄灭了,安全装置也不会失灵。电梯会牢牢夹住电梯槽两旁的钢轨,使电梯不至于掉下去。即使电梯上的安全绳断了(当然这种情况极少发生),在电梯槽的底部都有缓冲器,它可以减少掉下来时的冲击速度。对于成人来说,被困在电梯里根本不用害怕。如果孩子被困在电梯里,由于他们的承受能力弱,处理事情的经验又不够丰富,往往会因为受到惊吓而不知所措。所以家长带孩子外出或者是孩子单独外出的时候,一定要告知其乘坐电梯的注意事项,避免孩子遇到突发状况不知道该怎么处理。

何洋是一名14岁的男孩,一次他独自乘坐电梯时,突然遇到电梯停电,顿时电梯间黑了下来,电梯门也就打不开了。

此时,电梯里除报警按钮外,其他的按键都失去了作用,何洋困在里面不能出去。

何洋感到十分惊慌,他不停地按电梯按钮,最终还是一位送牛奶的人经过这里时才发现何洋被困,当即报告了大厦保安。

大厦保安赶到了事故电梯旁,保安使劲扳开了电梯井门,然后再用钥匙试图打开电梯门,结果电梯门无法打开。

这时,何洋在电梯里困得很难受,呼吸感到困难,头感到昏昏沉沉的。

之后,何洋在电梯里听到电梯维修工在电梯井口弄了一会儿后,电梯的门终于打开了,他才被人从电梯里拉了出来。

上述事例中的何洋虽然最终被安全解救,但被困电梯时的那几个小时也着实够他担惊受怕的。可以说,对于年幼的孩子来讲,能否安全地乘坐电梯、能否在电梯突发故障时沉着应对,是每个父母都很关心的话题,也是每个父母应该指导孩子的地方。

逃生大本营

防止孩子发生意外 101 招

一个小区的三位小朋友在乘电梯时,突然遭遇电梯停滞,被困在里边。有两个孩子当时就被吓哭了,一个劲儿地在里面喊妈妈。另外一个小朋友也非常害怕,但他想起了妈妈平时告诉他电梯里面是有求救按钮的,被困在里边后可以按下这个按钮求救,于是他按下了紧急呼叫按钮。

物管部门人员接到电梯紧急电话后,立即赶到现场,但发现无法自行排除故障,于是马上拨打了110指挥中心和电梯公司的急修电话。在技术人员赶来之前,小区保安沿着楼梯一层一层查询上去,结果发现孩子们困在六楼与七楼之间,而且里面不时传来他们的哭声。

"不要害怕,救援人员马上来了。你们不要恐慌,电梯不会掉下去的。"一位保安把脸贴在七楼电梯门上,对着电梯缝说着。孩子们听到成人的声音都停止了哭声,耐心地等待救援。

不一会儿,技术人员赶到了现场,同一时间,医疗救护小分队也抵达现场。在电梯监控室检查后,技术人员作出了判断,原来是因为突然停电,使得正在运行的电梯停滞半空。三个技术人员将电梯拉升到七楼后,打开电梯,救出了三个孩子。

由于整个救援过程不到12分钟,所以三个孩子的身体都没出现问题。

电梯已经在我们的生活中普及了,生活中无论是上班、出行、逛街、回家都可能会搭乘电梯,但是被困在电梯中的意外总是时有听闻。成人拥有足够的心智去面对突如其来的意外,也会沉着冷静地去处理。可如果孩子一旦被困在电梯中,那将会在其成长的轨道中留下不可磨灭的痕迹。尤其在不了解事故原因之前,一切莽撞的逃离行为都会危及生命。

如此一来,家长对于如何安全乘坐电梯这一方面,应该要提早告诫孩子,让他们知道一旦遇上这种情况,该如何去处理。

(1)按下电梯内部的紧急呼叫按钮,等待救援。这个按钮一般会跟监视中心或者值班室连接,他们很快就会赶来救援,只要耐心等待就可以了。

(2)如果报警无效,长时间没有人来救援。可以大声呼叫,或者拍打电梯门。可以用鞋子拍门,这样会更响一点,向外界发出求救信号。

(3)如果暂时没有人经过,家长要告诉孩子此时要保持体力,不要一直拍门。最好是听到外面有了响动再拍,这样才容易引起外边人的注意。也不要不停地呼救,要保持体力,耐心等待救援。

(4)被困在电梯里的时候,不要用蛮力扒门,强行扒门或者自己从天窗爬出都是非常危险的。强行扒门,电梯可能会异常启动,很容易造成人身伤害。

(5)电梯下坠的可能性是非常小的,但万一发生了,家长也要指导孩子记住以下几个动作:

①不管共有几层楼,要迅速把所有楼层的按键全部按下。当紧急电源启动时,电梯可以马上停止下坠。

②整个背部跟头部紧贴电梯内墙,呈直线型。要运用电梯墙壁作为脊椎的防护。踮起脚尖,膝盖呈弯曲姿势。因为韧带是人体唯一富含弹性的组织,要借用膝盖弯曲来承受重击压力,这样就会减小骨骼的压力从而减少伤害。

虽然现在大多数的电梯的安全系数都是很高的。但是家长万万不可掉以轻心,一定要告诉孩子该如何去面对这种突发事故,提高孩子处理事情临危不乱的心理素质,这样在以后的学习工作中也会受益匪浅!

16.慎重对待骚扰电话,谨防被骗

电话的普及为人们的沟通提供了便利,的确是造福人类的一项伟大发明。但是,随着社会的发展,某些有不良企图的人就会利用电话的便利功能,做一些骚扰、甚至违反法律的事情。这一点,父母要引起注意,并要帮助孩子学会正确对待骚扰电话。

周末晚上,7岁的朝阳和爸爸妈妈一起在家看电视。忽然家里的电话响了,妈妈接起电话"喂"了好几声,对方都没有回应,妈妈立刻挂断了电话。朝阳好奇地问妈妈:"谁的电话啊?您怎么挂了呢?"妈妈说:"可能是骚扰电话。你以后要是接到这样的电话也要小心。"

朝阳眨了眨眼睛,转头问爸爸:"什么是骚扰电话啊?"爸爸说:"骚扰电话就是没有正经目的的电话,要么是骗钱,要么是无聊戏弄别人。妈妈刚才的处理方法是正确的。"

朝阳点点头感慨道:"怎么还有那么无聊的人啊?居然打骚扰电话。"妈妈接了爸爸的话说:"人跟人不一样。打骚扰电话的人多半心理都不健康。你既要防范他们,同时你自己也要做一个好孩子,不去随便骚扰别人。记住了吗?"

朝阳站起身敬了个礼说:"是,妈妈同志!"他的举动把全家都逗笑了。

所谓非正常电话,包括响一声就挂的电话、散布不良信息的电话、推销产品的电话、谎称中奖的电话、假冒亲人的电话、信息台传播不良信息的电话等等。这样的电话又被称为是"骚扰电话",骚扰电话大多会不分时间地点地打来,不仅扰乱人的正常生活,让人倍感烦躁,更有一些电话内容还会让人心神不宁或者担惊受怕。如果我们不小心相信了那些骗子中奖的电话或者假冒亲人的要钱电话，更会给家庭造成经济财产的损失。

上小学三年级的意鸣喜欢看少儿频道的节目。这天他发现节目下方有一个问答游戏，打电话过去就能回答，答对了还有奖。意鸣好奇地试了试，居然还真打通了。对方告诉意鸣，只要坚持答，答对10道题就会有变形金刚模型做奖品。

从那以后，意鸣将那个电话号码抄在了纸上，放在电话旁边，每天都很"忠实"地答题。细心的妈妈觉得奇怪，也起了疑心，于是特意跑去电话局查询话费，结果发现自家这月的话费真是"突飞猛进"。

待意鸣放学回家，妈妈连忙向他讲清楚了这个热线电话的真实意图，并将电话费详单拿给他看。意鸣尽管最初想不通，但看到昂贵的话费详单，他最终相信了妈妈的解释，并表示再也不打那个电话了。

孩子可能并不了解这些电话的性质，也许在善良之心的驱使下，会落入不法分子设下的圈套。还有一部分孩子就会像意鸣这样，落入声讯台的陷阱。所以，我们要教孩子识别这样的非正常电话，并让他学会慎重对待这种电话，以保证自身和家人的财产与人身安全。

(1)提醒孩子不要随便将自家的电话号码告诉给陌生人

很多坏人都觉得孩子单纯好骗，于是便千方百计地想从孩子口中套出家庭或孩子父母的电话号码，以方便他们以后敲诈勒索。

我们要反复向孩子强调，家庭电话号码和我们的手机号码也属于个人隐私，他要将这些隐私好好地藏起来，不能轻易说给别人听。在遭遇迷路等特殊情况下，除非遇到警察或当地政府机关，无论在外面遇到怎样的人，都不要轻易将电话号码说出来。

(2)让孩子不要对不认识的电话号码感到好奇

现在大部分的电话都带有来电显示功能，有些响一声就挂的电话，号码就会留在我们的电话记录之中。如果有人因为好奇而按照号码拨打过去，有可能就会陷入对方设好的骗局。

孩子好奇心强，我们要告诉他，一般熟悉的号码家中的电话本上或电话里自带的通讯录中都会有储存。如果有未被储存的号码出现，他首先就要怀疑是不是骚扰电话，但不要贸然拨打回去，可以先告诉父母，由父母去判断这个号码是不是有必要回复。

另外，对不熟悉的陌生号码，我们也可以教孩子利用网络搜索功能。有些人也许已经受过这些电话的骗，他可能就会在网络上发布信息提醒大家注意这些号码，不要上当，还有一些骗子电话也已经被公安部门公布在了网络上，孩子只要一核对就能知道这些陌生的号码是不是骚扰电话。

(3)教孩子学会正确接听电话

接电话也是一门学问，我们要教孩子学会正确接听电话，防止他由于态度不好惹怒了对方而给自己招来不必要的麻烦，也防止他由于接电话不谨慎而被对方套走家中的隐秘信息。

我们需要让孩子记住以下三点：

①接到电话后一定要先问对方是谁，如果他没有回答，反而说"你猜猜我是谁"，这时就可以立刻挂断电话；

②如果对方依旧不断地打电话过来，可以一边让他继续讲下去，一边示意家人报警；

③如果接到的是一些低级趣味的电话，就要立刻挂掉，不要与其纠缠。

我们要让孩子保持一个灵活的头脑，在应对非正常电话时，根据情况来巧妙应对，这样可以有效地预防一部分骚扰电话的打扰。

④要孩子保持冷静的头脑,不贪图小利,不急躁

一些非正常电话中会包含有非常诱人的中奖信息,孩子有时候会对诱惑难以抵抗。对方如果抓住了孩子的心理用零食、玩具等加以引诱,孩子很容易就会上当受骗。我们可以经常向孩子讲述这样一个道理——天上不会掉馅饼,让他一定不要贪图小利,不要轻易相信对方的花言巧语,接到这样的电话后,要立刻挂断电话。

另外,有的电话谎称亲人出了事故,要我们给某个账户上打钱。这时孩子一定不要急躁,可以先问问对方是谁,怎么知道的这件事,事情的整个经过是什么。同时,他可以给自己的亲人打电话确认一下。

⑤别让孩子乱拨"热线电话"

某些"热线电话"也可以被归为非正常电话之中,这样的电话要么是自称可以帮人解决困难,要么是利用有奖问答的方式来引诱人们上当,更有的电话其实就是色情声讯台……

我们要告诉孩子,这样的电话其实就是想骗人钱财,而且它还会损害人的精神健康。孩子要能经得住这些"热线电话"在报纸上、网络上的广告诱惑,不要轻易相信上面说的内容,看到这样的电话号码也一定不要去拨打。

对此,我们可以帮孩子多培养健康的兴趣,让他远离这些精神垃圾。

17.家中突然失火怎么办?

家里失火大多是因为人们的疏忽大意造成的,常常事发突然,令人猝不及防。由于孩子的年龄较小,尤其是单独面对这种情况时往往会惊

慌失措,不知如何应对。而火灾发生后,由于空间小,火势蔓延得非常快,且家具设备、装饰材料燃烧后又容易产生有毒气体,火灾一旦发生,后果非常严重。

一户居民家中冒出浓烟。透过烟雾,一名小男孩站在阳台上大声呼救。看到这一幕,周围邻居焦急万分。

就在大家一筹莫展时,消防中队的消防员赶到了现场,在了解实际情况后,消防员一边轻声安慰小男孩,一边破拆房门。经过5分钟的紧急施救,房门被成功打开,消防员立刻冲进浓烟中,将男孩抱了出来。此时,屋内烟雾弥漫,可见度非常低。

幸运的是,小男孩除了受到惊吓,并没有在火灾中受伤。经过10分钟的扑救,室内火势被控制。此时,孩子的父母也急匆匆地赶回家中。看到抱在消防员怀中的儿子安然无恙,夫妻俩非常激动。经勘察,失火原因是男孩玩耍时点燃一个纸盒所致。

爱玩是孩子的天性,像故事中的小男孩这样玩火的孩子也不在少数。父母应该从这个事例中得到教训,要让孩子知道大火无情,一定不要图一时的好玩,否则可能就会酿成惨剧。

据统计,全球每年发生火灾600万—700万起,其中住宅火灾约占80%以上。据调查,德国每年在火灾中死亡的600—700人中,75%以上死于住宅火灾,受伤人数则更多;英国每年在住宅火灾中死亡的人数和德国大体一致,但受伤者则多达1500—2000人。而在我国,火灾事故也频繁发生,家庭火灾的发生数量更是居于首位。这些触目惊心的数字值得父母深思。父母需要提前对孩子进行相关的教导,教孩子提高防火意识,学会正确使用火,要让他将"安全"二字牢记心间。

因此,为了让家庭悲剧少发生甚至不发生,父母自身首先要提高防范意识,还要对孩子进行相关教育。只有全体家庭成员都树立起消防安全意识,个人都从自身做起,才能共同创建安全美好和谐的家庭生活环境。

一天晚上,10岁的周洲看见妈妈正在熨衣服感觉很有趣。于是,妈妈让他也试试。突然家里停电了,周洲放下手中的熨斗刚要走,妈妈却让他先关掉电熨斗的电源。周洲说:"一会儿就来电了,关它做什么?"妈妈却说:"类似电熨斗、电褥子之类的东西,停电了就要赶紧关掉电源,否则不知道什么时候来电的情况下,很容易引起火灾。"周洲点点头,并帮着妈妈燃起了蜡烛。

天气炎热又没有电,周洲提议出去乘凉。走之前,妈妈又特意熄灭了所有蜡烛。周洲笑着说:"您真节省,蜡烛都要省着用。"妈妈却很严肃地说:"这还是刚才我说的安全问题。蜡烛如果不管它,要是有风吹倒,或者等它燃尽了烧到了桌子,一样也会引起火灾的。防火安全,我们应该时刻牢记啊!"

从那以后,周洲向妈妈学习,在生活中时刻注意用火、用电安全,而且还提醒其他人注意,并成为了社区中的一名小防火宣传员。

现在许多孩子都爱让父母给自己讲故事。而父母给孩子讲的故事大多是白雪公主、老人与海之类的童话故事,其实父母也可以给孩子讲讲现实感强的防火小故事。此类故事虽没有神奇的童话故事那么生动有趣。但却能在潜移默化中培养孩子的防火意识。同时也能教会孩子家中失火后的应急方案,减少悲剧的发生。家长可以从以下几个方面来指导孩子镇定地面对火灾:

(1)家中突然失火,一定要告诉孩子沉着冷静,千万不要惊慌。如果火势尚小,可采取自救。应根据着火物品的不同,采取不同的扑救方法。

①一般物品(如纸张、被子、胶皮等)着火,可用水浇,也可用浸湿的

棉被、扫帚、拖把、衣服等扑灭。

②如果是燃气、油类、化学品着火时,应及时使用灭火器灭火。

③电器着火时,要先切断电源,然后再灭火。记住不能用水扑救,可以用浸湿的棉被等物品将火捂灭。

④如果是锅内煮的东西着火了,要马上关掉燃气,然后用锅盖将锅盖上。在此过程中不要揭开锅盖去看,以免被烧伤。

(2)如果孩子觉得火势自己无法控制,那就应该迅速逃离火场。在逃离火场时,应将火源房间的房门紧闭,这样能够使火势减缓。

(3)跑出后,要想办法迅速拨打119报警电话。在119还没有到来之前,要找附近的成人来帮忙扑救,以防止小火变成大火。

(4)家长要教会孩子逃离火场的方法,不要让孩子乱撞乱跑,这样极易发生危险。

①父母一定要告诉孩子如果发现火势增大,自己无法控制就要迅速从门口逃生。如果门已经着火,要用湿的衣物裹住门把手迅速拉开门跑出去,切不可用手直接拉门,以防被烧伤。如果家在一楼或二楼,也可打开窗户跳出去,但应注意选择松软的土地作为落脚点,跳的时候一定让屁股先落地,也可以对准树丛等跳下。住在高层时,除非万不得已,不要贸然跳下,可以将床单、被罩、衣服等撕成长条,连成绳索,拴在窗户上或室内比较牢的地方,然后顺绳索而下。需要破窗逃走时,可用椅子等物品砸破玻璃,用毯子或衣物裹住身体,从洞口爬出去,以防玻璃把自己划伤。

②如果从家中逃走已不可能,也切勿惊慌,应设法求援,同时采取自救措施。比如,向木头门窗上泼水以遏止火势蔓延,用湿衣被捂住自己的嘴,以防烟雾引起窒息等。爬到无火的窗口前呼救,等待救援人员的到来。

总之,如果家中失火,父母要告诉孩子,只有他一人在家时,首先要保证自己的生命安全,如果是小火苗自己能够处理就处理,如果自己不能应付要马上撤离,寻找成人帮忙灭火,千万不要逞能,伤到自己。

18.家中闯入小偷，切记莫冲动

有的父母总认为不会有小偷闯进自己的家门，还有的父母觉得不能让孩子知道这些事，他没有能力应对还不如他什么都不知道的好。我们谁也不愿意遭遇小偷，不过世事难料，如果真的有小偷闯入家门，我们的孩子却不知道该如何应对，这无疑会给他带来危险。

一位18岁女孩参加完高考后独自在家休息。忽然，她听到外面有人敲门，但她并没有理会，可门外的人却开始撬门。

女孩意识到家里可能来小偷了，于是她悄悄地跑到了阳台上，并给同学发了个短信，说自己家里进了贼，请同学帮忙报警。发完短信后，女孩又用阳台上找到的绳子将阳台门把手绑住了。

后来，两个小偷进屋得手后刚要离开，就听见门外来人的声音，他们转身就想往阳台上跑，但却打不开阳台门。最终，两个小偷被民警抓获，他们偷的首饰也被民警搜了出来。

想必这位女孩的父母在之前一定对她进行过良好的教育，这才使她在这样紧急之时能如此冷静，还如此有智慧。

所以，我们该帮孩子提高警惕，教他学会去应对闯入家门的不速之客，让他能正确运用自己的智慧来帮自己躲避危险。

（1）如果未进家发现家中进入小偷，让孩子学会机智回避

有时候事情就是这么巧，孩子可能刚走到家门口，就发现家门口站着陌生人，或者发现自家的家门大开。我们得提醒孩子，这时候千万不要跑上前去询问或者冲进家门大喊。

芊芊放学回家，刚走出电梯就发现自家门口有两个陌生人正在撬门。芊芊假装没看见，直接上楼去了同学的家里。在同学家她给居委会打了电话，让他们封住了单元门，接着又向派出所报了警，将自家的楼号、单元号、门牌号都一一说清楚。后来，及时赶到的民警和居委会将这两个小偷堵在了芊芊家中，人赃并获。

看到家门口有陌生人，或者看到自家房门大开，我们也可以让孩子假装看不见，走到远处之后再想办法。因为孩子一个人是没有能力应付窃贼的，所以躲开是能保证自身安全的最好办法。当远离窃贼视线之后，孩子再去报警、通知父母。

(2)提醒孩子，他独自在家要学会躲避进家的小偷

小偷一般都会选择家里没人的时候来进行偷窃，也就是说，当小偷进来时，他是看不见家里还有一个孩子的。我们要让孩子不要惊慌，此时他可以像前面故事中那位18岁的女孩一样，悄悄地找地方躲起来。千万不要跑出去大喊大叫，因为有的窃贼可能只是图财，如果被孩子看见了相貌，或者由于孩子的喊叫而引来了其他人，窃贼也许恼羞成怒会对孩子的人身安全产生威胁。

所以，孩子悄悄躲起来才是上上策。如果有条件，孩子可以用手机、电话等通讯工具，在不被窃贼发现的前提下报警或通知其他人。或者他也可以仔细观察窃贼的体貌特征，比如他们的身高、胖瘦、发型、衣服、配饰等等，方便报警时进行仔细描述。但假如没有条件，孩子只要安安静静地躲好就可以了。

有的孩子可能会受到某些电影的影响，也想要自己应对小偷。我们要提醒他，电影用了一种夸张的手法来讲故事，和现实生活并不一样，他一定要以保证自身的人身安全为重。

(3)教孩子学会忍耐,不要反抗小偷的控制

有时候孩子可能没那么幸运,小偷进来时,刚好就看见孩子一个人在家。他也许会将孩子捆绑起来,蒙住眼睛。

虽然我们知道这样的经历有多可怕,但我们还是要让孩子学会忍耐,他可以不反抗,而且也千万不要大声哭闹,更不要盲目地去与歹徒斗争。一般小偷只要孩子挣扎得不激烈,他们不会对孩子造成多大的伤害。

孩子可能会被绑住手脚、蒙住眼睛、堵住嘴,此时他可以听听他们的口音、脚步声等等。孩子即便到了这个时候也不要太过慌张,因为这些小细节特征都有可能成为日后破案的突破口。

(4)提醒孩子,一定要将家中失窃的事情如实通知家长。

王女士下午上班前,告诉自己的儿子和侄女待在家里不要乱跑。可姐弟俩却偷跑出家门,结果导致家中失窃。两个孩子怕被责备不好好看家,便用黄胶带封住嘴巴,用绳子捆绑了自己。他们告诉下班回家的王女士,自己被两个蒙面人抢劫了。好在后来民警经过调查,终于查出了事实真相。

其实这件事情也在提醒我们,家中失窃虽然让人感到有些晦气,但钱财还可以再挣,再说还有警察帮我们破案,所以我们没必要去责备年幼的孩子。看到孩子还安然无恙,我们反而该感到高兴,不是吗?

由此我们也要提醒孩子,如果家中失窃了,一定要如实相告,不要藏着掖着。如果有可能,要将小偷的各种特征也描述出来。这样会方便警察帮我们破案,也能使我们提高警惕,做好防盗措施。

19.胸前莫把钥匙挂,防范措施要记牢

现在的社会中,大多家庭都是双职工家庭,父母习惯于给孩子一把钥匙,并让他将钥匙挂在胸前,方便他进门,也防止他随手乱放将钥匙丢掉。其实,这种做法却也给某些不法分子留下了可趁之机。

一天早晨,于曼夫妻俩都出门办事,要中午才能回来,留下5岁的琳琳自己在家。于曼临走的时候告诉琳琳,她可以出去玩,但出门前必须锁上门,活动范围也只能在小区里。临出门时,于曼还把一串钥匙挂在了琳琳的脖子上,防止她弄丢。

中午,等到于曼他们办完事回来了,发现家里一片狼藉,还发现躺在地上昏迷不醒的琳琳。他们赶紧报了警,并把琳琳送到了医院。后来,在民警的帮助下抓到了犯罪分子,原来那天,犯罪分子看到琳琳独自挂着钥匙在小区里玩耍,断定她肯定一个人在家,所以骗琳琳把他领到家门口,然后用乙醚一类的东西迷晕她,摘下她脖子上的钥匙进家门行窃。还好是行窃,如果要是再发生些别的什么事情,后果真的让人不敢想。犯罪分子最终被绳之以法,琳琳也出院了,经过这件事以后,于曼再也不敢那么大意了。

孩子的脖子上挂着钥匙,不仅会给犯罪分子留有可乘之机,同时也会给他自己带来许多危险。有的孩子脖子上挂着钥匙,和小伙伴们打闹的时候,钥匙有可能会划破他的脖子和脸;有的孩子脖子上拴钥匙的绳子有可能会挂在某些地方,导致他的脖子被绳子绞住,引发窒息,等等。

给孩子脖子上挂钥匙,这就是在给某些不法分子一个信息:这个孩

子的家中有一段时间是只有他自己在的,所以他才需要自己挂着钥匙。因此,父母尽量不要让孩子在胸前挂着钥匙。

(1)给孩子准备一个小包用于装钥匙,或者把钥匙给孩子放在书包的某个地方,让孩子牢牢记住,总之不要让他将钥匙拿到明面上来。

(2)提醒孩子尽量不要在人烟稀少的地方玩耍,遇到陌生人问话不要回答,尽量回避,并向人多的地方走。

(3)告诫孩子,走在路上如果发现身后有人跟踪,一定不要慌张,要尽量向人多的地方走,并且要寻找时机给父母打电话,让父母尽快赶到身边。

(4)让孩子平时不要将钥匙当成玩具,随便在手里甩着玩。一旦钥匙丢失,并被犯罪分子拣去,就有可能给家庭财产和成员安全造成威胁。

20.电热毯真方便,使用要科学

冬天的时候,天气寒冷,有些家庭会购买电热毯,用于夜间睡觉时取暖。而电热毯因为比空调省电、比炉子安全,所以成为了许多家庭冬天取暖必不可少的物品。虽然电热毯给人们带来了极大的方便,但由于它的电热芯与可燃的布、棉连在一起,因此使用的时候如果稍有不慎,就很容易引起火灾。

初冬,下了场大雪,气温骤降,3岁的亮亮晚上睡觉的时候总是感觉冷,而且还感冒了一次。妈妈赶紧给他买了一条电热毯。每天晚上睡觉前开一会儿,这让亮亮舒服了许多,他再也不喊冷了。但有一天晚上,这条电热毯差点要了亮亮的命。

原来,一天晚上,妈妈给亮亮开着电热毯,但忘记关掉了。结果,半夜的时候,亮亮尿床了,尿液使得他身子底下的电热毯受潮,引发了触电。幸亏妈妈忽然惊醒,想起来这件事,并及时切断了电源,才没酿成悲剧。

冬天是一些事故的高发期,其实不仅是电热毯引发的触电事件,新闻中还经常出现,电热毯因为使用不当,使用时间过长而导致火灾的悲剧。

由此可见,即便电热毯的确能起到升温保暖的作用,但它的安全问题却不容忽视。有的孩子睡觉有蹬被子的习惯,身下的电热毯很容易就被弄皱,这有可能造成电热丝折断;有的孩子有尿床的习惯,就会和亮亮这样容易发生触电事故。再加上孩子睡觉比较沉,他们遇上一些突发情况的时候也并不知道如何处置,一旦电热毯开启的时间过长,或者有其他事故发生的时候,孩子并不会关闭电源并且做出妥善处置。因此,这样就要求父母必须要教孩子学会正确使用电热毯。

(1)选择正规厂家出产的产品,到正规商店去购买电热毯。

(2)使用电热毯的时候,一定要平整地铺在床上,上面还要铺上一床薄褥子,不能直接睡在电热毯上。

(3)不要在电热毯上加盖太厚的被褥,也不能在电热毯下面垫塑料布,以防止破坏电热毯的绝缘性能。

(4)电热毯使用的时候,通电时间不宜过长。可以在睡觉之前通电一段时间,睡觉的时候一定要切断电源。

(5)电热毯保存的时候不要折叠。如果折叠的话,将很容易造成电路损害,下次再使用的时候就会留有安全隐患。

(6)电热毯通电后,如果停电,也要及时切断电源,防止再次来电的时候因无人看管而引发事故。

(7)要经常查看电热毯的温度和潮湿程度,一旦短路、漏电就可以及时发现问题,防止事故的发生。

(8)通电的时候,要检查通电的情况,若发生短路也要及时切断电源。

(9)一旦使用电热毯起火,要先切断电源,然后再用水灭火。不能在未切断电源的情况下就用水灭火,否则就容易发生触电事故。

21.豆浆有营养,科学食用才更佳

美味而营养价值高的豆浆一直是很多孩子早餐的首选食物之一。许多家庭都特意购置了豆浆机,专门磨豆浆喝,很多学校也会提供豆浆作为早餐食品。

但是,很多人却不知道,豆浆虽好,如果喝得不正确,也会中毒,比如,如果豆浆没有煮熟,那么就会含有胰蛋白酶抑制素、皂甙等毒素,如果生豆浆再次加热但是不彻底,那么毒素就不会被破坏,一旦饮用仍可造成中毒。从目前的数据统计来看,豆浆中毒事件多发于小餐馆和集体食堂,特别是幼儿园和小学食堂最常见,因此,为了孩子的健康饮食,家长们一定要在方方面面关注其安全问题,比如让孩子喝安全的豆浆、安全地喝豆浆。

据医疗专家介绍,豆浆中毒的原因主要是由于生大豆含有一种有毒的胰蛋白酶抑制物,可抑制体内蛋白酶的正常活性,并对胃肠有刺激作用。豆浆中毒潜伏期为数分钟到1小时,中毒表现为出现恶心、呕吐、腹痛、腹胀,有的腹泻、头痛,可很快自愈。

小学生吴佳有每天早上喝豆浆的习惯。这一天,他起床有些晚了,没吃早餐就往学校跑,到半路上看到早餐摊位前有卖豆浆的,就要了一碗快速喝了下去。

可刚到学校不久,他就感到肚子里一阵阵疼痛,又有些恶心,一会儿往厕所跑了几次。到了下课,吴佳再也支撑不下去了,就请假回家了。妈妈带他去医院,经医生检查后得出结论,是喝了可能没有煮熟的豆浆而中毒。随后,经过半天的治疗,吴佳恢复了健康。

虽然上述事例中孩子喝豆浆中毒后经过治疗,没有生命危险,但是这种中毒现象却不得不引起家长们的重视,它为我们的食品安全敲响了警钟。

那么,家长们如何帮助孩子们喝安全的豆浆与安全地喝豆浆呢?

(1)一定要煮熟才能喝

生豆浆对人体是有害的,这是因为生豆浆中含有两种有毒物质,会导致蛋白质代谢障碍,并对胃肠道产生刺激,引起中毒症状,因此,为预防豆浆中毒,家长们在自己制作豆浆的时候一定要让豆浆在100℃的高温下煮沸,方可饮用。

(2)有的人不适合饮用豆浆

并不是所有人都适合喝豆浆这种健康饮品的,比如:

①患有急性胃炎和慢性浅表性胃炎的孩子不应喝豆浆甚至食用豆制品,以免刺激胃酸分泌过多加重病情,或者引起胃肠胀气。

②由于豆类中含有一定量的低聚糖,容易引起嗝气、肠鸣、腹胀等症状,所以患有胃溃疡的孩子最好少喝,甚至不喝豆浆。

③由于豆类中的草酸盐这种成分可以与肾中的钙结合,易形成结石,从而加重肾结石的症状,所以如果您的孩子患有肾结石,也不适宜饮用豆浆。

(3)制作豆浆的禁忌

有些家长会比较有"创意",在豆浆中打个鸡蛋以增加营养,或者为了孩子在校期间能喝上温热的豆浆而将其放入保温瓶,等等,其实这些做法看上去"很美",但却是禁不住科学考量的。

①如果在豆浆中打入鸡蛋,会导致鸡蛋中的黏液性蛋白易和豆浆中的胰蛋白酶结合,产生一种不能被人体吸收的物质,从而大大降低人体对营养物质的吸收。另外,豆浆中加入红糖虽然喝起来味道甜香,但是红糖里所含有的有机酸在和豆浆中的蛋白质结合后,会产生变性沉淀物,对营养成分破坏严重。

②如果将豆浆放入保温瓶,会导致瓶内细菌的大量繁殖,只需经过3~4个小时就能使豆浆酸败变质。

③同喝水一样,豆浆也不是喝得越多越好,一次喝豆浆过多容易引起蛋白质消化不良,出现腹胀、腹泻等不适症状。

④有的孩子空腹喝豆浆,殊不知这样一来,豆浆里的蛋白质大都会在人体内转化为热量而被消耗掉,不能充分起到补益作用,因此,家长们应提醒孩子,在喝豆浆的同时吃些面包、糕点、馒头等淀粉类食品,这样就可以使豆浆中的蛋白质等在淀粉的作用下与胃液较充分地发生酶解,使营养物质被充分吸收。

22.心灵健康莫忽视,别让自杀成杀手

某教育研究机构曾做过一项关于孩子自杀心理的调查,在接受调查的2500多名中小学生中,居然有5.85%的孩子曾有过自杀计划,其中自杀

未遂者达到1.71%。

这一数字不得不让家长们备感惊讶：100个孩子中居然就会有6个孩子试图自杀！

面对如此令人咋舌的数据，作为家长，我们是不是应该反思，我们的孩子为什么变得如此脆弱？面对孩子的自杀心理和行为，我们应该怎么办呢？

一位妈妈用几乎哭泣的口气哀求着一位小学六年级学生的班主任："李老师，快来帮帮我们吧，我儿子吴云帆要寻短见了！"

妈妈的话让李老师的心里一阵紧张，但还是静下心来问："您先别着急，慢慢说，到底发生了什么事？"

原来，吴云帆这次期末考试的数学成绩只得了58分，这让平时成绩不错并且身为副班长的他很难接受，一个劲儿地伤心流泪，并且怨恨自己。面对来自同学、家庭的无形压力，吴云帆的心理实在难以承受那份耻辱，感到无脸见人，于是写了一封"遗书"，幸好爸爸及时发现，否则……

万般无奈，吴云帆的妈妈找到了班主任李老师，希望李老师帮忙对儿子进行心理疏导，让儿子重新振作起来。

听了这一消息，李老师的心悬了起来，他想不到这种有自杀心理的学生会在自己身边出现。他温和地对吴云帆的妈妈说："您先别着急，我跟他聊聊。我也知道，这孩子品学兼优，就是有点儿耐不了挫折。我想可能和他从小没有养成耐挫能力有关。"吴云帆妈妈说："哎……其实都怪我，由于三十好几我们才有这么个儿子，就一直对他娇生惯养的，什么都依着他，不敢让他承受一丁点儿挫折，才导致他现在这样。"

李老师听完，安抚吴云帆的妈妈说："现在培养孩子的耐挫能力虽然有一定的难度，但是我们只要多想想办法，应该还是有作用的。您看，在以后的日子里，作为家长，您是否能适当地让孩子承受一点挫折？比如别总是夸赞他,偶尔也对他批评一下。当然,批评要适度,别太强硬了。"吴云帆的妈妈点头应允。

之后,李老师找到吴云帆,语重心长地说:"一次考试成绩的好坏只能说明这个阶段学习得如何,你的底子很不错,这次可能是把精力放到别的科目上多了些,也可能是发挥得不理想,但是都没关系,只要你以后认真些,肯定还能像以前那样赢得满堂彩的。想想看,那些不如你的同学,人家不也快快乐乐的吗?要是大家一有不如意就寻短见,那地球上估计没几个人能活下来了……"

李老师的一席话使吴云帆露出了轻松的笑容,并且备受鼓舞。自此后,他一改萎靡消沉的状态,很快,吴云帆重新回归到强者的队伍当中,成绩跃居年级前三。小学升初中的时候,他的成绩名列全校第一。

看完上面的事例,很多家长可能认为吴云帆企图走上不归路的罪魁祸首是糟糕的分数。但我们可以思考一下,一次考试成绩不理想,就让一个孩子走上不归路,这个孩子的抗挫折能力实在是太差了。而这种抗挫能力不强的根源真的是孩子吗?家长有没有责任呢?

原来,吴云帆从小就是一个被家长严格要求的孩子,比如学钢琴的时候,别的孩子在一节课快结束的时候,老师都会带着他们唱两首歌,以让孩子放松一下紧张的神经,而吴云帆的妈妈却直接告诉老师,他们满堂课都要学琴,而不要唱歌。再比如,孩子们学游泳的时候,其他的孩子都可以嬉戏打闹,而吴云帆却总是中规中矩,不敢"越雷池一步"。同学们问他为什么不玩,他回答说是"家长付钱是让我来学游泳的,而不是玩的"。

从这些情况看,致使吴云帆准备自杀的根源不在于这一次考试,而是他的家长。因此,对于家长来说,为了让自己的孩子能够健康、健全地成长,而不至于试图走上自杀的不归路,那么就要从根源上阻断孩子的这一想法。

(1)不要给孩子太多压力

受社会竞争的影响,家长们对于孩子的要求越来越高,这无形中给孩子带来了巨大的压力。很多家庭中,父母总是希望孩子能好好学习,考出好成绩,上个好大学,将来好出人头地、光宗耀祖。殊不知,正是家长这种一厢情愿的想法,让孩子迷失了自己的同时,又背负了沉重的压力。当难以承受的时候,他们就会走上自杀之路。

(2)父母要努力构建一个和谐的家庭,不在孩子面前吵架,更不能在孩子面前大打出手,给孩子一个温馨健康的生活环境。

(3)因为电视和网络中健康的内容实在太少了,就连动画片也存在着不安全的因素。如果要看的话,父母也要仔细甄选之后再让孩子看,遇到一些特别的情节,父母还要用自己的语言解释给孩子听。

(4)当发现孩子模仿电视里的一些危险动作,比如,拿着玩具刀、剑、枪对着自己的时候,父母要及时制止。父母也要尽量少给孩子买或者不买武器玩具,同时,也不要给他看带有暴力色彩的漫画书。

(5)父母每次做完饭或切完水果,一定要把刀具放在孩子够不到的地方。

(6)一些药品和化学品一定要摆放在孩子触及不到的地方,尽量给他提供一个相对安全的生活环境。

(7)当发现孩子有异常现象和一些心理问题时,父母要多关心他,多和他进行思想上和精神上的交流,尽快解决孩子的问题。

校园篇

——校园非净土,自护是关键

23.体育课易出事,事事需留心

现在随着素质教育的呼声日渐高涨,家长们在追求孩子考高分的同时也更加注重孩子的身体素质,越来越多的家长放弃"圈养",让孩子走出去进行适当的体育锻炼,以增强体魄。

家长的初衷是好的,但是在引导和教育孩子如何在体育活动中保护好自己不受伤害方面,有的家长重视程度不够。或许在个别家长看来,学校里有老师看着不能出什么问题,可是你想过没有,体育老师也只有两只眼睛,即使再全神贯注也未必能一下子观察到每个孩子的具体状况,因此,防范孩子在体育活动中的危险情况还需要家长们平时多教育和引导孩子。

某小学的一个班级的学生正在上体育课的时候,一位同学突然昏迷。孩子的妈妈接到老师的电话,立即奔向学校。在医院的急救车将受伤的同学送往医院的途中,孩子因抢救无效而死亡,其母亲悲痛欲绝,当场昏了过去。

原来,一年前,这位同学就因右肱骨上段撕脱性骨折,就一直请假在家休养,直到两个多月前才重新回到学校。这次体育课上,体育老师安排的活动项目是跑步和单腿跳等活动,活动之前,老师询问这位同学是否可以进行,他回答说没问题,而不幸就在这节体育课上发生了,这位同学的死亡原因是由于运动诱使出现急性心力衰竭而导致循环呼吸衰竭。

事后,孩子的父母才后悔没有提前告诉孩子上体育课时一定要做好安全防范,如果是剧烈活动就不要参加,而且他们也没有告诉体育老师,可此时一切都为时已晚。

可能很多家长认为出现危险是小概率事件,自己的孩子不会那么倒霉碰巧摊上。对于有这样想法的家长,我们必须提出严重警告:安全第一,在这件事上千万不要存在侥幸心理。

虽说孩子在进行体育运动时出现危险多是在学校发生的,但如果父母提前教育孩子,让孩子知道采取一定安全措施的必要性,那么很多事故就会避免了。

此外,家长们还需要知道,很多导致孩子在体育运动时受伤的因素还和孩子本身身体素质差和不懂得科学锻炼有关,而这些都需要父母提前为孩子打好"预防针"。

(1)教孩子听从体育老师的安排

上体育课的时候,体育老师会针对授课项目给予正确示范,也会提醒孩子需要注意的事项,帮助孩子建立相关的安全意识,以避免意外事故的发生。可以说,孩子要想在体育课上保证自身安全,听从老师的教导和安排是非常重要的。

因此,我们要让孩子听从老师的教导和安排,遵守课堂纪律,掌握自我保护的要领。在做某些体育项目时,如单双杠、跳鞍马,要在老师或同学的保护下完成,如果有不明白的地方,要及时请教老师,不可以自行开展其他的体育活动。

(2)让孩子注意上体育课的着装

晓云10岁了,有一次,她穿着一件系有长飘带的上衣上体育课。这一次的体育项目是爬绳练习,晓云身手敏捷,很快就爬到了顶端,然后她想快速滑下来。

不料,上衣的长飘带挂在了器械的绳钩上,当晓云顺势下滑的一瞬间,长飘带勒住了她的脖子。幸亏体育老师眼疾手快,否则后果不堪设想。

之所以会发生这惊人的一幕,是因为晓云没有注意上体育课的着装,穿了一件不适合上体育课的衣服。

对此,我们需要提醒孩子,让他注意上体育课的着装,比如,最好穿运动装,不要穿纽扣多、拉锁多、有金属饰物、系有长带子的衣服,不要穿紧身或宽大的衣服,女生不要穿裙子;最好穿运动鞋、球鞋或布鞋,不要穿凉鞋、拖鞋、皮鞋或塑料底的鞋子。

(3)告诉孩子,不要带与体育课无关的物品

孩子上体育课,我们还需要提醒他,不要带与体育课无关的东西。比如,身上不要佩戴校徽、胸针或其他装饰品;口袋里不要装钥匙、小刀、别针等物品;头上不要戴发卡、小卡子等饰品……另外,如果孩子患有近视,能不戴眼镜就尽量不要带,必须得戴的话,要特别小心谨慎,以免受伤。比如,在跑跳的时候,尽量用手扶住眼镜框;在做仰卧起坐等项目时,最好摘掉眼镜。总之,我们尽可能不让孩子带与体育课无关的物品,从而

消除他参与体育活动时的安全隐患。

(4)提醒孩子,要在规定的区域内活动

一般情况下,孩子们在上体育课的时候,老师都会安排他们自由活动,他们喜欢做什么体育活动,就要去到相应的场地。我们需要提醒孩子的是,一定要在规定的区域内活动,不要到其他区域,以免给他人带来麻烦,或者是给自己造成伤害。如果有事必须要到其他活动的区域,一定要"眼观六路,耳听八方",以保证自身的安全。

(5)教孩子掌握体育课上的一些自救措施

另外,我们要教孩子掌握一些自救措施,将安全事故降到最低。比如,不小心绊倒了,不要一下子就站起来,要使自己的身体稍微缓解一下,然后再慢慢站起来;如果流鼻血了,用拇指和食指紧紧压住两侧鼻翼,压向鼻中隔部;如果出现头昏眼花的状况,要平卧,双腿尽量抬高,这样有利于血液回流;如果踝、腕关节受伤了,应立即冷敷10~20分钟,等等。

我们还要告诉孩子,对于轻微事故,尽量实施自救,从而增强战胜意外事故的能力和信心;对于严重的事故,一边自救,一边寻求同学或老师的帮助,从而使自己尽快脱离危险。

24.课间嬉戏,安全第一

"等待着下课,等待着放学,等待着游戏的童年……"《童年》的歌声唱出了孩子们在被"囚禁"之后期待放松的心情。对于这一点,恐怕每一位家长都深有体会。随着下课铃声响起,孩子们就像欢快的鸟儿一样飞出"笼子"，享受课间的活动。

在经历40分钟的上课之后，10分钟的课间活动的确诱人，但有的孩子在这10分钟里玩起来忘乎所以，以至于太过火而让自己或者同学受伤，如此看来，则得不偿失了。

因此，若想避免不希望发生的事情出现，家长们还要多给孩子灌输课间玩耍时需要注意的常识，保护好孩子的安全，也免除家长和老师的担忧。

9岁的多多读三年级。在几天前的课间活动中，多多和几个小伙伴一起到操场上玩双杠，其中有一个名叫飞飞的男孩很淘气，正当多多栽在双杠上"倒挂金钩"的时候，飞飞冲着多多大声"啊"了一声吓唬多多，并推了多多一把。

这下可不得了了，多多一下子栽到地上，头部撞破，顿时头破血流，疼得她哇哇大哭。

得知情况的班主任老师急忙赶来，抱着多多去了学校附近的医院。经医生检查，多多虽然没什么大事，但是由于伤口较大，还是缝了五六针。

当下课铃声响起时，孩子们都会兴奋地冲出教室，到户外尽情呼吸新鲜空气，和同学们玩耍，放松心情。外面是孩子们游戏的天堂，不过，课外活动因为其活动地域广泛、人员众多而意外频发。再加上现在的课外活动种类繁多，父母更应该教会孩子如何防止在课外活动时出现危险。

这天，阳光明媚，课外活动时间，男生在踢足球，而足球场那边的排球场是女孩子的场地。

蒋玲玲正在练习垫球的时候，排球飞到了男生那边，她喊着说："给我丢回来吧！"无奈男生们踢得正剧烈，没人有空理会她，蒋玲玲只能跑到足球场去捡球。可她没想到,这时危险正一步步向她袭来。男生方宇一个大脚,把足球踢出老高,不巧,这个旋转中的足球砸向了正在捡球的蒋玲玲。球重重地砸在了她的头上,她脸色苍白,一下子倒在了地上昏了过去。

同学们都吓坏了,大家急忙把她送到医院。经过医生抢救之后,蒋玲玲慢慢苏醒过来,只是头疼得厉害,就像要裂开一样。医生说她的头部受到了猛烈撞击,造成了脑震荡,需要住院观察一段时间。"肇事者"方宇则垂头丧气地站在一边,很自责……

其实,这件事的主要责任并不只是方宇的,而在于蒋玲玲自身对于危险估计不足。当一方在比赛时,别人最好不要进入其比赛的领地,因为在比赛的过程中,难免会发生意外情况,特别是像足球这种剧烈运动项目,危险性就更大了。

如果蒋玲玲懂得这个道理,就不会贸然进入足球场地捡球,也就不会发生这场意外了。作为父母,应该在平时就像孩子灌输这种防患于未然的道理,让孩子知道哪里存在危险,从而不去做冒险的事,就能保证孩子既玩得开心,安全又不会受到威胁。

如果能做到这一点,那么孩子在很大程度上就会避免危险的发生。具体来说,我们有必要告知孩子以下几点课间活动的注意事项:

(1)禁止室外乱跑

由于正在快速成长的孩子精力充沛,在40分钟的学习后好不容易盼来下课铃声的响起,于是恨不得一步飞出"笼子",投入到自由自在的天地里。可是,孩子们意识不到这样乱跑很容易出现危险,因为校园里孩子多、空间小,是非常容易撞上别人或者被人撞上的,所以,家长们要告诉孩子切忌在室外乱跑,当发现周围有人乱跑时,自己也要躲开以避免被撞到。

(2)不要在室内打架

孩子们多是喜欢"斤斤计较的",比如你把我的书本碰掉了,我就要把你的凳子抢翻;你踩了我一脚,我非得还你一拳头。要知道,教室里到处是桌子凳子,如果不小心撞上棱角,很容易碰伤及碰破皮肤,甚至砸伤身体,所以,家长要告诉孩子,不要和同学打架,尤其不要在教室里打架。

(3)上下楼梯隐患多

孩子们对于玩耍的想象力总是超乎大人,有的孩子喜欢在楼梯上往下滑。在他们看来,这是件非常刺激的"训练项目",殊不知,看起来好玩的游戏,实际上危险多多,一不小心就会摔下来,很容易受伤。

(4)不要爬到窗户上探头探脑

现在大多数孩子都是在教学楼里上课,而很多教室的窗户没有防护装置,如果孩子爬到窗口,探出脑袋来透气是非常容易出危险的,所以,如果想透气,不妨下楼到室外吧,而不要再这样冒着危险探头探脑的了。

25.实验步骤要记牢,安全操作不可少

当孩子上了小学之后,就会开设诸如"自然""科学"之类的实验课;等孩子步入初中、高中之后,还会相继开设"物理""化学""生物"等实验课。

这些实验课的开设,除了可以让孩子更好地掌握每门学科之外,还可以满足他对科学现象的好奇心,让他体验到实验带来的乐趣和惊喜,也可以丰富他的科学知识,让他明白更多的现实生活中的科学道理。

然而,由于孩子年龄较小,好奇心强,比较好动、调皮,而安全意识和自我保护意识普遍偏弱,所以他们的实验课确实存在一些安全隐患。

某小学三年级学生上实验课,其中一名学生向坐在实验桌对面的同学借钢笔,却不小心碰翻了酒精灯,酒精溅到了另外一位同学的脸上并燃烧,致使其面部皮肤被酒精烧伤,造成中度毁容。

某小学五年级学生上实验课,其中一个实验小组的同学因为争着动手做实验而碰翻了盛有硫酸的玻璃杯,造成3名同学被硫酸烧伤,硫酸溅到了其中一位同学的眼皮上,造成轻度毁容。

其实,类似这样的事情时有发生。无论是孩子不够小心,还是孩子操作不当,都很容易发生意外事故。所以,我们一定要教孩子注意实验课的安全。

(1)引导孩子珍惜每一次动手实验的机会

俗话说:"实践出真知。"其实,实验也是检验真理的标准之一。生活中很多常识,很多浅显易懂的道理,都需要通过实验得以验证。因此,我们应该让孩子重视实验课,让他懂得珍惜每一次动手实验的机会。

我们可以给孩子讲一讲"两个铁球同时着地"的故事:古希腊哲学家亚里士多德根据自己的生活经验,提出了"重的物体一定比轻的物体下落得快"的观点。后来,意大利科学家伽利略经过反复实验,最后在比萨斜塔上做了一个实验,证明了两个体积相同、轻重不同铁球是同时着地的。

当孩子看到了实验的重要性,知道了实验是检验真理的标准之一,自然就会珍惜每一次动手实验的机会。这样,他做实验时就会特别认真,会考虑到多方面的问题,当然,他也会特别注意实验过程中的安全问题。

(2)教孩子认识实验物品常见警告标识符号

在实验室,有大小不一的瓶瓶罐罐,里面装着不同的实验物品,这些实验物品上都会贴有警告标志符号,用以表达特定的物品信息。这些标识志符号起到保障安全的作用,目的是为了引起人们的注意,避开可能发生的危险,防止事故的发生。

因此,我们要教孩子认识实验物品中常见的警告标志符号,让孩子懂得从这些符号中得知实验物品的危险性质,从而使他远离可能存在的危险。

一般情况下,常见的实验物品警告标志符号包括:爆炸性、易燃、助燃、有毒、腐蚀性、刺激性、有机过氧化物、一级放射性物品、氧化剂、当心火灾—易燃物质等等。它们都相应配有图形或文字,我们可以通过网络或图书搜集一些资料,和孩子一起去学习。

(3)提醒孩子做好实验前的安全防护工作

据报道,某学生在做化学实验的过程中,由于使用过氧乙酸而没有佩戴防护眼镜,结果过氧乙酸溅到了眼睛里,致使双眼受伤,差点失明。

之所以会发生这种意外,是因为这个孩子没有注意采取安全措施,没有做好实验前的安全防护工作。对此,我们一定要时刻提醒孩子,实验之前,一定要按规范做好安全防护工作,比如要戴上口罩、手套、防护眼镜等,以避免发生意外对身体造成伤害。

(4)让孩子听从老师的教导

由于实验课容易发生安全事故,所以老师在上实验课的时候,都会针对这节课的授课内容给予正确的演示,并提醒孩子需要注意的事项或细节。因此,我们要让孩子一切听从老师的教导和安排,在最大程度上降低安全事故的发生概率。

另外,我们还需要告诉孩子,不要轻视实验中的每一个细节,如果在实验过程中遇到了不懂的地方,不可以做危险的尝试,不要抱有侥幸心理,认为不会出事,一定要及时请教老师,然后按照老师说的去做。

(5)告诉孩子,一定要按照操作规程去做

无论做什么实验,都有相应的操作规程。有时候,孩子出于好奇,或由于粗心,常常将实验操作规程抛于脑后,结果造成安全事故。

重庆市某小学发生了一起实验室安全事故。当时,五年级的学生在上一堂化学实验课,学习用高锰酸钾加热产生氧气。实验结束后,老师让3名学生将试验用过的一支试管拿到水槽清洗。

其中一名男生没有向试管中注水,就把试管中的粉末倒了出来,结果粉末扬起,3名学生不同程度地吸入了这种粉末。10分钟后,他们出现了不同程度的昏迷、胸闷、气喘的症状。3天之后,那名男生出现了呕吐、流鼻血、腰痛等症状。

后来,经过专家初步判断,3名学生为金属钾或金属锰中毒。

如果孩子按照操作规程去清洗试管,先往试管中注水,就不会吸入粉末,也就不会发生中毒事件了。因此,我们要告诉孩子,在做实验的时候,一定要认真阅读操作规程,按照操作规程去做,不能打乱操作的顺序,不能将实验物品随意搭配。

26.校园遇暴力,沉着冷静莫慌张

让孩子们学会勇敢,教会他们如何在暴力来临时大胆沉着地面对应当是解决这一问题的良好途径。如果孩子性格内向、老实胆小,习惯逆来顺受,自我保护意识薄弱,那他们极易成为放肆蛮横的学生或者小混混们的目标,而事后忍气吞声、不敢告诉任何人又使得暴力者更加猖獗嚣张,以致陷入恶性循环。

到底什么是校园暴力?目前,校园暴力尚没有统一、明确的定义。通常我们都是通过媒体报道的具体事件来理解其意思。其主要是指发生在学生当中的拦路勒索、敲诈、抢劫、殴打、欺辱等行为,通常伴随着暴力威胁的方式。

有专家认为校园暴力可分为广义和狭义两类。广义的校园暴力是发生在校园内的,由教师、同学或者校外人员针对受害人身体和精神所实施的、达到一定严重程度的侵害行为。狭义的校园暴力是指发生在校园或主要发生在校园中,由同学或校外人员针对学生身体和精神所实施的造成某种伤害的侵害行为。

校园是孩子们的乐园,是孩子成长的地方,也是孩子的第二个家。孩子是否能成为祖国的栋梁之材,学校起着重要作用。同时,学校也是孩子们建立人际关系的"社会环境"。校园可谓是一片净土,但近几年校园中经常发生暴力事件。

磊磊今年8岁,是小学二年级的学生。磊磊性格内向,胆子也比较小,在学校里很少跟小朋友一起玩,每当老师提问他就害羞脸红,说话结结巴巴的,经常被其他小朋友嘲笑。有一天学校放学了,磊磊一个人背着书包回家。路过校门口的食杂店时,磊磊看到有几个身穿校服的"坏学生"靠在栏杆上吸着香烟,不禁好奇地向那几个"坏学生"瞟了一眼,没想到正好和其中一个"坏学生"的目光对上了。这几个"小混混"立刻就把磊磊给围了起来,对磊磊吼道:"看什么看,想找打是不是?!"

磊磊平时就胆小,面对几个凶神恶煞的高年级学生,立刻就吓呆了,两条腿不停地打哆嗦。那几个"坏学生"见磊磊软弱好欺,顿时哈哈大笑起来,并且要求磊磊给他们50元钱"赔罪",那样才能放磊磊离开。磊磊每天的早饭钱也就只有几元钱,根本拿不出50元那么多,就只能拒绝了几个高年级学生的要求。那几个"坏学生"恼羞成怒,围了上来就对磊磊拳打脚踢,可怜的磊磊就被打得遍体鳞伤,连眼角都被打裂了。打这以后,磊磊看到陌生人都会打哆嗦,并且再也不愿意来学校上学了,无奈之下,磊磊的父母只能帮磊磊办了转学手续,去一个新环境里学习了。

磊磊很内向,不懂怎么和小朋友们交流,在学校里朋友不多,也不容易引起老师的关注。他的内向胆小,很容易受到攻击性强的孩子欺负,一旦遭到欺负,没有别的小朋友帮忙,也不敢告诉老师和家长。这种妥协和退让,会让发生在磊磊身上的"校园暴力"愈演愈烈,一发不可收拾。为了让孩子在校园里能够健康成长,孩子的父母应该教会孩子如何应对发生在学校里的暴力事件。

12岁的陈勋刚转到这所新学校的第一天,就听同桌强强说,班里有个叫张健的"小霸王",可厉害了。他留过两次级,比班里同学都高都大,总找茬儿敲诈同学的钱、和同学打架,专门欺负弱小的同学和新同学。全班同学对他是又气又怕,却谁也奈何不了他。"你最好远远躲开他,要是让他找上你的麻烦,你可就惨了。要知道,连老师都拿他没办法。"强强好心地提醒着陈勋。果然,一放学,陈勋就被张健给拦住了,他高高大大地往陈勋面前一站说:"新来的,借我100块钱花花,怎么样?"陈勋有些害怕了:"我没有钱。""没有钱就回家去取!明天不把钱交给我,就叫你尝尝我的厉害!"张健说着,狠狠地在陈勋的肩膀捶了一拳。陈勋回到家,哭着把这件事告诉了爸爸。爸爸说:"对待欺负人的人,你越软弱就会越受他欺负。最好的办法首先是要不怕他,既勇于谴责和抵抗,又要以诚心对他,帮他改正。"陈勋认真地点了点头。

第二天,当张健又来找陈勋要钱的时候,陈勋鼓起勇气大声地对他说:"我又不欠你的,凭什么给你钱?你要是再这么霸道,我们就一起去老师办公室评评理!"听到陈勋的声音,班里好多同学都围上来,他们平时都受过张健的欺负,早就对他不满,一看陈勋这么勇敢,纷纷过来支持他。张健一看形势对他不利,很是心虚,只得放过了陈勋,嘴里却还硬硬地说:"好小子,下次你等着瞧!"后来从同学的口中,陈勋知道了张健的身世。其实他也挺可怜的,父母离了婚,都不在他的身边,他只好和上了年纪的奶奶一起过。奶奶身体不好,没有人给张健辅导功课,更没有人和他玩,他脾气暴,不讲理,大家都不喜欢他。陈勋想,张健一定也很想和大家一起玩,只是大家都不接受他。一天中午,陈勋看见张健独自在操场上打篮球,一连投进了很多球,不禁为他喝起彩来,张健一看有人为他喝彩,心里十分得意。陈勋走上前说:"你打得真好,不知可不可以也培养培养我?""小子,你还真有眼光!"张健更得意了,早忘了那天的不快。从此陈勋每天和张健学打球,有时间还帮张健补习功课。他俩居然成为了一对好朋友。渐渐地,在陈勋的帮助下,张健不但学习有了很大进步,而且还改掉了欺负人的毛病,有了更多的朋友。对此,他十分感谢陈勋。

在大家的印象中校园是一个干净纯洁、充满美好的地方。可是,随着校园各种暴力事件纷纷浮出水面,不少新闻、媒体、网络也争相报道发生在校园里的暴力事件。校园暴力,如同一个挥之不去的魔影,侵蚀着校园这片纯洁的净土。许多父母都担心自己的孩子在学校会被别的同学欺负,可是父母也不能每时每刻都跟在孩子的身边,所以孩子的父母应该教会孩子,当他们在学校遭遇"校园暴力"时,应该如何应对,这是孩子自我保护能力培养不可或缺的一课。

第一,在威胁与暴力来临之际,首先告诉自己不要害怕。要相信邪不压正,终归大多数的同学与老师,以及社会上一切正义的力量都是自己的坚强后盾,会坚定地站在自己的一方,千万不要轻易向恶势力低头。而一旦内心笃定,就会散发出一种强大的威慑力,让坏人不敢贸然攻击。

第二,大声地提醒对方,他们的所作所为是违法违纪的行为,会受到法律严厉的制裁,会为此付出应有的代价。同时迅速找到电话准备报警,或者大声呼喊求救。

第三,如果受到伤害,一定要及时向老师、警察申诉报案。不要让不法分子留下"这个小孩好欺负"的印象,如果一味纵容他们,最终只会导致自己频频受害,陷入可怕的梦魇之中。

下面还有一些切实好用的小方法可以帮助孩子:

(1)告诉孩子遇到校园暴力,一定要沉着冷静。采取迂回战术,尽可能拖延时间。必要时,向路人呼救求助,采用异常动作引起周围人注意。

(2)人身安全永远是第一位的,不要去激怒对方。顺从对方的话去说,从其言语中找出可插入话题,缓解气氛,分散对方注意力,同时获取信任,为自己争取时间。

(3)教育孩子上下学尽可能结伴而行。给孩子的穿戴用品尽量低调,不要过于招摇。

(4)在学校不主动与同学发生冲突,一旦发生及时找老师解决。上下学、独自出去找同学玩时,不要走僻静、人少的地方,要走大路。不要天黑再回家,放学路上不要贪玩,按时回家。

(5)学校定期开展心理、思想道德课程教育;适当组织同学间的协作活动,加强团队互助意识。

我们应该在帮助孩子建立对法制和公义的信心的同时,注意培养他们自身摆脱困境、战胜暴力与威胁的智慧和能力。毕竟,如果从最根本的地方看,学校和家长都不可能教孩子一辈子,以后的路还得由他们自己到社会上去摸索着走。一句话,学会勇敢,会让孩子们一生受益。

27.上厕所时不可以打闹

下课只有短短的十分钟,生性好动的孩子,会抓紧时间,在这短短的十分钟内打闹一番。有些孩子甚至在上厕所的时候,也嘻嘻哈哈开玩笑。你推我一把,我拉你一下,就算是正在小便的孩子,有时也难以幸免。上厕所开玩笑是非常不好的行为,不仅会让孩子受伤,甚至可能给孩子的心理留下阴影,造成严重的不良后果。所以,幼儿父母一定要告诫自己的孩子,上厕所时不可以打闹。

杨林活泼机灵。有一天,杨林和他的好朋友小路一路上打打闹闹地到厕所里方便,两个小朋友玩得正在兴头上,在厕所里依然不停歇,还在互相追逐。就在这个时候,意外发生了,跑在后面的杨林忽然脚下一滑,脑袋重重地撞在了厕所门框的棱角上,鲜血流了一地。小路看见了,吓呆了,不知所措地站在杨林旁边,大声地哭喊起来。杨林的老师看到满头是血的杨林,也吓了一跳,赶忙抱起杨林,往医院跑去。在医生的治疗下,才把杨林的血给止住了。医生又帮杨林的伤口消了毒,缝了四针,杨林的老师这才深深地舒了一口气。

杨林之所以会摔倒,磕破了脑袋,一方面是因为杨林在厕所里打闹,另一方面也是因为厕所本身存在的安全隐患。家长一定要告诫孩子,在上厕所时一定要注意安全,不能打闹。父母可以这么教育孩子:

(1)告诉孩子厕所的地板很滑,容易滑倒

学校里都是公用厕所,地板难免潮湿,有些地方还有不少积水,要告诫自己的孩子,在厕所里要注意安全,不要踩到水以免滑倒。

（2）上厕所时，要有秩序，不可以拥挤和打闹

每当下课，难免会有很多小朋友来上厕所。这个时候，应该要告诉自己的孩子，遵守秩序，不要在厕所里拥挤打闹，以免发生危险。

（3）上厕所之后，不要忘了洗手

许多小朋友上厕所之后，想赶紧去和小朋友玩，亦或是干脆就在厕所里打闹，经常就忘记了洗手。小朋友的手上难免就会留下大量的细菌，危害到孩子的身体健康。这个时候，要告诉孩子，上厕所后，先洗完手，再做其他的事情。

28.遭遇勒索，处理要得当

孩子能够不受外界侵扰平平安安地上下学，学校里每一天都能安心读书，是每一个家长的期望。可是，一些不法分子瞅准了防范能力弱、自我保护能力不强的小学生，试图从他们身上抢劫、勒索钱财、因此，发生在上学过程中的勒索事件时常见诸报端。

通常情况下，勒索者多是高年级或者校外社会上的青年小团伙、小帮派等，他们经常通过制造事端、恐吓威胁来勒索低年级孩子的钱物。

广西某小学六年级学生松松常去学校对面街上的饮料店买饮料，可自从去年夏天那次遭到勒索的事件，让他至今心有余悸。

当天，松松买完东西付完钱之后，突然被排在他后面的两个高年级男生推到门外，然后被拉到一个偏僻的小胡同里，松松害怕极了，小声地问："你们要干嘛？"那两个男生严肃地说："把你的钱都交出来！"边说边

按着松松，把他挤在墙角，让他动弹不得，松松只好把钱包递给他们，钱包里总共有50元钱。事后，虽然松松将此事告诉了老师和父母，但因为无法得知那两个男生的班级和姓名，再加上由于害怕，松松对他们的相貌也没记太清，至今未能找到他们。

虽说现在生活富裕了，但小孩子的零花钱也不会太多，所以被勒索的钱财往往数额较小。尽管如此，也会给孩子的心理造成不利影响，以至于有的孩子产生恐惧心理，害怕上学，让家长深感惶恐不安和深切担忧。为此，家长们如何引导孩子防止和应对勒索行为成了家庭教育中的必要组成部分。

梓凯是个四年级的小学生，家境不好，母亲常年生病，全家就靠父亲一人当建筑工人养活，因此，父母把希望寄托在梓凯身上，希望儿子能在学校好好学习，将来考个好大学。

可最近一段时间，父母发现梓凯情绪很差，回到家后总是一副懒洋洋的样子，开始以为他生病了，后来经询问得知，梓凯被校外的几个孩子盯上了，他们向他索要100元钱。

由于家里困难，梓凯从来没在身上带超过5元的钱，他更是不敢将此事告诉父母，也不敢向父母要更多的钱，他只希望这些人能早一些远离他，不再纠缠他。

可是，事情还是在不久后的一天发生了。那天下午放学后，那几个孩子瞅准机会，将梓凯拽到一个没人的地方踢打了他一顿，将梓凯的鼻子和嘴角都打破了，脖子上还勒出了一道红印。

从那之后，梓凯就像生了心病，每天睡觉都不踏实，因为身体不好，梓凯的妈妈只好找亲戚带儿子去医院看伤。伤治好了，儿子的心病却治不好，梓凯每天晚上睡觉都不踏实，就是不想去上学。

看完上面的案例,我们深深地为自己的孩子感到担忧,一旦孩子遭遇勒索,不但让财物受损失,而且还会让孩子没法安心下来好好学习。

因此,为了孩子的身心健康,家长应该在日常生活中多教给孩子一些预防他人敲诈勒索的方法。

(1)放学后尽快回家,尽量走行人多的路

一般情况下,勒索者通常会把目标盯在一些喜欢在放学途中逗留的孩子或者那些在偏僻的小路上行走的孩子,因此,家长应嘱咐孩子放学后马上回家,不要走人少的小路,即使不得不走,也要和同伴一起。另外,平时穿着要朴素,不要乱花钱,避免引起别人的注意。

(2)被勒索后尽快告知老师和家长,或者报警

一旦遭到勒索,要及时告知家长和老师,让家长和老师帮助,想出应对的方法。千万不要隐瞒事情,不要因为勒索者的要挟就不让家长和老师知道,因为一旦这样,勒索者就会一而再、再而三地进行勒索,到那时就会越来越麻烦了。

同时,当遭遇勒索,不要先想到以恶制恶,别找所谓的"朋友"为自己出头,那样只会造成恶性循环,正确的做法是和公安人员取得联系。如果把勒索者的相貌特征、去向等第一时间告诉警察,那么警察就会及时给予帮助。

(3)教给孩子预防勒索的安全常识

①上学与放学尽量结伴而行,避免单独行动。

②和同学处好关系,宽容别人,不要动不动就跟别人大动干戈。

③别和有暴力倾向的孩子结成伙伴,与其保持一定距离。

④当遭遇校园暴力或者攻击倾向的情况,应及时告诉老师和家长。

29.课堂要守纪,调皮不可取

　　校园里的课堂并不是从来不发生意外的场所。有时,孩子就会利用课堂的环境以给同学开个小玩笑、作个恶作剧为乐,但往往安全隐患就埋在这些小小的举动中。而有些课程本身就带有不安全因素,比如,体育课、化学实验课……因此,父母要培养孩子的课堂安全意识,让每一个参与学习的人都能获得高效学习的45分钟。

　　赵老师是小学三年级的语文老师,她经常用实物作为教学道具。赵老师的教学灵活生动,孩子们都很喜欢上她的语文课。

　　一次,教材中有一个单元是《学做水果沙拉》。教学的过程中除了需要水果、沙拉、盘子、勺子、叉子等物品外,还需要小型的水果刀。这一次,赵老师希望每位同学能通过亲自动手做水果沙拉来掌握这节课的知识。但是,出于课堂安全考虑,赵老师对于是否要安排孩子们自带水果刀犹豫了。

　　不过,当赵老师把自己的想法告诉孩子们时,他们都用期待的心情向老师保证会小心操作、不会拿着刀乱玩。于是,赵老师趁热打铁,首先让孩子们明白,水果刀是配合课堂学习的工具,不是用来玩耍的玩具,并且把水果刀会带来的隐患一一讲给他们,他们都郑重其事地向老师保证会安全使用。同时,赵老师提出了几项要求,比如,所带的水果刀必须是可折叠的、或有护套的,而且只能用于明天的语文课堂,家长要给老师一个收回水果刀的回复,等等。

　　第二天的语文课上得如火如荼,整个教室弥漫着沙拉的味道,孩子们都在吃与玩中学会了相关的知识。语文课安全顺利地结束了,孩子们和老师都从中获得了乐趣。

赵老师上了一堂成功的语文课。当其他老师知道她的教学方式后，都对她说："你胆子太大了，万一孩子们出什么事，能承担得起吗？"赵老师都会说："首先，我了解我的学生；其次，我会先建立孩子们的安全意识，只要孩子们知道了安全的严重性，都会很听话。"

赵老师并没有因为会发生隐患而改变教学方式，而是提前让孩子知道自己该做什么，不该做什么。当学生们都明确了自己的行为准则，教学自然是顺利而成功的。

有许多父母和老师在安全隐患发生之前很少对孩子进行教育，一旦事故发生了才来教育孩子，给孩子定规矩、立规则。有的父母为了使孩子远离安全隐患，干脆不让孩子参与某些教学活动。这样，都不是最有效的办法。

父母对孩子的安全教育要有前瞻性，应该尽早地帮助孩子建立课堂安全意识，不要让孩子在隐患面前不知所措，或者根本察觉不到什么是隐患。如果父母做好对孩子的安全教育，就不会面临"亡羊补牢，为时已晚"的尴尬情形了。

（1）别让孩子在起立时开玩笑

很多孩子都喜欢在同学起立时，开个小小的玩笑，比如：把同学的凳子抽掉，或者在凳子上放上东西。当同学一下子坐在地上，或被凳子上的异物刺痛时，就会引发其他同学的笑声。恐怕大多数父母在上学的时候都有过被摔或捉弄别人的经历，而在这个小小的玩笑中隐藏着很大的不安全因素。

五年级的康康从小就调皮捣蛋。一次数学课上，趁着前排的萱萱站起来回答问题时，他悄悄把萱萱的凳子往后挪了挪。毫不知情的萱萱回答问题后,往下一坐,"扑通"一声,坐了个空,倒在了地上,周围的同学笑得东倒西歪。

在数学老师的呵斥声中,隐约听到萱萱喊痛,并且无法站起来。这下康康才意识到问题的严重性。数学老师和几个同学赶快把萱萱扶了起来,送到医院检查。经过拍片检查,萱萱的腰椎骨折了,虽然不需要手术治疗,但需要卧床休养两三个月。

从这之后,全班同学不敢再和其他同学开类似的玩笑了。

因此,父母要在孩子开始参加集体生活时,就把类似的事情讲给孩子听,教导孩子不和同学开类似的玩笑。同时,为了避免同学给自己开玩笑,让孩子养成入座时回头看一下以确认凳子位置的好习惯。

(2)告诉孩子,不在课堂上搞恶作剧

有的孩子喜欢趁同学认真听课时,搞个恶作剧,并以此为乐。然而,很多恶作剧都会引起一些意想不到的意外。

12岁的男孩天天,平时总喜欢和同学搞恶作剧。一天,天天把同桌小虎的鞋带系在自己的凳子上。下课铃响了,老师宣布下课,小虎站起来便往外跑,结果,"扑通"一声摔倒在地上,脚骨被严重扭伤。

壮壮也是一个喜欢搞恶作剧的孩子。一次体育课上,一名身体瘦弱的同学刚刚做好预备动作,准备跳远,壮壮便从后面猛地将同学推了出去。结果,被推出去的孩子腰椎骨骨折,未来的几个月只能躺在床上吃饭和学习。

孩子正处于一个好动的年龄,有的孩子以搞恶作剧为乐。但是,课堂上,同学的大部分思维都集中在学习上,很难防范来自同学的搞怪行为,这样,被捉弄的同学因为没有准备,很容易受到严重的惊吓和伤害。

因此,父母应该让孩子明白,同学之间开玩笑要有度,要分场合,不要因自己的搞怪行为给同学带来伤害。如果孩子的搞怪次数过多,其他同学可能也会用同样的方式对待自己。

(3)培养孩子体育课上的安全意识

体育课堂是与运动是分不开的,发生伤害事故的几率也是最大的。因此,父母不但要让孩子了解一些避免意外发生的常识,更要让孩子重视体育老师的教导。体育老师会针对每一次的体育课,帮助孩子建立相关的安全意识,因此,听老师的教导很重要。

所以,父母要让孩子知道,上体育课一定要穿运动服,衣服上不要别胸针、校徽、证章等东西;衣裤的口袋里不应该装钥匙、小刀等坚硬、尖锐锋利的物品,等等。同时,还要让孩子知道,不要独自做器械运动,特别是单双杠、跳鞍马等之类的运动,一定要在同学和老师的保护下完成。

(4)教孩子听老师的话,安全上完实验课

随着孩子年龄的增长,参与化学实验课是常有的事,而化学试剂也会引发安全隐患。因此,父母要提醒孩子一定要在老师的指导下做实验,要让孩子知道化学试剂的危险性,不应该随便混合化学试剂。

父母要鼓励孩子做一个懂科学、懂知识的学生,提醒孩子不能用化学试剂开玩笑,让孩子知道化学试剂的意外喷射很容易给自己和同学带来不可逆转的伤害。总之,要让孩子听老师的话,遵守实验要求,安全上完实验课。

孩子在课堂上是否能够高效率地学习45分钟,就看教学过程是否顺利。而课堂安全是影响教学过程的重要因素。同时,安全一旦得不到保障,不仅仅是课程不能顺利进行,孩子的身心也会受到损害。因此,父母平日里应帮助孩子建立课堂安全意识,让孩子最大程度上地不制造和远离不安全因素。

30.上下楼梯须当心,打闹嬉戏要不得

楼梯是我们上楼和下楼的重要"交通工具",特别是一些小学,其教学楼往往都不高,没有电梯,楼梯就成为孩子们进出教室和室外离不开的东西。不知道家长们是否想过,校园里由于人口密度大,孩子上下楼又比较集中,再加上活泼好动,是很容易在楼梯上发生危险的。

因此,这一点不得不引起家长们的重视。

有这样一则报道:"2004年3月11日,山西省某初中一女生公寓楼因学生上下楼相互拥挤、踩踏,造成两名学生身亡、十几名学生受伤的恶性事故。"

面对让人触目惊心的案例,父母们需要采取什么措施来帮助孩子做到防患于未然呢?

某小学的学生洋洋在课间休息时,被正在玩闹的同学撞了一下,从教室二楼楼梯栏杆直接摔了下来。

当时,让洋洋感到惊奇的是,自己居然没有"受伤",而且当时也没有老师在场,因而洋洋就没有去医院检查,只是周围看到这一状况的同学们将洋洋扶到了教室里,让他趴在课桌上休息。

可是,过了一会儿,洋洋一个劲儿说不舒服,这时候老师打电话将洋洋的父母叫来。随后,洋洋被送进了医院,而此时的他已经抽搐得很严重了。最后经过医生的奋力抢救,洋洋的症状才有所缓解,而结果是洋洋颅底骨折,并且会有外伤性脑癫痫后遗症。洋洋小小年纪就遭受如此大的身体创伤,导致洋洋的父母和老师,还有洋洋本人都伤心不已。

孩子就是"调皮猴"，他们常常会在不该玩耍和打闹的地方肆意妄为，直到造成不良后果才悔不当初。更值得指出的是，一些家长也常常将上下楼梯的这一安全细节给忽略掉。

(1)家长要对孩子进行上下楼梯的安全教育

课间休息、上下学时，楼梯上人的密度会很大，容易出现危险，因此家长应告诉孩子上下楼一定要扶着楼梯扶手慢行，如果有莽撞的孩子或者人太多的时候，就先等别人走过去之后，自己再走。另外，家长还要告诉孩子，不要在楼梯口或楼梯上玩闹，因为一不小心就容易滚下楼梯，造成身体的损伤。一旦出现危险，要立即告诉老师，让老师帮忙处理。

(2)家长要教给孩子上下楼梯时的安全知识

开车要在马路右侧、走路也要走在右侧，这是基本的交通规则。上下楼梯也一样，同样有其特定的规则，家长们应教给孩子上下楼梯时的安全知识，为孩子能够平安出入教室做好预防。

①上下楼梯的时候不要东张西望，而应全神贯注、集中精力。

②要靠着楼梯的右边行走，和前面、后面的同学要保持适当的距离，不要紧挨着，也不要手牵手并排走，更不要跑跳和打闹。

③不要让上身探过楼梯扶手，更不要从栏杆上下滑。

31.文具有毒,使用要当心

款式新颖的文具盒、香气扑鼻的圆珠笔、五颜六色的油画棒、小巧玲珑的橡皮……商店、超市里这些琳琅满目的文具吸引着越来越多的孩子。然而，却很少有人关注孩子在使用这些文具的过程中是否安全。

校园篇
——校园非净土,自护是关键

一位正在上幼儿园的小女孩突然出现进食困难,喝水都会吐的症状。焦急万分的家长把孩子送到医院。经过X光检查,医生发现孩子的食道已经被严重腐蚀烧伤,疤痕堵塞了食道。经过扩张手术后,女孩的食道才恢复到正常的宽度。

是什么让女孩的食道出现如此严重的腐蚀烧伤呢?原来,女孩吸食了涂改液。检测后发现,涂改液内含有一种叫甲基环己烷的有毒化学物质。这种化学物质进入人体后,直接导致人体消化道狭窄。然而,几乎所有涂改液上都没有标明"有毒""请勿食用"等警告标志。

2011年,国家质检总局发布了学生用品质量国家监督专项抽查结果:19家企业的29批次产品不符合标准要求。其中有20批次产品的不合格项目都是因为游离甲醛超标,占所有产品的68.97%,主要集中在固体胶、液体胶、胶水。另外,油画棒和蜡笔存在的问题主要是铅、钡含量超标,涂改液存在的问题主要是苯含量超标。

当我们看到国家质检总局发布的关于学生用品是否安全的抽查结果,不禁为之震惊,原来文具"杀手"正在悄悄靠近孩子。除了国家采取一系列的措施之外,我们也要采取防范措施,让孩子知道哪些文具存在安全隐患,避免使用有毒的文具,保护他的身心健康。

(1)让孩子知道不安全文具的特点

我们要让孩子远离有毒文具,就要让他知道哪些是不安全的文具。一般来说,不安全文具有两大特点:一是没有安全提示,二是含有毒物质。

所谓没有安全提示,就是没有标明生产厂家、生产日期、批准文号和中文标识。对于这一类的文具,我们一定不要让孩子购买。

所谓含有毒物质,比如,荧光增白剂,如作业本纸张异常洁白,会影响孩子的视力,加重孩子肝脏的负担;重金属,如铅笔中含有的铅,会影响孩子神经系统的发育,甚至导致智力下降;有毒化合物,如散发着香味的文具,一般都含有苯酚、甲醛等有毒化合物,对孩子的身体造成伤害……

我们不仅要让孩子知道如何判定文具是否安全,而且还要告诉他有毒文具对身体的危害。这样一来,孩子自然就会去选择安全的文具。

(2)尽量不要让孩子使用涂改液

如果孩子写错了字,就会涂上一层涂改液。单从实用角度来讲,涂改液可以掩盖孩子的错误,的确非常方便、好用。殊不知,涂改液却是一种化学合成物,包括二甲苯和卤化烃等化学物质。这些化学物质会影响孩子的身体发育,对孩子的身体健康造成慢性侵害。

为了孩子的健康,我们最好不要让他使用涂改液。为了让孩子减少或不使用涂改液,我们可以这样引导孩子,写作业时要认真,最好不要出错。如果出错的话,要使用修改符号,如删除号、对调号、改正号、增添号等,或者在出错的文字上画一条线,在后面重新再写。

(3)不要让孩子购买有香味的文具

如今,很多孩子抵挡不住有香味文具的诱惑,经常用一些有不同香味的笔、本子、橡皮等等。殊不知,这些香味文具是有毒的,会直接影响孩子的身体健康。因为一些香味文具使用的是化工香料,这种香料中含有苯、甲醛等。如果长期使用这类文具,会造成孩子慢性苯中毒,引起造血和免疫机能损伤,甚至还可能会成为白血病的诱因。所以,我们要警告孩子,不要选择有香味的文具,要远离这些"健康陷阱"。

(4)建议孩子到正规的超市、商场购买文具

学校周围会有很多卖文具的小店,这些小店里的文具未必是正规厂家生产的,质量得不到保障。因此,在购买文具的时候,我们建议孩子最好到正规的超市、商场购买,不要到小店、流动摊点、夜市购买。

(5)提醒孩子,买文具不要只看重外表

如今,文具不只靠功能来吸引孩子的目光,更靠外表。事实上,往往越

是"装饰过度"的文具，不良化学物质就越多。所以，在选购文具的时候，我们要提醒孩子，一定要精挑细选，不要只看重包装或式样，更要看重文具的功能，越简单越好，千万不要图一时好看、好玩而付出健康的代价。

（6）教孩子在购买文具时认准"GB"字样

根据2008年国家质检总局、国家标准委联合发布的《学生用品安全通用要求》，企业必须在产品合格证上标明"执行标准GB"相关字样。所以，我们要让孩子在购买文具的时候，注意文具上是否标有"执行标准GB"的相关字样。

（7）使用完文具后，要让孩子去洗手

无论我们如何小心这些有毒的文具，它们可能都会潜伏在孩子的身边。比如，像铅笔，如果孩子用完铅笔没有洗手就吃东西，可能会造成孩子慢性铅中毒。所以，为了防止一些有毒的文具侵害孩子的身体，我们一定要注意提醒他：使用完文具后，一定要及时去洗手。另外，我们还要让孩子养成勤剪指甲的好习惯。

32.玩具枪易伤人，玩耍需谨慎

无论是催人奋进的抗战影片，还是耗资巨大的美国大片，总是充斥着战斗的影子。那些英姿飒爽、身穿迷彩的军人，往往也会成为小孩子心中的偶像。所以，玩具枪，对怀揣英雄梦的小男孩们有着巨大的吸引力。不过近年来，随着玩具制造水平的不断提升，有些玩具枪还能打出塑料子弹。这些玩具枪打出的子弹甚至可以洞穿一米外的易拉罐，极具危险性，很容易伤到年幼的孩子。所以，家长一定要告诉孩子，玩耍要注意安全,防止玩具枪伤人。

堂堂今年6岁,是一个顽皮好动的孩子。他喜欢看打仗的电影,最羡慕的就是那些手拿冲锋枪,冲杀在前线的解放军战士。平时,堂堂最喜欢做的事,就是拿着玩具枪扮演解放军战士,所以在小朋友之间,堂堂有着"小战士"的称号。堂堂很喜欢玩枪,经常缠着爸爸妈妈买枪给他玩,堂堂的爸爸妈妈很溺爱堂堂,总是顺着他的意,给他买了各种各样的玩具枪。有一天,堂堂和小朋友们玩游戏,忽发奇想的堂堂就跟小朋友提出了玩打仗的游戏。大家拿着玩具枪,互相射击,并且约定好了,只能朝着别人的脚打。

刚开始的时候,小朋友们都很遵守约定,倒也没出什么问题。不过玩着玩着,就玩出问题了。堂堂的枪法太好了,其他小朋友根本打不过他,于是其他小朋友渐渐急红了眼,最初的约定也慢慢地忘在脑后了。就在这时,意外发生了,只见堂堂"啊"的一声惨叫,便捂着脸倒在了地上。小朋友们吓傻了眼,过去一看才发现,子弹把堂堂的眼皮都打青了,堂堂的整个眼睛都充满着血丝。

之后堂堂被送到医院里去,医生连说堂堂的运气好,子弹没有打进眼睛里去,否则麻烦可就大了。

堂堂和小朋友们制定好了规则,只要按照游戏规则玩游戏,的确不会出太大的危险,但是孩子的自控力和自制力较弱,在玩得尽兴时,经常会头脑发热,将规则忘在脑后。小男孩喜欢玩枪那是天性,这是很正常的事情,但是家长要告诉孩子在玩的时候,一定要注意安全。除此之后,孩子的父母还应该注意以下两点:

(1)选择符合安全标准的玩具

父母给孩子选择玩具时,一定要选择符合安全标准的玩具。现在许多不法玩具生产商为了追求利益,用一些有毒有害的材料来制造玩具,孩子玩这些玩具,很容易发生危险。所以,父母在给孩子选购玩具时,一定要注意查看清楚玩具的厂家、生产日期、产地等信息。此外,还需要注意的是,购买玩具时,一定要看清楚这个玩具适合多少岁的孩子玩,不要给孩子购买超出其年龄段的玩具。

(2)看到别人在玩弹珠枪时,要远远地走开

孩子的父母要告诉孩子,若是看到其他孩子在玩有危险的玩具枪,如弹珠枪时,一定要远远避开,避免被伤害。

33.提防告知你家里出事的"好心人"

现在的社会日益复杂起来,许多骗子的手段层出不穷,让人防不胜防。因为小孩子的社会阅历少,面对一些突发事件时,难免乱了阵脚,不知道如何应对。若是陌生人告诉孩子,你的家人出事了,孩子们惊吓之后,往往会乱了阵脚,让那些不法之徒有机可乘。所以,平时父母在对孩子进行个人保护能力的培养时,一定不能忘了告诉孩子,提防告知你家里出事的陌生人。

洋洋今年7岁了,因为爸爸妈妈工作忙,没有时间照料她,洋洋就住在外婆家。因为外婆的身体不太好,学校又在小区里,所以平时放学之后,都是洋洋自己走路回家,没有家人来接送。一天又到了放学时间,洋洋和其他的小朋友一起蹦蹦跳跳地从学校里唱着歌走了出来,脸上都洋溢着甜蜜的微笑。这时,忽然有一个面色焦急的阿姨拦住了洋洋的去路,

这个阿姨问道："小朋友，你是不是叫洋洋？"洋洋不明所以，乖乖地点了点头。这个阿姨立马紧张地说道："洋洋，我是你妈妈的同事，你妈妈在上班时出事了，现在正在医院，你得赶紧跟我去一趟，看看她！"洋洋顿时惊呆了，满脸露出焦急的神色，小嘴一撇就要哭出来。这个阿姨赶忙好言好语安慰洋洋，洋洋顿时感觉心里暖暖的。就在洋洋决定跟阿姨去找妈妈的时候，旁边的一个小男孩小智忽然问道："洋洋，这个阿姨你认识吗？"洋洋摇了摇头说不认识。小智又说道："洋洋，妈妈告诉我，若是有陌生人说家里出事了，就要小心。不如我们先回学校找下老师好不好？"洋洋想了想，就点了点头，拉着那个陌生的阿姨就朝学校走。那个陌生的阿姨脸色骤然大变，赶忙挣脱了洋洋的小手，跑掉了。

洋洋从小是由外婆照顾的，和爸爸妈妈接触的时间比较少，对于爸爸妈妈的情况不了解。所以，当陌生的阿姨告知洋洋妈妈出事时，洋洋才会信以为真。好在洋洋的好朋友小智识破了这个阿姨的诡计，才让这个图谋不轨的陌生人灰头土脸地跑了。

孩子单纯天真，很容易相信别人。如果孩子的这一特点被坏人利用，就有可能出现无法挽回的后果。父母需要让孩子增强防范意识，学会保护自己，遇事多留神，不要轻信别人。

孟丹7岁了，一次在学校门口，一个平时经常去家里的叔叔走过来对她说："你爸爸出车祸了，要我接你去医院。"孟丹本能地想跟着走，这时刚好一位老师看到，就拉住了孟丹，询问原因后给孟丹家里打电话。

在老师打电话的时候该男子转身就走，老师迅速叫学校的警卫截住了他。最后终于确认，男子与孟丹的父亲发生了经济纠纷，想通过绑架孟丹来勒索钱财。

孟丹的父母事后知道真相时相当后怕。老师以这件事情为例，在全校开展了一场安全教育活动,同时告诉孟丹的父母要注意对孩子这方面的教育。孟丹的父母反省道:"以前只知道叫孩子不要轻信陌生人,却忘了告诉她熟人有时候也不能轻易相信。"

通过这件事情,全校的学生都知道了:熟人有时也不能轻信。遇到有熟人说要接送自己,或者一个人在家而父母的朋友要求开门都要相当小心。遇事先要打电话给父母确认,如果一时联系不到父母,那么宁可不要相信,以避免发生意外。

"不要轻易地相信陌生人,不要吃陌生人给的东西,不要跟陌生人一起玩……"这些话,可能每位父母都和自己的孩子说过。可是现实生活往往比我们想象的更加复杂,事例中的孟丹就遇到了一起这样的事情,如果不是恰好被老师看到,处置得当,后果很难预料。

父母在教育孩子不要轻信别人时,不能再停留在不要相信陌生人这样的老生常谈上,以免孩子遇到熟人行骗时,因为没有足够的防范意识从而受到侵害。

现在的骗术变化无穷,父母只是教孩子一些防范的招数很难真正地为孩子隔绝危险。最好是培养孩子"不轻信"的性格。这样一来,不管是医疗广告、陌生人的诱拐、熟人的欺骗、街头骗局,孩子都不会轻易相信,从而避免危险和损失。

要让孩子养成"不轻信"的习惯,就要在生活中一点点地训练他,让孩子提高警惕性,学会保护自己。

(1)冷静头脑,不要惊慌

父母应该告诉孩子,若是有陌生人告诉他这些事情,一定要头脑冷静,不要惊慌,不能因为消息太过突然,乱了阵脚。

(2)绝不透露家中信息

当孩子遇到这种情况时,父母应该告诉孩子,无论这些陌生人是说妈妈出事了要爸爸的联系方式，还是爸爸出事了要妈妈的联系方式，都不可以轻易告诉陌生人。

(3)寻找大人的帮助

父母要告诉孩子，若是他分不清陌生人说的话是真是假时，一定不可以盲目相信陌生人的话，应该找老师或者熟悉的邻居辨明真伪。

34.宿舍遇到小偷，自护是关键

虽然小学生大多走读，但也有一些家长为了锻炼孩子的自立能力或者由于自身情况等因素，为孩子选择住读学校。

我们要知道，由于学生宿舍人员较多、较杂，和家庭相比容易出现一些安全问题，比如遭窃、失火、同学之间发生摩擦等，给孩子造成一些威胁，这一点也是令很多住读生的家长所担心的。而要想让孩子保护好自身安全，能够拥有一个健康、安全、和谐的宿舍生活环境，则是需要家长和学校共同努力的。

一名初三的女生，课间回宿舍取衣服，发现宿舍里有个成年男人正在翻自己的抽屉。女孩大声上前制止，并且质问成年男人。结果，这名歹徒将女孩强奸后又以极其残忍的方式把她杀害了。警方经过几个月的侦破，才将歹徒捉拿归案。

据犯罪分子交代，他发现有一扇窗户没有关，便产生了邪念，沿着墙头跳进了这间位于二楼的女生宿舍。本来他只是想偷点东西就走，却被独自闯进来的被害人发现，于是产生了进一步犯罪的想法。

13岁的毛毛是住校生。一天下午，毛毛回宿舍休息。走到宿舍门口，他发现宿舍的门是半开着的。推开门，毛毛看到一位陌生人在翻同学的箱子。毛毛轻手轻脚地退了出来，快速跑向一楼的教师值班室。毛毛把刚才看到的一幕告诉了值班的老师。随后三位男老师一起冲向了二楼。小偷被老师们用绳子绑了起来。随后赶来的警察把小偷带走了。

毛毛发现小偷后，不动声色地跑去叫老师的行为，既保证了自己的安全，也保护了同学们的财产。事后，老师和同学们都夸奖毛毛，是个既勇敢又聪明的孩子。

作为安全教育最容易忽略的一个环节，当孩子在宿舍里发现小偷时怎么办呢？孩子如何才能保证自己的人身安全？要注意以下几点：

(1)让孩子保护好自己的财物

在平时和孩子共处的时候，父母要多给孩子讲解一些犯罪分子常用的偷盗形式，好让孩子有针对性地进行防范。我们总结了一下，大概有如下几点需要告诉孩子：

①乘虚而入。如果房间的门没有及时锁上，那么就很容易成为小偷盯准的目标，从而趁机入室盗窃。

②"顺手牵羊"。如果有陌生人进入宿舍，不管以什么名义，只要不是自己的熟人或者学校的安排，就一定及时下"逐客令"，因为这类人说不定就是顺手牵羊的小偷，他们试图趁人不备而将宿舍里的物品偷走。

③"钓鱼"。这一点主要针对住在一楼或者平房的孩子，因为小偷会利用竹竿等器具将放在室内的钱包或晾在窗外的衣物"钓"走。对于这一点，尤其需要学校做好防护工作，比如安装防护网，即可避免此类事件发生。

④撬门扭锁。这类小偷往往以偷比较值钱的东西为目的,因此孩子们最好不带贵重物品到学校,或者不要显露自己的财物。

(2)教给孩子一些防盗措施

①最后离开宿舍的同学一定要锁好门窗,不要嫌麻烦,更不要存在侥幸心理,因为坏人盯准的可能就是这个时机。

②不能随便让外人住到宿舍里来,尤其是不知底细的人。

③当在校园里或者走廊里发现形迹可疑的陌生人应提高警惕,比如那些左顾右盼、神色慌张的人,很可能是坏人。此外,还要对那些到寝室推销产品的人提高防范意识,千万不要受骗上当,一旦发现要及时报告老师。

④将自己的钥匙保管好,不要借给他人,同时也要和同宿舍的同学一起做好这一点。

(3)增强孩子的安全意识和集体意识

①当宿舍出现危险时,大家不要慌张,而应沉着冷静、齐心协力,想办法及时报告管理员或者老师,也可以直接拨打110报警,前提是在不受到犯罪分子威胁的情况下。

②不管对方以什么借口,都不要让不熟悉的人或者刚认识的人随便进入你的宿舍。

③不要在宿舍里使用明火,不要私自点蜡烛,也不能使用电器。

④当发现寝室阳台的门窗、灯具、空调、插座等有破损现象,要及时报告相关管理人员保修,以免发生危险。

⑤提前关注天气预报,一旦遇到台风、沙尘暴等恶劣天气,应及时将衣物收好,把门窗关好,并尽量不外出活动。

(4)不要看歹徒的眼睛,不与歹徒正面交锋

一旦小偷被发现,他们就会非常心虚。他们害怕孩子记得自己的样子,害怕孩子正视自己的眼睛。那是歹徒道德的底线,他们无法接受。于

是，当孩子没有任何逃脱的机会时，可以表现地听话一些，不要看歹徒的眼睛，也不去阻止歹徒的盗窃活动，尽量不要让歹徒把注意力转移到自己身上。那么歹徒偷完东西，便会匆匆地离开，这样，对孩子的人身伤害几率将会最小。

35.洁身自好，避免交到"坏"朋友

家长们都知道"近朱者赤，近墨者黑"的道理，所以，为了我们的孩子能够如我们所期待的健康成长，我们都希望自己的孩子能和那些好孩子做朋友，使之在良好的朋友圈子里学到更多好的东西，但是，家长们却常常会苦恼孩子交朋友往往是凭着感觉走，让家长无从把握。

因此，家长们就开始担心孩子交到坏朋友而受到不良影响，阻碍孩子健康成长，于是，家长们就会强行阻止孩子结交那些自己认为不好的孩子，轻则用语言训斥，重则拳脚相加。可结果如何呢？往往是不但没有阻止孩子的这一交友行为，反而使得孩子更加反感和排斥。

如此看来，家长希望孩子结交好孩子做朋友、避免和坏孩子接触的初衷是好的，只不过在方式方法上还有待改善。

15岁的高强是一个品学兼优的孩子，一个偶然的机会他在网上认识了一个和他一样大的男孩，两人很谈得来，又都在同一个城市，于是就找机会见了一面。见面后，他们发现彼此的兴趣爱好也颇有共同点，于是两人的关系更加密切，并多次见面一起出去玩。

一次，在和这个网友一起郊游的时候，网友介绍他认识了一个新朋友。新朋友请高强和网友一起去KTV唱歌。唱歌时,新朋友递给他一支香烟,本不吸烟的高强推辞不过,加上网友也在一边劝他吸,于是他就吸了。

没想到这一吸就上瘾了。原来这支香烟里含有毒品,高强从此染上了毒瘾。为了解决自己购买毒品的钱,高强在网友的怂恿下开始帮别人带毒、贩毒。等父母发现时,高强的毒瘾已经很厉害了。父母没有想到一向很省心的孩子,居然会因交友不慎而一步步走向了深渊。

通过这一事例,家长们也可以得出教训,在孩子的成长过程中,必须从日常的点滴着手,让孩子洁身自好。在此基础上,结交那些好孩子做朋友,而和那些坏孩子则应保持一定的距离。只有这样,才能保护自己。具体来讲,家长可从以下几个方面对孩子的交友行为进行引导:

(1)从孩子还小的时候,家长就要告诉他,背心和裤衩盖着的身体部分不能让别人摸。等到了青春期的时候,要引导孩子充分认识自己的身体,不管什么情况都不允许任何人侵犯。

(2)告诉孩子,不要单独和异性同学、朋友或者老师相处时间过长,不和异性一起看爱情片或"少儿不宜"的影像资料。

(3)让孩子不要和陌生人搭讪,如果有人将脸和目光凑近,自己要立即远离。

(4)不要顾及情面而隐藏自己遭受他人猥亵、骚扰等事。如果有人触摸了自己的隐秘部位,一定要报告父母或老师。

(5)俗话说,"打铁还须自身硬",我们要引导孩子注意洁身自爱,着装不张扬、不暴露,行为有规矩,为自己树立一道安全防线。

(6)让孩子不要单独行动,上下学或者外出活动都要结伴而行,如果学校有事或延迟放学,应通知家长。

(7)对于那些娱乐场所,诸如歌舞厅、游戏厅、台球厅等,都不要随意进入,尽量远离这些地方。

(8)父母要在平时和孩子多谈论一下关于交友的问题,了解孩子的交友标准,一旦发现不妥当的地方,就给孩子指出来,帮孩子把握一定的交友原则。

(9)家长要以身作则,发挥榜样作用。

36.玩笑可以开,但切忌过火

孩子们的性格各有不同,有的活泼开朗,有的腼腆害羞,有的严肃认真,有的古怪精灵。多数家长和老师在放松下来的时候,应该更容易喜欢那些活泼开朗、古怪精灵的孩子,因为这些孩子总能时不时地创造乐趣,不会"冷场",而这样的人也往往更具创造力和想象力。当然,那些循规蹈矩、乖巧听话的孩子则在日常生活和学习中更容易受师长的青睐,因为他们不像那些爱淘气的孩子一样制造麻烦,让大人更省心。

在此,我们不去讨论哪一类孩子更好或者不好,而是提醒一下家长,我们有必要告诫孩子,开朗活泼是好事,开玩笑也没什么不可以,但是一定要掌握分寸,如果玩笑开不好,可能就会"捅娄子"!

甘肃某小学,一位名叫莹莹的10岁女孩热情开朗、活泼好动。最近,他们班上新转学来了一个小女生,不知道是由于对新环境太陌生,还是性格使然,这个女孩很少和同学来往,课间的时候大家都聚在一起玩耍,而这个女孩却坐在座位上发呆。

莹莹想帮助这个女孩融入到集体环境中来,于是她就故意找了几个同学围着这个女孩说这说那,比如:"这个姑娘好俊呀,真是闭月羞花、沉鱼落雁呀！"或者："哎呀，这不是天上掉下个林妹妹吗！"

可没想到，他们越这样说，女孩越不好意思，把头埋得更低了。

莹莹一看这招不灵，就又想了别的办法，趁课间休息，她在黑板上写了几个字："请各位同学向我们班新来的'冰美人'发出邀请，请她为大家高歌一曲。"

那个女孩本来就害羞，这下就更不知道如何是好了，心急之下，趴在座位上"呜呜呜"哭了起来。第二天，女孩就干脆不来学校上课了。

事例中的莹莹本是好意，可是对于过于腼腆害羞的新同学来讲，她的热情不但让对方感受不到温暖，反而更加排斥，也更不知所措，以致连上课都不敢了。

那么，为了防止我们的孩子既能活泼开朗、热情大方，又不至于因为玩笑而让别人不舒服，家长们应该怎么做呢？

(1)告诉孩子，搞恶作剧会令人感到讨厌

孩子们是出于好奇或者出于想捉弄人的心理才会搞恶作剧，家长要想办法帮孩子克服这种心理，不要让这种做法继续发展下去。如果家长不闻不问，不但会伤害到别人，也将不利于孩子身心的健康成长。家长可以设计捉弄一次孩子，让孩子体会到被人捉弄并不好玩，从而让孩子改掉搞恶作剧的坏习惯。

(2)多关心孩子，理解孩子的个性和心理

有的孩子天生爱开玩笑，也有的孩子是因为受到他人忽视或者冷落而有意采取一些恶作剧行为。不管是哪一类，作为父母都要对孩子的个性和心理有一个明确的认识。只有做到这一点，我们才能有的放矢、对症下药。如果发现自己的孩子是个"开心果"，在高兴之余还要多提醒孩子，对于一些"禁不起玩笑"的孩子尽量不要开玩笑，以免让对方不舒服。同时，父母还要多关注孩子，不要让孩子感到自己被忽略，这样孩子就不会做出一些出格的恶作剧来吸引家长或者老师的注意力了。

(3)分清"是"与"非"，采取得当的教育方法

有时候孩子开玩笑或者恶作剧是由其创造力导致的，而有的则纯粹是淘气行为，所以，这就需要家长对其行为有准确的辨别能力，若是前者可以适当鼓励，若是后者则应讲明道理，让孩子减少或放弃此类行为。同时，家长还需要注意，不要对孩子一贯娇宠，否则会造成孩子不懂得自我约束，为所欲为。

(4)需要告诉孩子的小知识

①开别人玩笑的时候，不要只顾自己一时心血来潮，更重要的是考虑到对方的心情，如果时机不合适，即使一个喜欢开玩笑的人也难以接受。更不要随意跟那些不喜欢开玩笑的人开玩笑了。

②开玩笑有时候会开过火，如果因此而让他人不愉快，那么即使你不是故意的，也要向对方道歉，并记住下次不要再开这样的玩笑。

37.练就"火眼金睛"，谨防网络诈骗

网络联系方便快捷，越来越多的人选择在网上交易，如网络购物、网上充值，等等。但是也有人利用网络实施犯罪行为，各种诈骗招数层出不穷，网络诈骗案件急剧上升。这就需要父母提醒孩子，在上网时提高警惕，不要因为一时大意，造成经济损失和人身伤害。

14岁的林林在登录QQ时发现了一条抽奖信息，她按照信息中的提示登录网站，输入抽奖号码，系统提示她中了一台最新款的索尼笔记本

电脑。林林兴奋极了,她打电话联系网站的工作人员,工作人员告诉她需要缴纳税费和运费一共900元,并让她将钱汇到指定账户。

林林汇了钱后,对方再次抬高价码,以协助办理网络套餐、网络中转费、媒体费等借口陆续骗取林林2500元。当林林再次打电话询问时,对方又说他们搞错了,林林中的是一辆高级小轿车,让林林再汇款2万元。

林林再次编理由向爸爸要钱时,爸爸才警惕起来,于是再三追问。最终,林林向爸爸说了这件事的来龙去脉。爸爸听后,知道林林受骗了,于是立即报警,后在警方的协助下追回被骗的钱。

爸爸告诉林林:"网络诈骗就是利用人爱贪便宜的心理让你上当,先是给你莫名其妙的好处,当你惊喜的时候他们趁机要价,逐渐抬高价码,直到你难以承受为止。以后不要相信网络上的中奖信息。凡是遇到让你汇款,或者让你登录不明网页输入你的个人资料的情况都要提高警惕,坚决拒绝。"

网络诈骗盛行已久,随着人们越来越熟知这种诈骗形式,受害者越来越少。但是犯罪分子往往能想出新的招数来继续犯罪,比如仿造像淘宝网、中国工商银行这些有公信力的网站的页面,然后在交易时发链接给对方,通过窃取对方在假冒网站上输入的账户信息盗取对方财产。

孩子的分辨力差,就算知道中奖号码不能相信,但是当他在进行其他交易时,对方"好心"地把银行的链接发给他,他往往想不到那是假的。一旦输入账户信息便中了对方的圈套,财产被窃是迟早的事情。

还有利用计算机技术进行犯罪的案例。犯罪分子先是将木马程序伪装成某个安全控件的压缩包,然后在和对方交易时提醒对方下载,从而达到窃取对方账户信息的目的。

要想让孩子在网络中增强分辨力,学会自我保护,父母就需要在根除孩子贪小便宜心理的同时,让孩子全面地了解网络知识,注意自我防范,不让犯罪分子有可乘之机。

(1)让孩子小心木马软件

银行账号、游戏账号失窃,这些案件一般是由犯罪分子利用木马软件得手的。木马软件隐藏在网络的各个角落,如果孩子上网时不注意分辨,往往安装了木马软件自己还不知道,这时所有的账户信息就处于危险之中了,甚至孩子电脑中保存各种文件也可能被犯罪分子窃取后肆意传播。

父母要告诉孩子:第一,下载软件要去大型的软件下载网站;第二,不要随意点击非正规网站上的图片链接和悬浮窗口;第三,不要接收QQ上网友传的不明文件;第四,定期扫描木马;第五,当网页提示下载某个控件时要注意分辨,不是正规的大型网站坚决不要下载文件、程序等。

(2)告诉孩子提防网购中的陷阱

网上购物方便快捷,越来越多的人加入网购的行列。当我们在进行网购时,我们的银行卡信息也随时处于风险中。一些犯罪分子利用假的购物网站套取客户的银行卡信息,随后窃取客户的财产。

正规的大型网络购物平台有:淘宝、当当、卓越、京东、易趣、百度有啊、腾讯拍拍。父母要提醒孩子在进行网购时注意以下几点:第一,不要在不知名的购物网站上购物;第二,不要相信对方传过来的购物网站或银行的网址链接;第三,一定要使用网站的支付担保,不要直接给对方汇款;第四,绝对要在收到货物验看无误后再确认付款。

(3)提醒孩子注意网游骗局

网游是一个有吸引力的虚拟世界,很多孩子爱玩网游。在游戏世界中,拥有一套顶级装备是是一件很令人羡慕的事,于是有犯罪分子针对孩子的这种心理实施诈骗。

14岁的小军酷爱网络游戏,一次在游戏中收到另一个玩家的信息,说是出售一套极品装备。当时小军正需要这样一套装备,于是与对方详谈,对方开价600元。谈妥后小军给对方汇款,可是对方却并未给他装备,而是消失了。

当小军在游戏世界中搜索这个玩家时,才发现他的账号已经删除。后来在论坛上,小军发现被骗的居然有十几人。

不只是网游中的装备可以成为骗子诈骗的诱饵,游戏币也是如此。网游世界中骗子很多,父母要让孩子注意不要相信在网络游戏中认识的人,尤其注意不要汇款,不要见面。

(4)让孩子小心网络充值诈骗

"QQ币直充半价优惠"、"手机充值,十分钟到账"……淘宝网上类似的卖家很多。大部分卖家都是正当经营,但是其中有一些人确是利用此经营项目专业诈骗,花样很多,父母要提醒孩子注意。

16岁的冯云手机欠费了,她在淘宝网上看到过类似的充值项目,于是找了个价钱比较便宜的卖家开始联系。对方在冯云将钱支付到淘宝后,给冯云传了一张"天空充值中心"的充值成功的截图,要冯云确认付款。冯云试着拨打了自己的手机,还是在欠费状态,于是询问对方。对方解释说需要等一段时间才会显示,然后不断地以各种理由催冯云付款。

最后冯云经不住对方的劝说付款了,可是手机到第二天还是欠费状态。她发觉受骗,打算投诉店主,却发现那个店已经被淘宝查封了,但是被骗的钱却无法追回。

除了手机充值,QQ的红、绿、黄钻的充值,可钻的漏洞也极多。曾经有网友看到自己的红钻已经点亮后付款,结果只有3天,红钻又不能用了。预防类似诈骗,父母最好让孩子通过官方渠道充值,比如银行的网银。如果需要用到淘宝，要告诉孩子不要贪便宜，选择信誉高，价钱适中的卖家，以减少被骗的风险。

（5）告诉孩子不要在网上填写手机号码

一些网站利用黄色信息为诱饵，让网友填写手机号码注册会员。而当网友填写了自己的手机号后，就会被扣费，当网友按网站上公布的流程退订该业务时，其实是又加订了一项业务，再次被扣费。父母要让孩子远离黄色网站，同时告诉孩子无论在任何网站都不要轻易填写自己的手机号码，以免遭受经济损失。

38.游戏有度，切勿沉迷

在虚拟的网络游戏世界里，孩子远离了父母的监督，忘记了现实的存在，随心所欲地宣泄自己。在游戏中，血腥和暴力的画面频频出现，杀戮和抢劫在这里变得"合理"。但年幼的孩子长期沉溺于这虚幻的世界里，就会逐渐淡化虚拟与现实的差异，就会模糊对道德的认知，以至于他们在现实生活中也会以暴力来解决问题……

有一个性格内向的14岁男孩，他在和同学一起上网时，同学推荐给他一款新推出的网络游戏。

和多数网络游戏一样，这款游戏也是以杀戮的方式来升级。渐渐地男孩迷上了这款游戏，在这里，他不再是那个内向的孩子，而是一个游戏高手，统领着一个帮派。虚拟世界里的荣耀，让他感到一种从未有过的成就感。打开电脑，进入游戏，他就觉得自己已经是一个英雄。

对游戏长期的沉迷,使他的学习成绩不断下降,但这没有引起他的注意。一次,在游戏帮派的厮杀中,他杀死了一个名叫"易水寒"的高手,然而"易水寒"并不服气,又找他挑战,却屡屡被男孩打败。

同在一个城市的"易水寒"决定叫上几个平时一起玩游戏的朋友,去找现实中的男孩,好好教训他一下。一场虚拟世界的厮杀终于演变成现实,男孩被"易水寒"和他的朋友刺了7刀,不幸离开了人世。

然而,在真实的世界里,人的生命却只有一次……

据某心理咨询中心调查,长期沉溺于网络游戏的孩子,其智力会受到严重的不良影响。孩子对网游上瘾后就会忽视现实生活中的人际交往,而且现实世界和虚拟世界的分界线在他的大脑中也会变得异常模糊。上述案例中的男孩和"易水寒"正是因为不能区分网络和现实,而将网络的争斗演绎到现实生活中,从而酿成了一场悲剧。

网络游戏对游戏者通常只有几种常用的指令,需要游戏者不断地重复完成某些杀戮或攻击的任务,达到升级的目的。在游戏中,孩子没有情感的交流,不与外界进行沟通,大脑思维长期处于同一种高度紧张的状态。久而久之,会形成机械的"暴力思维定势"。

然而,孩子心智是需要全面发展的,每个人都有多种思维方式,长期的思维定势定会影响他的智力发展,所以孩子接触网络游戏的年龄越小,产生的危害就越大。

既然网络游戏会对孩子造成如此大的危害,如何才能让孩子远离网络游戏、不沉溺于游戏之中呢?这就需要父母先了解孩子喜欢玩网络游戏的原因,并注重培养他健康的兴趣爱好,从而让他用良好的兴趣爱好代替网络游戏。

(1)了解孩子玩游戏的原因

许多父母一旦发现孩子沉溺于网络游戏,就立即将原因归罪于孩子，并对其进行训斥甚至体罚。

事实上，批评和责骂并不见效，只会让孩子觉得自己不被了解，甚至产生叛逆心理。若想孩子远离网游游戏、戒除网瘾，需要父母耐心地去了解他沉溺于游戏的真正原因。要知道，孩子沉溺于网络游戏、逃避现实世界，并不仅仅是因为"觉得游戏好玩"而已。

据调查表明，许多沉溺于网络游戏中的孩子，往往是由于对现实的生活存在不满，但又无处表达，于是就把注意力转移到虚拟的世界中，以寻求内心的平衡和满足。

孩子的心理压力和负面情绪多是来源于学校或家庭，成绩不理想的孩子往往会受到来自父母的压力，也有的是因为父母对孩子缺少理解，造成他不满于当下的生活。所以，面对迷恋网络游戏的孩子，父母不要急于责怪孩子，而是要耐心找出孩子逃避现实的原因，然后根据实际情况对其进行引导和教育。

(2)培养孩子健康的兴趣

有的孩子之所以会迷恋网络游戏，就是因为本身没有健康的兴趣爱好，闲暇时不知该做什么，于是就把玩游戏作为一种消遣。面对这样的情况，父母要帮助孩子扩大知识面，培养广泛而又健康的兴趣爱好，这样孩子就不容易沉迷于网络游戏中。

(3)对孩子给予爱的关注

许多父母都为了孩子能过得更好，而努力工作，没有太多的时间陪孩子。等发现孩子因为迷恋游戏，而导致学习下降时，便会伤心，觉得自己如此辛苦，孩子还辜负了自己的期望。

有一个12岁的女孩就因父母忙于生意，无暇照顾自己而拿钱去网吧玩游戏。渐渐地她的学习成绩竟从上游滑到了倒数第几名。父母要知道，孩子的成长需要父母用心的关注，她希望在自己进步时能看到父母的赞赏的眼神，在做错事时得到父母的宽容和引导。

如果不能得到父母用心的关爱，孩子的内心会变得孤独而冷漠，就会变得颓废、空虚，就会跟别人或自己主动走进网吧，用游戏来忘掉父母对自己的不理解。所以，即使再忙，父母也要抽时间多陪陪孩子。让孩子感受到，自己是用心爱他的，一个内心充实、自信、不缺少关爱的孩子，是不会需要寻求外界的刺激来慰藉精神的。

(4)帮孩子戒网瘾，宜疏不宜禁

当孩子已经对游戏上瘾后，父母需要做的不是立即禁止他玩游戏，而是渐渐疏导。如果禁止孩子接触电脑，只要他想玩，还是会背着父母逃课去网吧。

父母要和孩子讲清楚玩游戏的规则和条件，让他明白玩游戏对身心健康有何影响。由于孩子对游戏已经上瘾，要求他立即戒除也会引起他的逆反情绪，所以应该让他逐渐减少游戏时间，并用其他的健康的娱乐方式逐渐转移孩子对网络游戏的注意力。

39.遵纪守规，远离体罚

在有关教育规章制度的约束下，当今的老师体罚学生的事件已经越来越少了，但仍有一些老师胆大妄为，采取这样或那样体罚孩子的措施。

广州黄埔区某中学一位康姓学生仅仅因为上校车时与维持秩序的老师发生摩擦，便被老师一拳打裂嘴角，伤口长达3厘米；河南省某小学老师因为孩子上课时精力不集中，便用随手掷来的小竹棍刺中孩子的左眼球，经鉴定为七级伤残；陕西省蓝田县某学生因遭多名老师体罚，身心俱损，行为出现反常，被医院诊断为轻度狂躁症精神病患者；云南玉溪市某小学为了体罚学生，竟然强迫孩子吞吃苍蝇……

可见，教师体罚和变相体罚学生的现象并不鲜见，此类现象让家长们义愤填膺。除了这些较为严重的体罚，家长更多地见到的或听到的可能是诸如罚站、挖苦、讽刺等惩罚措施。不管是轻还是重，家长们的心里都是不好受的。

那么，我们有没有考虑过，在悲愤之余，自己怎么做才能让自己的孩子免遭体罚？假如自己的孩子遭到老师的体罚时，我们能够采取什么措施来保护孩子呢？想必这也是每个家长更为关注的。

一位名叫薛佳佳的女孩放学回到家后，便瘫软地坐在椅子上，双手揉着膝盖直喊酸痛，经父亲多次询问，薛佳佳才不情愿地说出原因：因没有背出英语老师要求背诵的英语单词和课文，被罚做了300次深蹲动作，并且这并不是自己第一次被罚，之前也曾经被罚过，并且被罚做深蹲动作在班级里很普遍，至少曾有20多名同学被罚过。

在了解情况后，薛佳佳的父亲表示，因学生背不出单词，老师适度地处罚一下，他可以理解，但是罚做300个深蹲动作，还让其他的同学在一旁看着，对于孩子的身体健康和心理健康都有伤害，他觉得老师的做法实为不妥。

薛佳佳就是因为没有背诵单词和课文，就被老师体罚。事实上，类似老师体罚学生的现象在如今的校园中仍时有发生。虽然对于体罚孩子，老师和校方有自己的一套说辞，比如"为了让孩子吸取教训""为帮助孩子改正错误"等等，但是作为家长，我们不能接受这样的做法。那么，我们又该怎么做来保护我们的孩子免遭老师的体罚呢？

(1)做好和老师的沟通

在平时,家长可找一些机会和老师进行沟通,主动向老师说出孩子某一方面的缺点,比如爱顶嘴、对某科成绩不感兴趣等,这样老师对孩子就会有更多的了解,也会在孩子在这方面出现问题时,心理上有所准备,降低对孩子体罚的可能性。如果孩子遭受了老师的体罚,家长同样需要找老师沟通,但不要只针对孩子被体罚的事展开话题,家长可以和老师面谈自己的孩子在班上的情况。如果老师对于体罚孩子的事只字不提,那么家长可以婉转地表达自己的观点。

(2)要向孩子问清楚情况,老师为什么要体罚他

孩子遭到体罚后,家长先不要着急训孩子或者指责老师,而是先了解一下情况,问问孩子老师体罚他的原因是什么。如果是孩子的错,家长应趁机教育孩子要遵守学校的纪律。如果确认不是孩子的错误,那么就告诉孩子等老师气消后,主动向老师解释。当然,如果老师的体罚诸如本篇开头时的情况那么严重的话,势必对孩子的身体和心理造成较大的伤害,这种情况下,我们要让孩子主动把事情告诉自己,让家长来帮助他。

(3)让孩子遵守课堂纪律

很多情况下,老师对孩子体罚是由于孩子不遵守纪律,比如不穿校服、没按时完成作业、上课随便说话等。虽说这些不算什么大错误,但老师会因此而心生不满,说不定就在坏情绪的肆虐下对孩子进行体罚,因此,家长有必要教导孩子遵守纪律并且听从老师的安排。

40.保护隐私，严防个人信息泄露

一些人非常注重个人隐私，而另一些人在这方面却做得不够。别说是孩子，即使一些成年人在这方面也缺乏防范意识，以至于不自觉地就把自己的家庭信息泄露出去。

为了防患于未然，我们应该告诉孩子，不要轻易向外人透露自己的家庭信息。同时，我们还要让孩子知道不这样做的原因是什么，因为有可能因自己的几句话，就会给家庭带来灾难。当孩子认识到这一点后，他们就会更深刻地知道透露家庭信息的危险性，当遇到这种情况时，也就懂得回避了。

14岁的肖云从小学习就很好，并被父母送到省城的一所重点中学读书。由于她成绩优异，父母为她买了一台电脑作为奖励。

独自在省城上学的肖云闲暇时喜欢上网聊天，她认识了一位名叫"天涯"的网友，两人成为了无话不说的好朋友。虽然没有见过面，但肖云非常信任这位朋友，经常把自己在学习和生活中遇到的各种事情告诉"天涯"，渐渐地"天涯"了解了肖云的家庭状况，并在一次交谈中无意间得知了肖云妈妈的电话号码。

有一天，肖云妈妈的手机上接到一条告急的短信息，信息内容是："您好，您的女儿肖云遇车祸了，生命垂危，正在医院抢救。请速将5万元打入账户，以保证抢救顺利进行。"

不明情况的妈妈立即给肖云的班主任打电话询问情况，经老师证实肖云安然无恙后，妈妈才放下心来。后来经多方调查证实，给妈妈发短信企图诈骗的竟是她十分信任的"天涯"。

由于肖云对网友的轻信,差点给家里造成经济损失。虽然只是一场虚惊,却由此可以看出孩子对陌生人的防备心理有多差。

刚刚放学的菲菲正走在路上,快到小区的时候,一个女士走上前问道:"小朋友,请问芳草小区怎么走?"菲菲指了指前面,并说:"就在前面,我家就在这个小区。"

这名女士又问菲菲:"这么巧,我也正好要去这个小区。你家住哪栋楼呢?"菲菲想都没想就告诉对方:"我家住25号楼2单元801室。"

对方一边走着一边和菲菲聊天,她接着问道:"那你爸爸妈妈现在都下班了吧?是不是在家做好吃的等着你呢?"菲菲说:"才不是呢,我爸爸妈妈离婚了,我跟爸爸生活,可爸爸总出差,这不,前几天又去香港了,要好多天才能回来呢,这些天是奶奶照顾我。"

第二天,菲菲上学走了之后,那位女士便来到菲菲家,敲响了门,菲菲的奶奶一开始很警觉,问了声"谁呀?"对方回答说:"我是您儿子单位的同事,我们单位发了一箱饮料,他不是出差去香港了嘛,我顺便给他带回来了。"

奶奶一听,便放松了警惕,将门打开了。

谁知,这个女子一进门便将菲菲的奶奶按倒在地,掐着她的脖子直至昏迷过去。然后,她就开始搜菲菲家值钱的东西,最后偷走了房间里的数码相机、笔记本电脑等贵重物品。

仅仅是几句随口说出来的话,却被心怀鬼胎的窃贼记住,并利用已得知的信息而实施了盗窃。试想,如果菲菲的家长能早一些告诉孩子不要随意泄露家庭信息,那么很可能就不会有此悲剧了。

(1)让孩子在陌生人的询问面前一问三不知

孩子是来自天堂的天使,他们的心是纯洁善良的,当遇到陌生人询问自家情况时,往往会一股脑儿地说个干净,生怕对方听不明白,这样往往就会给犯罪分子可乘之机,利用从孩子那里得到的信息对孩子的家庭实施诈骗、抢劫、盗窃等不法行为。

因此,家长们应该告诉孩子,一旦遇到陌生人对自己刨根问底,不管是家庭的信息还是个人的信息,都说"不知道",然后赶紧离开对方。

(2)不要让孩子随意填写调查问卷,更不要填写家庭信息

有些犯罪分子利用所谓的调查问卷形式来套取人们的家庭信息,比如家中成员、从事职业、家庭住址、家庭电话,等等,家长应及早告诉孩子,这些活动中往往会存在安全隐患,所以填写家庭信息时一定要慎之又慎,如果自己不能确定是否安全,就不要填写。

(3)要当心网络,填写个人资料要谨慎

现代网络的普及让孩子有了频繁接触网络的机会,其中有一些需要注册个人信息,填写的内容包括身份证号、家庭住址、联系电话等。对此,我们应该提醒孩子,不要随意注册账号,更不要随意填写家庭信息和个人信息,因为这样做是非常危险的,一旦被网络黑客或者骗子掌握了自己的家庭信息,那么很有可能进行盗窃或诈骗活动。

41.遭遇性侵,伺机而逃

心理学家表示,性教育是一个社会性的课题,尤其对家长来说,面对孩子的性萌芽,该如何教育和引导是刻不容缓的问题。

可是,对于孩子的性教育,很多家长感到无从下手、无计可施,甚至

不知道怎么开口和孩子谈论这方面的问题。这些家长不知道,要让孩子形成健康良好的性心理,家长的教育引导必不可少。专家建议,家长对孩子进行性教育可以遵循这样一个基本原则:男孩的性教育主要由父亲负责,女孩子主要由母亲负责,而且都需要循序渐进、拿捏适度。

一日下午,小强的同班同学阿丽走在放学回家的路上,小明和小强把她叫住,说有话对她说,阿丽不明所以,就跟着他们来到一处空旷的坟地,谁知,小强和小明此时抢起藏在书包里的木棍便打向阿丽,随后又强行共同对阿丽实施了性侵犯。

阿丽的父母知道此事后马上报警,警方很快找到小强和小明,对此事展开调查。在调查过程中,警方从小明口里得到这样的说法,他们之所以有如此举动,是因为曾在网吧上网时看过色情电影。事发当天,他们"突然想起电影里的东西",便实施了暴力行为。

安全无小事,这是每个父母都要牢记的问题。一旦孩子遭到侵犯,他们的身体和心灵都会受到严厉的摧残,或许其人生就会由此而改变。显然,这是每一个父母都不希望看到的。那么,我们该怎样引导我们的孩子,尤其是女孩子预防和应对那些令人发指的性侵犯呢?

(1)坏人总是以小利为诱饵引你上钩的,千万不可因小利而使自己辨不清真伪善恶。

(2)若有陌生人对你甜言蜜语,你一定要警惕。若有陌生人编借口让你跟他走,去一个陌生的地方,你一定要留神。有陌生人要送你或答应送你一件你特别想要的东西,你一定要小心。

(3)有人要诱骗你,你一定要敢于说"不",态度要坚决。

(4)千万不要以为陌生人用语言挑逗你,故意碰你的身体,是人家在欣赏你,是人家看得起你,是要和你交朋友。要记住,必须了解和保护好自己的身体,尤其你身体的隐私只属于你自己。

(5)当坏人还没来得及接触到你时,最佳的方法是逃跑。跑到人多的地方,跑到灯光明亮的地方,跑到有人家的地方,向人们求救。

(6)如果坏人已走近你,而自己又无法跑掉,就要高声训斥,言词要强硬,气势要壮,声音越大越好,以泼辣姿态吓退对方。若手中有手电筒、梳子甚至是发胶、杀虫剂、喷雾式口腔清新剂等,要充分地利用。要以各种方式拼命反抗,直到对方知难而退,然后迅速逃跑求助。

(7)若已被坏人抓住,而对方又强悍有力,自己动弹不得,那只好装作顺从。这时,要沉着冷静,使用"花言巧语"和他周旋,目的是拖延时间,伺机脱身。只要一有机会接近其他人,便立即呼救。

(8)若一旦人身被他人侵犯,要尽快报案,并向医生求助,切勿洗澡,以免破坏坏人犯罪的罪证。

(9)不管发生什么意外事情,都不要对父母隐瞒,要及时把发生的事情告诉父母,他们会帮助你的。

42.养成好习惯,憋尿危害大

我们都知道憋尿对身体是有一定危害的,比如会引发尿道感染、导致腰痛等问题,孩子如果憋尿也会出现此类问题,如果孩子经常憋尿,那么就会出现尿道反复感染,后果是非常严重的。

很多孩子可能都有过憋尿的经历,有的是在一些特殊情况迫不得已,有的则是已经形成了习惯。但是,憋尿对孩子的身体是会产生危害的,一旦他养成了憋尿的坏习惯,不仅他身体的各项机能会受到影响,也有可能会对他的大脑功能造成伤害。因此,父母一定要告诉孩子,千万不要憋尿。

5岁的蒙蒙很喜欢上幼儿园,因为会有很多伙伴和他一起玩。一天,他由于课间贪玩而忘记了去厕所,结果老师刚开始带领大家学拼音,还不到一半的时间,他就被尿憋得非常难受了。但蒙蒙天生性格内向,因为害怕会被老师批评,更害怕会被其他小朋友嘲笑,于是他只得一忍再忍。

好容易熬到老师说休息,蒙蒙飞快地向厕所跑去,但是他跑得太急,一下在台阶上绊倒了,结果导致膀胱破裂,不得不住进了医院。最终父母不但为他花了许多钱治疗,而且他还落下了个习惯性遗尿的毛病。父母为此也后悔不已,早知道就提前对蒙蒙加强教育了,让他一定不要憋尿。

憋尿将直接导致孩子出现相应的神经功能紊乱,从而导致一系列病症,不但为孩子自己带来痛苦,也会让家长担惊受怕,所以,我们应多叮嘱孩子及时排尿,不要发生像案例中的小朋友那样的憋尿现象。

一天,浩浩在课间的时候光顾着玩,没去小便,结果上课的时候实在熬不到下课,又不敢和老师提,憋得很难受,只好尿在裤子里。下课后,浩浩低着头慌忙逃出教室,准备回家,可是他尿湿的裤子被同学们看到了,一个劲儿嘲笑他。结果那天,由于天气寒冷,浩浩冻得浑身发抖,以致患了重感冒,只好去医院打针吃药。

孩子憋尿会有许多原因,有的是因为年龄小,自理能力差,所以不能按时小便;如果是冬天,穿的衣服过多,他也会觉得排尿是件麻烦的事情;有的孩子会因为害怕冲水的声音,所以不敢去厕所;还有的孩子是怕他在吃饭、上课等不恰当时间里要小便会遭到训斥,因此不敢去小便……但说到底,憋尿终归是一件不好的事情,父母要知道,如果孩子不能主动并及时地去小便,尿液在身体内的时间过长,将会严重影响到他的健康。尤其是当他憋不住尿的时候,还有可能会尿裤子,这样会使他着凉,同样对身体健康不利。

为此,家长们一定要记得提醒孩子,想小便的时候千万不要憋着,要及时去卫生间"清理内存"。

(1)让孩子养成及时排尿的好习惯

①孩子的习惯往往是越小的时候越容易养成,所以,家长可在孩子还小的时候就有意识地提醒孩子有尿及时尿,有便及时排。

②孩子往往因为沉浸在某项活动中忘了排尿,这就需要家长及时提醒,或者为孩子规定好排尿时间,尽管孩子还没有强烈的便意,仍应该让他排尿。长此以往,孩子就会习惯成自然了。

(2)告诉孩子,下课后要先去厕所,回来再玩

孩子下课后,会兴奋地投入到课间活动中,从而忘记了排尿,可当上课铃响起的时候,才发觉有尿意,而这时候去又来不及了,因此上下一节课的时候,孩子就会身体不适、坐立不安,也就无法集中精力听老师讲课。因此,父母要经常叮嘱孩子下课后先别顾了玩,而是先去厕所小便,上完厕所再回来玩。

公共场所篇

——公共场所莫大意,机智应变保平安

43.谨慎过马路,交通规则要遵守

我国是一个交通事故多发国, 平均每天约有300人在交通事故中丧生。据交管部门的统计数据显示,儿童交通事故一般发生在步行、骑车和乘车时, 其中,5~9岁的儿童多发步行事故,10~12岁的儿童多发骑车事故。儿童事故中,约有半数是因儿童自身违反交通规则引起的,5~9岁的步行儿童是交通事故伤害的主要人群,中午和下午放学时段是事故的高发时段。

看到这一系列惊人的数字,相信家长不可能无动于衷。可以说,无数孩子用生命诠释了遵守交通规则的重要性。作为家长,我们极有必要承担起教育孩子安全过马路的责任,要让孩子严格遵守交通规则,否则将可能换来血的教训。

"红灯停,绿灯行,黄灯亮了要慢行。左瞧瞧,右看看,一定要走斑马线"。这是一首朗朗上口的有关交通安全的儿歌。

事实上,很多孩子缺乏交通安全意识,过马路的时候,不管三七二十一就硬闯、乱窜。如果不遵守交通规则,那么很可能会酿成事故,让自己被车辆撞伤,甚至丢失稚嫩的生命。

其实,儿歌里所体现的正是我们每个人都要遵守的最基本的交通规则。红灯亮的时候,必须要停下来,等绿灯亮的时候再通过,如果是黄灯亮了,那么已经向马路对面走着的人可以继续前行,如果还没开始走的话,就不要过了。

今年5岁的小丽是个活泼开朗、爱学习的小姑娘,平时最听老师的话了,老师讲的知识她全部都会记在脑子里。

有一天,小丽的爸爸带小丽逛超市,买了好多东西,小丽可开心了,围在爸爸身边蹦蹦跳跳。走了一段路,小丽的爸爸便带着小丽来到了马路边上准备过马路。因为已经到了中午,路上的车辆并不多,小丽的爸爸左看看右望望,发现车辆很少,也就没有理会交通信号灯耀眼的红色小人,就直接牵着小丽的手横穿马路。

可是小丽却一把将爸爸给拽住了,然后奶声奶气地说道:"爸爸,老师说红灯的时候,是不可以过马路的,你要听老师的话,要做一个遵守交通规则的好孩子。"小丽的爸爸被小丽的话给逗乐了,赶忙摸了摸小丽的头说道:"好,是爸爸不对,爸爸和小丽一起做一个遵守交规的好孩子。"小丽听到爸爸的话,自豪地点了点头。又过了一分钟,交通信号灯由红色变成了绿色,爸爸这才和小丽手牵手过了马路。

交通信号灯是道路交通的基本语言,是交通信号的重要组成部分。交通信号灯由红灯、黄灯、绿灯组成,每一种颜色的灯都有不同的警示作用。孩子在过马路时,若是不遵守信号灯的指示,就很容易发生危险。父母在教孩子过马路时,一定要注意教孩子识别并遵守交通信号灯。

一般来说,交通信号灯分为机动车信号灯、非机动车信号灯、人行横道信号灯三种。无论是哪一种交通信号灯都有红、黄、绿三种颜色:

(1)红灯亮时是绝对禁止通行的信号

红灯亮时是禁止通行的信号,要告诉孩子,遇到红灯时,就不可以过马路,必须站在人行道边上等待。

(2)黄灯是过渡的灯,介于红灯和绿灯之间

黄灯具有双重含义,既警示路边的行人,通行时间已经结束,不要通过人行横道;又告诉那些已经在人行横道中间的人,要依据来车情况而定,或尽快通过,或原地不动,或退回原处。

(3)绿灯是允许通行的信号

当人行横道指示灯亮起了绿灯,那就是允许通过的标志。父母要告诉孩子,绿灯亮起时,过马路才安全。

在家长教导孩子识别交通信号灯时,为了方便孩子学习,孩子的父母可以找一些关于交通信号灯的儿歌或者顺口溜,方便孩子记忆。例如:"交叉路口红绿灯,指挥交通显神通;绿灯亮了放心走,红灯亮了别抢行,黄灯亮了要注意,人人遵守红绿灯。"

当没有交通信号灯时,孩子过马路就要更加小心了,父母在教育孩子时,应该让孩子注意以下几点:

(1)过马路时,要走直线,不能迂回穿行;在没有人行横道的路段,要看左右两边是否有汽车,没有时,才可以横穿马路。

(2)和小朋友一起过马路时,要谨记,不可以互相玩耍打闹,以免发生危险。

(3)要告诉孩子,不能翻越道路中央的安全护栏或隔离带。

(4)若是过马路时车辆很多时,可以向路边的叔叔阿姨求助。

44.路边危险，切勿玩耍

虽然爱玩是孩子的天性，但是玩耍也要分地点和场合，否则不但玩不好，还会把命搭上。比如，有的孩子会在马路边玩耍、追逐打闹，他们虽然玩得不亦乐乎，但却给自己和他人带来了安全隐患。

孩子们玩闹的时候往往忘乎所以，只顾自己玩得开心，却忘记了安全。他们会因皮球滚到路中间而毫无顾忌地去捡，会因不想被小伙伴追到而肆无忌惮地乱跑……这些行为都会使正在行驶的车辆躲之不及，很容易酿成灾祸。

今年7岁的皮皮顽皮好动，仿佛有用不完的精力，不仅在学校里很活跃，就是在大马路上也不消停。学校放学后，皮皮和两个好朋友小乐、小宇一起回家。走在半道上，精力旺盛的皮皮提出要和小乐、小宇玩"跑跑抓"。小乐、小宇两个孩子都有些犹豫，小乐开口说道："皮皮，妈妈说不能在马路上玩游戏的，不如我们回家再玩吧。"

皮皮满不在乎地说道："小乐，没关系啦，你看现在人少，车也不多，玩游戏最好哦。"小乐和小宇两个孩子张望了四周，发现真的没有什么人，也就点了点头同意了皮皮的建议。于是三个孩子就在马路上玩起了"跑跑抓"。因为小宇的个子比较高，跑得也很快，皮皮为了躲避小宇的抓捕，使出了浑身解数。就在皮皮走投无路，束手就擒之际，皮皮也顾不得那么多了，直接从人行道上蹿到马路中间去了。可能是跑得太急了，皮皮走在马路中间不小心摔倒了。这时一辆车呼啸而来，眼看就要撞到皮皮了。好在开车的司机叔叔及时刹住了车，皮皮这才化险为夷，没有出什么大事。

很多孩子因没有安全意识,不知道在马路边玩耍的危险性,结果导致受伤或身亡,或者导致行驶车辆为了躲避孩子,而与其他车辆相撞,发生更大的交通事故。这些都不是我们希望发生的,那就一定要告诉孩子,为了保证自己和他人的安全,千万别在路边玩耍。

(1)让孩子知道,不能在任何道路边玩耍

一天,4岁的蕊蕊趁妈妈不注意跑到了马路中间去玩耍,并且在马路上跑来跑去,她觉得在车辆中穿行很有趣。突然一辆轿车疾驰过来,司机看到蕊蕊的时候已经离蕊蕊很近了,他只好急转弯,结果车撞到了路旁的花丛里。司机很恼火地问:"谁家的孩子,在路中间跑来跑去?!"妈妈才发现是蕊蕊跑到马路中央去了,她的脸吓得变白了,急急忙忙跑过去给司机道歉,蕊蕊则吓得大哭起来。听到司机描述当时的场景,妈妈后怕不已,由于自己一时的疏忽,差点酿成大错。

孩子到马路中间去玩耍多危险啊,不但孩子容易受到伤害,也容易让司机为了躲避孩子而发生车祸。因此,父母对孩子的交通安全教育一定要在事故未发生前就进行,不要等出现了意外再亡羊补牢。

(2)告诉孩子在铁路边玩耍的危险性

铁路是用来行驶火车的,火车行驶得非常快,如果孩子在铁路边或铁路中间玩耍,等看到火车再躲闪,很可能已来不及了。即使躲闪得及,但因离铁路太近,火车急速驶过的风都有可能将孩子卷入轮下。

另外,火车上的人很有可能会往车窗外扔果核等垃圾,一旦碰巧击中孩子的身体,就会使孩子受伤。因为,从急速行驶的火车上扔下来的东西,即使很小,冲力都会很大。所以,在铁轨边玩耍是相当危险的,一定要让孩子知道这一点。

如果家离铁轨很近,务必要叮嘱孩子每天放学从指定的通道穿越铁轨,要让他为自己的安全负起责任。

(3)别让孩子和伙伴在路边追逐打闹、玩游戏

放学回家的孩子们总是会你追我赶地跑来跑去,玩到兴头时,就会忘记马路边暗含着危险。我们要告诉孩子,在路上不要和伙伴嬉戏打闹,也不要蹲在路边和伙伴玩扑克,更不要一起踢足球,因为这样不但会妨碍其他行人和车辆通行,如果扑克牌被风吹到路中间或球滚到路中间,孩子要是上前去捡,就很容易发生事故。

另外,要告诉孩子既不要主动和伙伴在路边玩耍,也不要因不忍拒绝而答应伙伴的邀请在路边玩耍,应该把危险性告诉大家,共同遵守交通规则。

(4)教孩子不要在靠近市场门口的路边逗留

市场是商贩们进行交易的场所,很多商贩们会开着机动车、农用车或三轮车去拉货,所以靠近市场门口的马路往往利用率比较高,孩子如果在那里逗留的话,很容易被进进出出的车子刮伤或撞伤。

所以,我们不要让孩子在靠近菜市场、农贸市场、服装市场门口的马路上逗留,更不能在那里玩耍,以确保自己的安全。

(5)告诉孩子,不要在路边停留的车辆旁玩耍

小刚是一个7岁的小男孩,活泼顽皮,十分招人喜爱。一天和往常一样,小刚写完了妈妈给他布置的家庭作业,就丢下手中的笔,冲到外面去找他的小伙伴玩了。刚到他们的"秘密基地"——室外停车场,小刚就看到别的小朋友已经在停车场里玩起了躲猫猫,小刚自然毫不犹豫地加入了进去。小刚怕被"鬼"抓到,灵机一动,就来到停车场的一个偏僻的角落里,在一辆大车的背后藏了起来。小刚的这个方法果然奏效,五分钟过去了,他依然没有被小朋友找到,就在他洋洋得意的时候,他忽然看到这辆

车的尾灯开始闪烁,小刚以为这辆车要开走,也没太在意,只是向后退了一点。没想到这辆车却猛地一倒,将小刚撞了个跟头,小刚疼得"哎哟"了一声。好在司机叔叔及时发现,这才没有伤到小刚。

身材矮小的孩子在路边停留的车辆旁玩耍是非常危险的。因为他们很容易进入司机的视野盲区,司机一旦开始行驶,只有撞到了孩子才会意识到出事故了。为了不让这种事情发生在孩子身上,一定要告诉他:不能在路边停留的车辆旁边玩耍。

45.旱冰好玩,但要选对地点

滑旱冰是一项不错的运动,但是,如果在不适当的地点开展这项运动的话,不但锻炼不了身体,还会对生命安全造成威胁。而所谓"不适当的地点"就是特指马路上。

然而,今天很多父母和孩子,都不认为马路上不应该滑旱冰,更不知道《交通安全法实施条例》中有明确规定"行人不得在道路上使用滑板、旱冰鞋等滑行工具。"于是,一个个危险的"旱冰秀"在马路上上演了。

在某小区内,有一条横穿住宅区的马路,路上经常有小区内外车辆和行人经过。一个6岁的男孩拉着爸爸的手用力地滑动着脚下的旱冰鞋,偶尔还放开爸爸的手,练习一下滑行技巧。

父子俩悠闲自得地向前走着,男孩又放开爸爸的手,练习转身的动作,但他转过身倒滑时却没有观察到身后突然有一辆车从路口拐出来,爸爸想去拽回孩子也已经来不及了，一声急刹车后，男孩倒在了血泊中。

据周围的居民说，这个男孩已经不是第一次在马路上滑旱冰了。有一次，他和另一个男孩都穿着旱冰鞋，手拉手在马路上互相追赶，有辆自行车差点和他们相撞，两人为了躲避自行车还摔倒在地，但那次只是手有点擦伤，并无大碍。

但男孩却没有吸取那次的教训，而是继续在马路上滑旱冰。在120救护车将他送到医院后，经医生全力抢救，男孩保住了生命，但却永远失去了右腿。

如果父母能尽早意识到孩子在马路上滑旱冰很危险，并警告他坚决不能穿着旱冰鞋上马路，这样的悲剧还会发生吗？父母是否有安全意识决定着孩子能否规避潜在的危险，因此父母一定要提高警惕，不要因自己的一时疏忽，而让孩子身陷危险境地。

为了避免更多的悲剧发生，我们一定要让孩子明白，不能在马路上滑旱冰，无论是宽阔的马路，还是小区里的行人马路，都不要沿路滑旱冰，以此来保障自己和他人的生命安全。

（1）支持孩子滑旱冰，但不支持在马路上滑

10岁的王强很喜欢滑旱冰，妈妈也很支持他，常常利用周末带他去溜冰馆滑旱冰。渐渐地，王强越滑越纯熟，胆子也越来越大。一次，他从溜冰馆出来之后，提出要在马路上滑，被妈妈阻止了。

妈妈告诉他："旱冰鞋不是交通工具，不能在马路上滑。一旦滑起来，速度会很快，如果遇到紧急情况，刹都刹不住，这就很容易发生事故，轻则缺胳膊少腿，重则一命呜呼。"

王强一听，打消了这个念头，以后，也没有偷偷尝试在马路上滑冰。

如果孩子喜欢滑旱冰,我们不要无端反对,否则,他从情绪上会和我们对立,不仅听不进我们对他安全方面的嘱咐,还会故意和我们作对,越是不让他在马路上滑冰,他就偏要尝试,那危险就暗含在其中了。

因此,我们要像王强的妈妈一样,支持孩子滑旱冰、玩轮滑,但不支持他在马路上滑,还要把道理给他讲清楚,这样孩子就很容易接受,不会因逆反而玩出事故。

除此之外,我们给孩子购买的旱冰鞋等滑行工具,一定要保证质量,不要图便宜而购买质量差的商品。否则,在关键时刻,可能会给孩子带来生命危险。

(2)通过讲述事例,使孩子明白在马路上滑旱冰的危险性

我们平时可以把报纸上、网络上、电视媒体上报道的有关因在马路上滑旱冰而引发的交通事故,讲给孩子听。如果有机会,还可以带孩子去现场看看,让他知道,如果不听父母叮嘱,执意在马路上滑旱冰的话,危险恐怕就会悄悄袭来,自己就会成为交通事故的制造者和受害者。

我们要知道,没有哪个孩子听到或看到类似的事例后不提起警觉的。所以,通过讲他人的事例,使孩子明白不能在马路上滑旱冰的原因,是一个不错的方法。

(3)让孩子选择适当的场地滑旱冰

严格说,滑旱冰的场所就是旱冰场,在那里滑冰最安全。因为旱冰场里的各种硬件设施专门是为滑旱冰设计的,而且场馆内也有具备专业水平的教练或相关工作人员,他们会及时给需要的人提供帮助,最大程度地避免危险的发生。

当然,地面平整、占地面积大的广场也可以用来滑旱冰。不过,也要看情况,对于初学者比较适合,因为初学者滑行速度慢,就不会影响其他人玩耍。而熟练者滑行速度过快,万一碰到学步的幼儿、学骑自行车的孩子或遛弯的老人,岂不是会给人家带来伤痛?

因此，我们还是建议孩子去旱冰场练习，这样孩子也不会因担心会撞到无辜的人而无法投入地滑行。如果旱冰场离家很近，我们也不能允许孩子一路上滑到冰场，万一事故就发生在这段路上呢？所以，在孩子出门前，我们还是要不厌其烦地强调、提醒孩子说："不要在马路上滑旱冰，会很危险的。"

46.注意乘车安全，做文明乘客

公共汽车是孩子最常用的出行交通工具之一，特别是在上下学期间，公共汽车上的小乘客就会格外多。他们大多三五成群，一拥而上，车厢立刻变得热闹起来，有些孩子聊天，有些孩子吃东西，有些孩子甚至打闹起来。殊不知，在行驶的公车上开展这些"娱乐项目"是非常危险的。

因为，公车行驶在路上，司机会根据情况使车辆减速、加速或停止，而车厢就会在惯性的作用下前后晃动，如果司机紧急刹车，晃动幅度就会特别大。若孩子没有抓好扶手，就有可能摔倒，倘若再嬉戏打闹、吃东西，那摔倒或受伤的可能性就更大。除此之外，准备乘坐公车的孩子若不遵守规则，也可能会遭遇危险。

妈妈去幼儿园接5岁的露露放学，上了公交车之后正好有座，露露就和妈妈一起坐下，并给妈妈讲故事，说得特别起劲。突然，司机踩了一下刹车，露露的头一下撞到了前座的椅背上，露露疼得哭起来。妈妈赶紧帮露露揉揉额头，并心疼地说："露露，以后乘坐公交车时一定要抓好前面的扶手，这样急刹车时就不容易撞伤了。"

所以说，家长们不要以为孩子乘坐公共汽车就毫无安全隐患了，如果想让自己的孩子健康平安地来往于家和学校之间，我们还是很有必要告诉孩子安全乘车的注意事项。

在河南省某市，一名9岁的男孩放学后去坐公交车。当公交车刚进站，他就跟着人群一起追赶公车。突然，他被人群挤倒了，而行驶的公交车正好碾压在他的头部，最后，这个男孩因抢救无效死亡。

这是一个多么悲惨的事件，这个男孩用付出生命的代价告诉同伴：不要追赶公交车，一定要等车停稳后，排队上车。而这个重要的提醒，又有多少孩子重视了呢？我们作为父母，一定要重视起来，要让孩子懂得关于乘坐公共汽车的安全事项，别让花季般的生命折损于公交车轮下。

(1)让孩子知道追赶车、挤车的危险

我们可能常常会见到放学后的孩子们追赶公交车、挤着上车的情景，殊不知，这样是很危险的。一位公交车司机说："车子的倒车镜是有盲区的，盲区就在车子的前转向灯和前轮后侧之间。如果是大人在这个位置贴着车身跑，我们可以看到，但如果是个头低的孩子，司机根本无法看到，孩子在车未停稳时贴着车身追跑，很容易被挤倒，一旦倒地，司机又无法看到，这就很容易发生意外。"

所以，我们一定要让孩子自觉遵守乘车规则，让他不要站在公交车右前轮的前面位置，更不要在这个位置贴着车身跑，而是要等车停稳后，排队按顺序上车，绝不拥挤上车，这样才能最大程度地避免危险的发生。

(2)别让孩子在公交车上吃东西

孩子在公交车上吃零食的现象很普遍，这样既不卫生又不安全。特别是吃一些诸如羊肉串、麻辣烫、豆腐串、糖葫芦等用竹签串起来的食物,因为竹签很容易扎到人,如果孩子正在咬竹签的时候,车体严重晃动,那就会扎到自己的喉咙,后果不堪设想。

我们一定要把这个道理讲给孩子听,让他不要在车上吃东西。同时,也要让孩子知道,如果身边的同学吃类似串制的食品,他也要懂得劝阻,以防同学的竹签到处乱扎,导致自己和他人受伤。这一点很重要,孩子一定要引起高度重视。

(3)教导孩子别在公交车上嬉戏打闹

很多调皮的孩子走到哪里就会玩到哪里,不分场合,不分地点,在公交车上也不例外。可他们却不知道这有多危险。

一个小男孩在公交车上和同学打闹,正玩得开心呢,恰巧遇到一个左转弯,他没站稳,一下子被甩到下车门的台阶处,幸好只是胳膊擦破了点儿皮,并不碍事。

另有一个女生和同学坐在公车的最后一排聊天、说笑。她所坐的位子是面朝走廊的位子,正说得起劲儿,一个急刹车,她因惯性往前一冲,跪倒在地上,双手抱住了站立在她面前的大人的腿。如果车辆很空,她面前无人站立的话,她肯定会向前冲出不少距离,受伤不轻。

我们要常常把类似的事件讲给孩子听,让他知道在公车上除了不能追逐打闹之外,还要抓紧扶手,以防司机紧急刹车时,自己摔倒受伤。

(4)告诉孩子下公交车的注意事项

在甘肃某市,一个男孩从公交车下来后,就绕到车前准备穿越马路。他刚走出与公交车平行的位置,就被左侧突然快速驶来的一辆微型货车撞倒,而他的头部也顺势碰到了已经启动行驶的公交车上,男孩当时就躺倒在地。所幸的是,男孩被送到医院后,经检查,伤势较轻。

这个男孩真是命大,可不是每个孩子都能这样幸运的。我们一定要把下公交车的注意事项告诉孩子。比如,准备下公交车时,一定要等车子停稳后再下车,下车前一定要先看看右侧,确认没有各种车辆或快速奔跑的行人才可以下,而且,不能一下车就跑,下车后要看清周围有没有驶过的车辆,以防与车相撞;如果下公交车后要过马路,一定不能从车前绕,因为车体会挡住视线,导致自己看不到将要驶过来的车辆,可能会发生上例中男孩一样的交通事故。所以,要从公交车的后面过马路,这样就能避免类似事故发生。

另外,我们要鼓励孩子做文明的小乘客,不在公交车上大声喧哗,不随便在车上乱扔垃圾,更不向窗外扔果皮纸屑。而且,我们要提醒孩子不要带鞭炮等易燃易爆物品上车,以保障大家的乘车安全。

47.乘坐火车、地铁注意事项

对于很多大城市的孩子而言,地铁是并不陌生的交通工具,它行驶于地下,速度快,不受地面交通堵塞的限制,按时进站出站,也被称为"地下铁路"。不过,它的行驶范围只限于城市之内,如果孩子要去其他城市旅行,就需要选择"地上铁路"——火车了。

火车和地铁都有铁轨,行驶速度都很快,都是由许多节车厢组成,所以,孩子在乘坐火车或地铁时,所注意的安全事项有一定的相似之处。

在江苏省泰州火车站,一名5岁的小男孩刚通过检票口,就脱开父母的手,往火车的方向跑去。结果,在靠近车厢的位置,他不慎从列车与站台之间的缝隙处掉入了铁轨。

幸好一名列车员闻讯赶来,一边通知列车缓发,一面组织营救。最后,小男孩被一位身材瘦小的列车员救了上来,毫发无损。

真是虚惊一场啊!万一营救不及时,列车开动了,那后果不堪设想!孩子身材矮小,乘坐火车或地铁时,如果不小心,就会经历与那个小男孩同样的遭遇。别说是孩子,成年人都有可能在此处遭遇不测。

一个暑假,正在上小学四年级的小杰和爸爸妈妈乘坐火车外出游玩。从未出过远门的小杰也是第一次坐火车,觉着很是新鲜,一路上不停地用双手去拉行李架,还在座位上上蹿下跳,爸爸妈妈的话根本不放在耳边,乘务员警告多次无效。突然,一个行李滑落下来,差点砸到小杰的头部,说时迟,那时快,一直在旁边默默注视的一位叔叔在第一时间内拖住了行李箱,好在没有受伤。那位叔叔说:"你看,淘气也要分场合,在火车上这样玩耍多危险?万一被砸到怎么办?"小杰惭愧地认了错,终于安静地坐了下来。

一个真正对孩子负责任的家长会从方方面面教育孩子安全至上,而关于乘坐火车、地铁的安全教育自然不会被排除在外。

(1)别让孩子在地铁站和火车站乱跑

火车站和地铁站的人流量很大,孩子如果不跟紧父母而到处乱跑的话就很容易走失。万一孩子在离开父母视线之外掉入铁轨的话,父母都不知道发生了什么事情。

因此,我们在带孩子到达火车站或地铁站时,必须要让他知道在站台上乱跑,特别是在靠近车厢旁边跑动是非常危险的。如果暂不上车,就要站在一米警戒线之外,若上车,就要跟紧父母,排队稳步上下。如果我们在车站发现孩子不见了,就要赶快向周围的工作人员或民警求助,以防孩子遭遇不测。

另外,如果地铁太挤,孩子就不要强行挤上去,最好等下一班,以免发生被挤入轨道的事故。如果地铁站有屏蔽门,孩子下地铁的时候,就要留意屏蔽门和列车门是否同时打开,如果屏蔽门不能正常自动开启,就不要用手扒门,而是耐心等待工作人员或成人来处理。当然,如果周围没有成人或工作人员,那他就可以尝试按下屏蔽门之间的绿色按钮或绿色把手,手动打开车门。

(2)告诉孩子关于车厢内的安全注意事项

孩子在火车上,被窗门、厕所门等地方夹伤手指的情况屡见不鲜,而孩子在打热水、喝开水时,被开水烫伤的情况也很多,又有的孩子喜欢在卧铺车上攀爬玩耍,从铺上掉下来摔伤的例子也不少见。

其实,火车上是很容易发生意外的,我们不但要看管好孩子,也要把关于车厢内的安全注意事项告诉他,让他处处谨慎小心,以防夹伤、烫伤、摔伤。

当然,孩子不仅自己要当心,也要防止他人的不慎举动伤害自己。孩子就不要在车厢内跑动,打水、上厕所、买饭时都要懂得礼让,以避免因拥挤、推搡而发生意外。

(3)告诉孩子,别向陌生人透露个人信息

俗话说:"害人之心不可有,防人之心不可无。"孩子坐火车时,总要和周围的乘客为伴,那就少不了与人聊天。对此,孩子一定要有警惕心,不要过于信任对方,不但不能把自己以及家人的真实信息过多地告诉陌生人,更不能把自己的物品交给陌生人看管,无论孩子对对方印象多么好,都不能轻易相信对方。否则,当东西遗失,或其他祸患发生在自己身上时,后悔晚矣。

(4)教导孩子学会求救和自救

孩子在乘坐地铁、火车时,自己若遇到困难,要懂得向车站或车厢内的工作人员求救。比如,在火车上遭遇身体不适,正好又没有药品在身边,那就要向列车员求助;又如,等待地铁或火车时,若有人掉入铁轨,孩子不要亲自实施营救,一定要大声呼喊工作人员,只有他们才能采取最有效、最及时的营救措施。

当然,在遇到重大事故,而列车员或工作人员又暂时无法提供帮助的情况下,孩子要懂得一些自救常识,比如如何使用安全锤砸破玻璃逃生。孩子用安全锤砸玻璃时,一定要砸中玻璃的四个角,但钢化玻璃碎了之后不会自行掉落,此时要用脚踹破玻璃,然后逃生。

但是,动车上不是每个玻璃都能被安全锤敲破,它有专门的逃生窗,窗上的红点处则是可用安全锤敲击的位置。所以,孩子乘坐动车时,要认准有红点的逃生窗,以免遇到事故耽误宝贵的逃生时间。

48.被毒蛇咬伤,怎样科学应对

在野外活动时,途经杂草繁盛的区域,如森林、灌木丛、山峰等地,都可能会被毒蛇袭击。我国毒蛇种类繁多,分布广泛,大部分区域都有毒蛇的踪迹。

被毒蛇袭击是让喜欢野外活动的人们非常头疼的一件事。孩子进行户外活动时,更要注意这一点。丛林里隐藏着各种各样的毒蛇。它们凭借天然的保护色,迷惑着人们。一不留神,它们很可能就会给孩子一个致命的"蛇吻"。

季宁和同学们一起到野外游玩，经过一处草丛的时候，季宁忽然觉得脚踝处被什么东西咬了一口。紧接着，他看到一条小蛇向远处爬去，他马上意识到自己被蛇咬了。很快，季宁的脚踝就肿了起来，皮肤也开始变紫。大家赶紧将季宁送到了医院，医生说，这是一种非常厉害的毒蛇，若不是治疗的早，季宁就有被截肢的危险。

并非所有的蛇都有如此大的毒性，但某些蛇的毒性甚至可以致命。那么，我们应该教给孩子如何防范毒蛇，又该让他们如何应对毒蛇叮咬呢？其实，只要小心防范毒蛇，可以避免被它们咬到。如果不慎被咬，只要正确应对，也能够将孩子所受的伤害降低到最小。

彤彤和爸爸妈妈一起去秋游，在爸爸妈妈正准备野炊的时候，彤彤主动到附近的丛林中捡柴火。由于时值秋季，天气秋高气爽，还算暖和，彤彤没有穿严实的长裤，只穿了一条七分裤加小布鞋。

彤彤兴致勃勃地捡地上的枯枝，一个不小心，竟被毒蛇咬到了。彤彤很害怕，"哇哇"大哭起来，彤彤跑到爸爸妈妈身边，哭着说了这不幸的遭遇。爸爸妈妈大惊失色。她感到痛痒难忍，忍不住想揉揉伤口，妈妈赶紧抓住彤彤的手，告诉她被毒蛇咬伤了，不可以揉伤口。因为伤口残留毒蛇的毒液，如果揉搓伤口，会加速毒液扩散，更加不利于后期治疗。

爸爸妈妈让彤彤平缓地躺下，同时用一块小手帕绑扎了伤口以上的小腿位置，这是为了扎紧回流的血管，不要让毒素扩散太快。他们不断安抚彤彤的情绪，避免她情绪过于激动，加速心率。之后，爸爸妈妈赶紧带着彤彤来到了最近的医院。

彤彤父母的做法是恰当的，但是不一定每一次发生这种意外的时候，父母都在孩子身边，因此，家长需要传授孩子一套被毒蛇咬伤后的及时抢救措施。因为在80%的毒蛇攻击事件中，伤者都是因为缺乏及时的急救处理而导致毒液扩散，导致了更加严重的后果。

（1）避免慌张，切忌用手揉搓伤口

孩子总是有一个习惯，被蚊子叮了会挠，被有毒的蛇虫咬到了，还会耐不住疼痛去揉搓伤口，希望能减轻痛楚。然而，一旦被毒蛇咬伤，揉伤口是十分不可取的，因为毒素残留在伤口中，揉搓伤口会加速伤口附近的血液循环，使毒素加速扩散。因此，家长一定要叮嘱孩子，万一不幸被毒蛇咬伤了，首先要做的，就是不要揉伤口。

（2）让孩子当机立断，正视毒蛇的伤害

告诉孩子，被毒蛇袭击后，不要惊慌失措，急于奔走，更不要用手抓挠伤口，而要保持镇定，判断袭击自己的蛇是否有毒。怎么判断呢？

第一，看蛇，毒蛇的头部多呈三角状，有细长的毒牙，全身色彩斑斓，较为凶猛。第二，看伤，毒蛇留下的前两个牙痕大且深，而普通的蛇类留下的前两个牙痕则呈"八"字状，比较浅。

（3）教育孩子火速救治的方法

被咬伤后，马上在伤处的上方约6厘米处用一条长带子绑紧，期间应以10分钟为周期松开带子2分钟左右，避免肌肉组织坏死。检查伤口，看里面是否有毒牙，若有，应立即取出。如果条件允许，可用大量净水或者凉白开对伤处进行冲洗。再找一把干净的刀子，将毒牙所在的地方切出一个"十"字，然后可利用拔火罐的方法吸出蛇毒；若条件不允许，也可用手使劲将蛇毒挤出来。情势严峻的时候，在确保口中没有伤口或者龋齿的前提下，也可直接用口吸吮伤处，然后将毒血吐掉，如此反复。

告诉孩子，若随身携带有解蛇毒的药物，应马上服下，并在伤处附近涂上一层解毒粉，随后及时到最近的医院就医，千万不可过分依赖自身的急救，而忽视了正式就医的重要性。

此外，我们应该教育孩子，走在灌木丛中，最好戴一顶草帽，因为很多时候，毒蛇会藏身于枝丫间，草帽可以抵挡毒蛇的凌空一击。

最后，要让孩子树立正确的观念，若蛇没有感受到危险的存在，它们不会主动袭击人。所以，告诉孩子，看见毒蛇时不要惊慌，最好轻轻离开，直至到达安全的区域。这样，就可以尽量避免毒蛇伤害了。

49.铁路边可不是玩耍的好地方

电视剧或者电影中，我们常会看到追求浪漫的情侣一起走在火车轨道上的情景。可现实中的我们却效仿不得，因为铁轨可不是个好玩的地方，尤其是对于活泼调皮、自我保护能力又差的孩子来讲就更须意识到这一点。

其实，不仅不能在轨道上行走，就连轨道两边几米之内的范围都不要逗留，因为列车在行进过程中会产生强大的气流，甚至能够把铁路边的行人给冲倒轧伤。

因此，为了我们的孩子平安健康地成长，我们要经常提醒孩子不要在铁路边行走，更不能到铁轨上玩耍。

一个周末的早晨，9岁的梅梅带着自己7岁的妹妹在家附近的地方玩耍，两个人不知不觉就溜达到了离家不远的铁轨边，一边走着一边说说笑笑、打打闹闹。

几分钟之后，一列火车疾驰而过，火车驶过的强大气流将两个孩子卷进了车轮下……当她们的父母看到这惨烈的一幕时悲痛欲绝，更是万分后悔让孩子脱离自己的视线，可是，此时一切都为时已晚。

孩子在铁轨边意外伤亡的事件屡有发生。父母要经常提醒孩子，不要在铁轨边行走，更不能到铁轨边玩耍。列车在行进中会产生强大的气流，把在铁轨边的行人冲倒轧伤，即使在铁路两侧的一两米外行走，仍然存在危险。

一天，婷婷想穿越铁轨，当她走到铁道口的时候，不远处正有一列火车呼啸而来，婷婷心想："铁轨这么窄，几步就跨过去了，火车还远着呢，自己动作快点儿完全可以在列车到来之前跑过去。"

想到此，婷婷便迈开步伐走向铁轨，然而不幸也就随之发生了，因为就在婷婷马上要过去时，火车以飞一般的速度冲了过来，婷婷倒在血泊中，失去了宝贵的生命。

铁轨对孩子有着无法言传的吸引力，那长长的伸向远方的铁轨，把孩子们从家里或者学校里勾引出来，像饿鬼一样吞噬了他们幼小的生命。尽管如此，孩子们仍然像着了魔一样徘徊在铁轨周围，久久不愿意离去。

一个小男孩趴在铁轨上面玩耍。这时候，从武汉开往福州的某列火车驶出武汉，经过该道口的时候，司机发现有个红色的小东西在铁轨上，便赶紧鸣笛，但是却不见动静。说时迟，那时快，列车司机连忙采取紧急刹车，最后火车在离小孩仅五米的地方停下。

当火车停下后，远处赶来的目击者和司机都长舒了一口气。原来，这个孩子的奶奶只顾着和人聊天而忘记了自己还在照看孩子，要不是司机反应及时，说不定她再也见不到自己的孙子了。

孩子的生命因为一次意外戛然而止，无论对于哪个家庭来说，都是一场灾难。有些家长曾经不止一次地教育过孩子，不要到铁轨边玩耍。但这种枯燥的教育并不能让孩子们感到危险，他们照样还会偷偷地跑到铁轨边捡废品、扔石头、做游戏。父母要让孩子体会到到铁轨边玩耍的危险性，这样才能有效地保护孩子的生命安全。

（1）告诉孩子，不要在铁轨边行走玩耍

父母要经常提醒孩子不要在铁轨边行走，更不能到铁轨边玩耍，列车在行进中会产生强大的气流，把在铁轨边的行人冲倒压伤。即使在铁路两侧的一两米外行走，仍然存在危险。如果孩子离铁轨再近一点，就会被卷进铁轨中，直接威胁着孩子的生命。

（2）告诉孩子，不要向车轮下投石子

在上海某路段的路轨线上，三名10岁左右的男孩玩向火车轮下扔石子的游戏。石子飞快地弹了回来，其中一名男孩的眼睛被石子打伤，另一名男孩的手指折断。为了让孩子懂得扔石子的危险，家长可以和孩子玩向墙上扔弹力球的游戏。当球反弹到孩子头上时，对他说："宝贝，如果向疾驰的火车扔石子，同样会反弹回来。石子会把宝贝的脑袋弹伤的，到时就得给宝贝打针吃药，会很痛苦的！"

（3）告诉孩子，穿越铁轨前要先向左右看

不要说孩子，很多大人在穿越铁轨时，都没有向左右看的习惯。各地行人穿越铁轨被火车撞死的意外事件时有发生。尤其是那些生活在铁轨附近的家庭，父母一定要经常告诉孩子："穿越铁轨前要先向左右看，确保两边没有驶来的火车，才可以安全通过。"

家长可以通过讲解各种伤亡小故事，让孩子们明白在铁轨边玩耍是件很危险的事情。同时，家长还要让孩子学会安全穿越铁道口，不在铁轨上受到伤害，只有这样父母才会更放心，孩子才会更安全。

50.野外遇火,千万别慌张

孩子到野外去游玩的时候往往由于过度投入,而忘记潜在的危险所在。如果是在干燥的天气中到野外去游玩,那么一定要预防山火的发生。一旦陷入山火之中,就会十分危险。

在森林火灾中对人身造成的伤害主要来自高温、浓烟和一氧化碳,容易造成热烤中暑、烧伤、窒息或中毒,尤其是一氧化碳具有潜伏性,会降低人的精神敏锐性。中毒后不容易被察觉,因此掌握必要的逃生要领就显得十分重要。在干燥的天气中,茂密的丛林和草原火灾发生的概率较大,火势蔓延速度极快,我们绝不可轻视山火的威力。由于山火在白天比较难看见,应随时留意空气中的飞灰和烟味。如发现山火,尽速远离火场,如果实在无法脱险,应当尽力保持镇静。就地取材,尽快做好自我防护,将山火浓烟的危害降到最低。

又是一个星期天,一年级的思凯和其他几个男同学一起去爬山,春天的山可真美!小草从沉睡一冬的大地里探出小脑袋,小树枝也发出了嫩芽,在嫩芽中间还夹杂着含苞欲放的花蕾,小鸟在树枝上蹦蹦跳跳地唱着欢乐的歌。远处的云朵不时隐藏在山后面,好像是在和小朋友们玩着捉迷藏的游戏。

同学们正沐浴在这美好的春光中,突然,思凯看见对面的山头上冒出一股股浓黑的烟。渐渐地被风拂过,飘散开去。他马上意识到发生了山火,他对大家说:"你们看,对面山头的烟越来越多,我感觉是山火发生了,在这里是非常危险的,咱们赶紧离开吧。"于是,在思凯的带领下,大伙开始焦急地往回走。

不一会儿,浓烟随着风力的加大迅速增大。小朋友们也加快了奔跑的脚步,最后终于安全地回到了家中。这时消防队已经在赶往火场的路上了,站在村外远望,烟已经变少了,却能够看见火光了。又过了一段时间,山上火光冲天,将半边天染得通红,此时的风也更大了,火势也更加猛烈,不一会儿,就看见大片的火焰窜上山顶。最后消防队员经过10多个小时的努力,才把山火扑灭。

在干燥的天气,山火于较斜的草坡上顺风向上蔓延速度极快,远足者绝不可轻视山火的威力。不管是为己为人还是保护大自然的生物及美景,任何时间都应小心火种。切勿在非指定的烧烤地点或露营地点生营火煮食;吸烟人士应避免吸烟;烟蒂和火柴必须完全熄灭才可抛弃于垃圾箱内或带走。

切记山火蔓延速度极难估计,如发现前路山下远处有山火,也不应冒险尝试继续行程,以免为山火所困。遇到山火时应保持镇静,切勿惊慌。切勿随便试图扑灭山火,除非山火的范围很小或者你确实处于安全的地方并且有可逃生的路径。不过最为重要的还是让家长培养孩子主动预防火灾的意识:

(1)到野外游玩时要随时留意空气中的飞灰和烟味。要小心火种,避免人为引起的火灾。

(2)在没有成人带领的情况下,孩子尽量不要在野外生火,如野炊煮食或燃篝火。如果在特殊情况下需要这样做,那一定要选择在适合的或指定的地点。做好防火措施,如用石块垒砌防火墙或建防火带。

(3)因为大多数户外用品和露营装备都是易燃织物,所以不要在帐篷内放置火源及危险物品。

(4)如果夜间露营生了营火,在要休息时,要把营火灭掉。可以用土掩埋或用水浇灭,火灭后不要马上离开,要仔细检查一下,确定火源真正熄灭后再离开。在离开野炊地点或露营地点时也要用同样的办法把火熄灭。

如果一旦遇到火灾。家长可告诉孩子按照以下步骤进行:

(1)发现前路出现火情,要引起自己的重视,千万不要冒险继续前进,更不要试图扑灭山火。应改变路线远离火灾。

(2)如遇到山火一定要保持镇静,切勿惊慌失措,要正确判断火患情况,判断哪条路线能够尽快逃离火场。

(3)冷静观察野火的蔓延方向、火势大小、着火时的风向等,逃离方向切不可跟火蔓延的方向一致,即不要顺风跑。要选择已烧过火或者草长得比较稀疏、坡度比较小的地段,用衣服蒙住头,很快地逆风冲出去,进入已燃烧过的地方。

(4)选择植物较少的方向,切勿走进矮小密林及草丛中,山火在这些地方可能会蔓延得很快而且热力也较高。一般来说,山火都是顺坡从下向上蔓延,所以在逃生时,切勿往山上走。通常火势向上蔓延的速度要比人奔跑快得多。如果被大火包围在半山腰,要争取快速向山下跑。

(5)当烟尘袭来时,用湿毛巾或衣服捂住口鼻迅速躲避。如烟不太浓,可俯下身子行走;如为浓烟,就要匍匐前进。在贴近地面30厘米的空气层中,烟雾较为稀薄。因为烟火上行,所以人要下行;如果烟雾很大的话,就在地上扒个土坑,紧紧地贴住湿土呼吸,这样可以避免烟雾的伤害。

(6)要用水淋湿手绢或棉布织物,捂在口鼻上阻挡吸入有害的气体,避免由于呼吸引起的窒息发生。如烟不太浓,可俯下身子行走;如为浓烟,就要匍匐前进。在贴近地面30厘米的空气层中,烟雾较为稀薄。因为烟火上行,所以人要下行。

(7)如果衣物已经被点燃,应该迅速脱掉丢弃,避免烧伤皮肤和引燃头发。如果自己穿的是化纤衣物要提前脱掉。

都说大火无情，很多意外事件的发生都是我们难以预料到的。为了孩子的健康成长，家长一定要防患于未然，要告诉孩子一些逃生的本领。这样即便家长不在孩子身边，孩子也不至于手忙脚乱、不知所措。再说了，孩子多懂得一些安全常识，也不是什么坏事！如果能用这些安全知识，将危险拒之门外，那是不是很划算呢？

51.告诫孩子：别把护栏当跨栏

孩子有时过马路，为了图方便，喜欢翻越护栏。这种行为是非常不好的，不仅破坏了城市文明形象，也会给孩子的安全带来很大的隐患。

8岁的马明和韩磊是一对形影不离的好朋友，放学后，两个人就结伴回家了。因为时间还很早，在韩磊的提议下，两个孩子决定先到离家不远的公园玩耍，不过要去公园需要多绕一百多米的路，才能过马路。两个孩子都觉得很麻烦，于是就打算从马路上的护栏翻过去。马明的身手敏捷，如同一只轻巧的猴子一般，很轻松地就翻过了护栏。可是身体较胖的韩磊却遇到了麻烦，他使出了浑身解数，也没办法翻越过护栏。于是，马明就伸手拉着韩磊想把他拽过来，却不料两个孩子的手忽然滑开了，马明在巨大的惯性下跌倒在马路中间。这时忽然有一辆轿车从马明的身边驶过，竟然勾住了马明的衣服，把马明拖行了好几米，马明当场就疼晕了过去。等马明醒来时，发现他已经在医院里挂着吊瓶，爸爸妈妈正在旁边焦急地等待着。

在所有的交通意外中,90%都是因为没有按照交通规则指示造成的,马明和韩磊在翻越护栏的那一刻起就是在拿自己的生命安全当儿戏。司机在开车时,因为注意力高度集中,视野会变得窄小,而学龄前的孩子目标很小,忽然出现在马路中间时,司机很难在第一时间发现,即使发现了,因为巨大的惯性,司机也很难及时刹车。所以为了避免意外,孩子在过马路时,一定不可以翻越护栏,否则就可能付出惨痛的代价。

某小区对面就是菜市场,但中间隔着一条马路,需要绕行一段护栏才能到菜市场。小区内的一位父亲为了省事,经常带着6岁的孩子翻越护栏,他先是自己跨越护栏,再把孩子抱过去,然后领着孩子去菜市场买菜。

有一次被交警抓到,这位父亲还振振有词地说:"我前行50米到红绿灯处,再转回来,每买一次菜就要多走100米。再说,这里又不是只有我自己翻越护栏!"这位交警看看他身边的孩子说:"你天天翻越护栏,孩子也会跟着学。你看不到他的时候,他也许就会自己爬过护栏到马路对面去。你能保证孩子每次都安全地躲过车辆,穿越到马路对面吗?100米的路和孩子的安全,哪个更重要?"这位父亲顿时愕然,显然他并没有考虑到自己行为所带来的坏影响,于是他不再辩解,而是向交警说:"同志,谢谢你!我保证从今以后再也不翻越护栏了!"

交警的话确实引人深思,身为父母自己的一言一行都会被孩子看在眼里,并学着去做。父母带孩子翻越护栏,孩子学着去做,后果也许会不堪设想。因此,身为父母一定要先遵守交通规则,为孩子做好示范,不但自己不去翻越护栏,还要教给孩子千万不可以身试险。

(1)让孩子知道"护栏"不是"跨栏"

护栏是为了防止司机失误或其他原因造成车辆非正常行驶闯入非机动车道造成事故的防护措施,同时也是为了诱导司机的视线、增加行驶车安全感和美化公路。父母应该让孩子知道护栏是用来维护交通安全的设施,而不是运动场里的跨栏,不能随便翻越。

(2)翻越护栏是不文明的行为

翻越护栏不仅容易发生危险,同时也是一种不文明的行为。在翻越护栏的过程中,可能会损坏护栏,给交通安全造成隐患。父母要告诉孩子,作为一个懂文明守礼貌的小公民,就应该遵守交通规则,从斑马线过马路。

52.莫让自行车成杀手

我国是世界上拥有自行车最多的国家,是世界公认的"自行车王国"。自行车轻巧灵活,车速自便,维修简单,并且不使用燃料,无废气污染,无噪声,因此特别受到大家的青睐。

随着城市车辆日益增多,城市交通安全隐患也日益加大,交通事故更是频频发生。如今,道路上除了众多的机动车辆,人们还可以看到不少十一二岁的孩子骑着自行车在大马路上穿梭自如,而这些孩子却丝毫没有察觉其间的巨大隐患。

在成都某小学读四年级的岳岳一个多月前学会了骑自行车,自从学会之后,岳岳一有机会就骑,而且自认为车技不错,骑起来总是故意七扭八拐。

一天放学后,岳岳和几个同班同学相约到马路上进行一场飙车比赛。可就在他们骑得意兴盎然的时候,后面开来了一辆拉着钢材的大货车,岳岳和伙伴们想办法躲闪,可是由于慌张,几个人撞到了一起,顿时都摔倒在地,岳岳被一辆自行车压在了地上,腿部严重扭伤,其他几个孩子也有不同程度的擦伤和摔伤。

孩子的交通安全意识淡薄,实在是个令人担忧的状况。由于缺乏系统的交通安全知识教育, 有些孩子把骑自行车上学看作是一种时尚;有些孩子边骑车边追逐打闹相互超车,有的孩子似乎没有"红灯停"的习惯,经常会看到有的学生在协勤的口哨和喊声中闯红灯。更有甚者竟错误地认为:大人骑车应该给孩子让路,开车也不敢撞孩子,于是,孩子骑车不管不顾、肆无忌惮。

殊不知,交通事故可不分大人孩子。况且,从生理因素上讲孩子骑车本来就比大人更有危险性。所以说,作为家长在关心孩子生活学习的同时,有责任经常性地教育强化孩子的交通安全意识,这不仅是对孩子负责,也是对社会负责。

萱萱前段时间学会了骑自行车,兴致非常高,得空儿就在小区里骑着玩,而且骑得很快。妈妈告诉她,遇到紧急情况要刹车,并且也教她怎么用了,可能是由于年龄较小的原因,萱萱捏不动刹车。因为车比较矮,萱萱就用脚踩地的方法来刹车。

妈妈本来想去修车师傅那儿调一下,可人家说没法调。看看这车其他地方都很好,于是妈妈就想过一年再给她换辆尺寸大点儿的新车。

不久,萱萱骑车通过小区的一个路口,正好一辆汽车开过来了,萱萱有点儿害怕,赶紧用脚支地,可是自行车带着惯性还在往前走。幸好司机停下来了,否则就会撞上,这下可把妈妈给吓出了一身冷汗。第二天就带着萱萱买新自行车去了,而且是特意带着她去的,让她自己试车闸。

现在的孩子几乎每人都有一辆小自行车,并且骑得很熟练,但是常有孩子因为骑车而受伤的事发生。要让他骑车骑得自在,又让家长放心,

那骑车方面的安全事项,可是一样都不能少！应注意以下几点:

(1)骑自行车时的失控状况

①刹车失灵。如果在骑车前就知道刹车不好用,那就一定不要再抱着侥幸的心理继续骑。如果是始料未及的,此时你应该大声告诉前面的行人:"请让一让,刹车失灵了。"这样至少可以让前面的人们有所准备和避让。之后,用双脚抓紧急刹车。

②车胎爆胎。骑车的时候会出现有暗钉或者玻璃的路面,此时最好不要勉强前行。如果没有注意到而发生了爆胎,那么就不要坚持骑车了。在爆胎的状态下骑车,不仅感觉很吃力,而且易造成车轮变形。

③对面驶来车辆。如果相对驶来的两辆车向同一方向避让,也会造成交通事故。所以看到前面有车直面而来时,首先要遵守右侧通行的原则,尽量让自己的车子靠右。不过最好配合手势,将自己的右手向右侧伸出,让对方知道你的避让方向。

(2)让孩子做到"八不要"

孩子骑车除了追求速度和潇洒之外,其他因素往往考虑得少,甚至不考虑,这就要求父母须高度重视孩子的安全骑车,不要等到发生危险再悔不当初。

为了保证孩子骑车安全,家长要经常向孩子灌输骑车"八不要"的理念:①骑车时不要双手撒把;②不在道路上追赶,比赛车速、车技;③不和同学们并排骑车;④不带人骑车;⑤不要一边听音乐一边骑车;⑥不闯红灯;⑦不上机动车道;⑧不要骑车时打伞。

(3)人需要体检,自行车也需要安检

为了及早预防和治疗疾病,作为人的我们通常会定时体检。其实自行车也一样,它也需要做"体检",我们称之为安检,这就要求家长记得适时地提醒孩子,如果发现自行车的"病情",那么就赶紧给它治"病",等好了再骑。

53.见到打斗场面,切忌围观

在大人眼里,很多潜藏着危险的时刻在孩子看来却纯属好玩,一点忧患意识都没有。这也不能怪孩子,谁让他们对这个世界处处充满了好奇呢!很多小朋友遇到打斗场面,不仅不害怕,还会被好奇心"拽"着走,非要看个究竟不可。

殊不知,这样做有可能导致身心双重伤害。这是因为别人打斗有可能没轻没重,也更不会顾及周围的人,如此便会伤及观看者;另一方面,打斗过程中的暴力行为以及可能导致的头破血流等现象,也会对孩子的心理造成不利影响。

所以,我们一定得嘱咐自己的孩子,看到别人打架,不要上前围观,有可能的话,可以报告给老师,或者打110报警,总之永远都不要忘了:安全第一!

一天,亮亮放学后,走在路上的时候,看到马路一侧某超市门前有人在吵架,出于好奇心便过去观看。由于看热闹的人比较多,10岁的亮亮个头小,看不清里面的情景,便使劲儿挤到人群里去。

原来,是一个卖西瓜的摊贩和顾客打起来了,两个人各说各的理,吵得气势汹汹,吵着吵着,两个人就动起手来,亮亮越看越觉得好玩,心想,这可比看武打片刺激多了。可是,正在他津津有味地观看人家打架时,却因为躲闪不及而被人踩了一脚,亮亮连忙弯腰摸脚,结果又被人们给挤倒了,好不容易才爬起来,可是手和脚却都受伤了。

好奇心旺盛的孩子很容易被这些意外事件吸引,加入到围观人群之中去。孩子的身体矮小，力量薄弱，很容易被围观人群推挤发生伤害，也有可能被斗殴人员误伤。因此，在街边围观打架是非常危险的，父母应该告诉孩子，看到有人打架斗殴一定要远离。

有一对姓方的兄弟在街边喝酒，弟弟喝醉酒后就在街头闹事，哥哥上前阻止却与弟弟发生口角，于是兄弟俩就在街头打了起来。

渐渐地引来许多围观的人群。5岁的安柯看到这一幕十分好奇，也就随着人群跑过去看起了热闹。安柯就像一条小泥鳅在人群中滑动，一下子就挤到了圈子里面，他探出小小的脑袋，好奇地观看着那对兄弟互相厮打、谩骂，觉得新奇极了。而围观的人群竟然也没有上去劝架的，全部都兴致勃勃地看着"武打片"。

围观群众的笑声引来了这对打架兄弟的不满，他们拿起地上的石头就朝围观人群丢去，想要驱赶看热闹的人们。还没等安柯明白过来发生了什么事，就看见一块巨大的石头朝他飞来，"砰"一下砸在了安柯的额头上，鲜血顿时从安柯的头上流了出来。打架的兄弟俩见闯了祸，赶紧推开人群逃跑了，而安柯则倒在了血泊里，还好安柯的幼儿园老师路过，这才抱起了安柯，把他送进了医院。等安柯醒了过来，才知道他差点因为流血过多而性命不保。

安柯正是因为围观别人打架，才遭到了飞来横祸。父母应该以此为戒，告诫自己的孩子，有人打架千万不要围观。

(1)围观斗殴是有危险的

父母应该告诉孩子围观斗殴是会发生危险的，在围观过程中不仅会被斗殴人员误伤，还有可能在人群运动、拥挤的过程中摔伤，甚至在慌乱中被人群踩踏。

(2)斗殴是一种不好的行为

父母还应该让孩子认识到,打架斗殴不是"本事",而是一种非常野蛮暴力的行为,不仅会伤害到自己,也会伤害到别人。遇到与别人争执的情况,应该要冷静对待,不要一时冲动就拳脚相向。

(3)不要尝试去劝架

有些孩子富有爱心喜欢帮助别人,看到有人在打架,心中不忍,往往会滋生出上前劝架的念头。父母应该要告诉孩子,他们的人小力微,不仅很难阻止斗殴的发生,还有可能被斗殴人员误伤。所以正确的方法是,远离斗殴人群,寻找附近的电话亭报警,让警察叔叔来处理。

54.突遇骚乱,镇定自若巧脱险

随着孩子渐渐长大,他待在公共场所的时间也越来越长。但是公共场所有时候会发生突发事件,引发人们的恐慌,从而导致骚乱的发生。公共场所的突发骚乱会严重破坏现场秩序,引发安全问题,从而危及人身安全。

姗姗和同学一起去看足球比赛,他们支持的主场球队取得了胜利。可是当姗姗和同学欢呼雀跃地准备离开时,却发现一些客场的球迷向她们这边投掷石头、玻璃瓶子等各种杂物。霎时,球场大乱,主客场球迷互相投掷杂物。

姗姗和同学见到这种场面,非常害怕。于是她们就准备翻过护栏从旁边的出口逃跑。结果,姗姗刚翻越栏杆,就被大量涌过来的球迷挤倒了。球迷在姗姗的腿上踩过去,导致姗姗小腿骨粉碎性骨折,此外,姗姗身上还有多处外伤。

姗姗由于缺少应对骚乱的安全知识,采取错误的应对措施,结果导致自己严重受伤。因此,我们要教给孩子一些应对公共场所骚乱的知识,万一他遇到骚乱,便可以依靠自己掌握的知识从容应对,以保护自己的安全。

过年了,整个城市都充满了喜庆的气息,夕颜的妈妈领着夕颜一起去参加庙会。庙会里好玩的东西可多了,有嘎吱作响的风车,有能够吹口哨的水果糖,还有精美漂亮的拼图,夕颜左看看右看看兴奋极了。就在这时,夕颜忽然发现妈妈不见了,她左顾右盼也找不到妈妈的踪迹。夕颜有些心慌了,她想要从人群中退出来站在路边等妈妈,可是人实在太多了,夕颜根本动不了。夕颜一边随着人流缓缓地前行一边告诉自己,不可以着急,妈妈一定会找到自己的。

突然,不知道后面发生了什么事,人群的脚步加速了,夕颜一个趔趄跌倒在地,她害怕极了,妈妈曾经就告诉她,在人群中跌倒是非常危险的,很可能会有生命危险。她强制自己冷静下来,将她小小的身体缩成一团,慢慢地滚到墙角边上,夕颜这才深深地舒了一口气。

这时,人群的移动速度越来越快,不少成年人也摔倒了,整个街道上一片哀嚎的声音。又过了一段时间,人群慢慢疏散了,许多救护车赶到了这里,开始救治躺在地上的伤员。夕颜的妈妈也发疯似得在街道上呼喊夕颜的名字,夕颜听见了妈妈的声音,赶忙站了起来,朝妈妈跑去。夕颜的妈妈惊喜万分,赶忙抱住夕颜,在她的身上检查一遍,发现除了刮破了皮,并无大碍,夕颜的妈妈这才松了一口气。

在那些空间有限，人群又相对集中的场所，例如球场、商场、狭窄的街道、室内通道或楼梯、影院、酒吧、夜总会、宗教朝圣的仪式上、彩票销售点、超载的车辆、航行中的轮船等都隐藏着潜在的危险，当身处这样的环境中时，不管是成人还是孩子都一定要提高安全防范意识。

近几年来，在公共场所由于拥挤而发生踩踏事故并造成人员伤亡的事情时有发生。碰到紧急情况都可能会因为拥挤、奔跑而形成无法控制的人流，造成人员的挤伤、踩伤。对于年幼体弱的孩子来说，会造成更为严重的伤害。对于身处公共场所的个人来说，学会如何判别危险，如何离开危险地带，如何在险境中自我保护非常重要。而对于孩子来说这一点就显得更为重要，遇到拥挤的人群孩子难免要恐慌，建议家长要教会孩子自我防范。

(1)让孩子了解骚乱的一般类型

公共场所骚乱一般指发生在广场、球场、影院等人员比较密集的公共场所的突发事件。如聚众闹事、球迷骚乱，以及由于公共场所险情，民众担心危及自身安全，产生恐慌情绪引发的骚乱等等。

我们让孩子了解骚乱的类型，就可以让他知道哪些场所容易发生骚乱，使他对这些场所保持警惕性，从而避免受到伤害。

(2)告诉孩子做好防骚乱准备工作

我们要告诉孩子，进入那些容易发生骚乱的公共场所之前，要做好各项准备工作。比如，进入球场前或者电影院前，要留意一下场地的出入口和安全通道，还要留意一下周围的警示标志，比如一些禁止通行的标志，防止他在逃生时耽误时间，或者遇到其他危险。

(3)教孩子注意事项和保护措施

骚乱一旦发生，极易造成群死群伤的恶性后果。因此，我们要告诉孩子，在骚乱发生时，应该注意哪些事项，还要告诉他一些自我保护的技巧。

告诉孩子,发生骚乱时,首先要保持镇静,不要在骚乱中乱逛,更不要盲目追随人群移动。而是应该选择安全的地点停留,比如球场发生骚乱时,可以待在自己的座位上不动,以保证自己不会被挤伤或者踩踏。

另外,注意收听广播,听从工作人员的指示,有序离开骚乱场所。在一些没有广播的场所,可以按照治安人员的指示有序撤离。

还要让孩子知道,在人流量比较大、拥挤严重的地方,一定不要逆人流行进,要靠近楼梯扶手或者墙壁移动,以免被挤伤;更不要翻越楼梯或护栏,以避免发生践踏事件。在人群中,不小心跌倒时应立即收缩身体,紧抱着头紧贴胸腹部,最大限度地减少伤害。

(4)跟孩子一起参加公共突发事件的演习

由于民众一般不知道怎么应对公共突发事件,所以,一些公共机构或者政府机关会组织一些应对公共突发事件的演习,希望借助演习,传授给人们专业的应对措施,告诉人们怎样安全地逃生,最大限度地减少突发事件对民众的伤害。那么,我们可以和孩子一起积极参加这些演习。

明轩和同学去电影院看电影,在电影放映到一半的时候,明轩发现后面出现了骚动,原来是几个地痞无赖正在拿刀对一个青年行凶。靠近影院门口的人纷纷逃走,前面的人不明情况,也往外逃。由于很多人挤在门口,导致后面的人出不去,从而发生了踩踏事件。

明轩的同学看到无路可逃,就急忙跳窗逃跑,结果造成小腿应力性骨折。明轩则躲在座位底下,等待警察的救援。果然,警察一会儿就赶到了,并逮捕了行凶者。

事后,明轩去看望受伤住院的同学,同学问明轩怎么没受伤,明轩说:"我参加过应对突发事件的演习,懂点应对骚乱的常识。"同学说:"以后我也要参加这样的演习。"

明轩因为参加了一些应对突发事件的演习,从而避免了自己在骚乱中受伤。可见,参加这些演习,孩子确实能从中学到一些安全知识,所以,我们要积极带孩子参与这样的演习。当然,我们也可以自己组织这样的演习,并鼓励孩子积极参与其中。

55.马蜂有毒,蜂窝更是不能捅

我国民间有句俗语叫"捅了马蜂窝",意思就是招惹了不该招惹的个人或者团体,也或者指某类事物,以至于为自己带来难以预料的大麻烦。

生活中,一些植被丛生于树木茂密的地方,往往会有马蜂窝。如果为了贪图好玩或者纯属不小心捅了马蜂窝,很容易引起马蜂们的愤怒,被蜇到也就在所难免了。事实上,马蜂的毒性很大,如果被蜇到,轻则因受伤而疼痛难忍,重则引起死亡。从网络上随便搜一下,就不难发现关于马蜂蜇人的事件。成年人通常不会捅马蜂窝,可孩子们却因为认识不到其中的危险性, 只是图一时好玩而捅马蜂窝, 导致自己受伤甚至送命。作为家长,为了孩子的安全,应该提高警惕,不要让孩子成为马蜂们攻击的对象。

某小学一位叫刘刚的小学生在和几个同学一起回家的路上,被其中一个同学不小心碰到的马蜂窝里的马蜂给伤到了。原来,几个小伙伴在乡间小路上追逐打闹着,在经过一处果园的时候,一个孩子不小心碰到了低矮处的马蜂窝,这下可不得了,只见里面无数只马蜂瞬间飞了出来,纷纷向几个孩子扑来。

见这阵势,孩子们吓坏了,他们知道马蜂会蜇人,于是赶紧跑。虽然尽力跑,但他们的速度比马蜂还是慢了不少,以至于孩子们都被马蜂叮了,其中刘刚是被叮得最严重的,总共被叮了50多处。

随后,刘刚被送到医院救治。经过两个礼拜的治疗,才得以好转。

作为家长,我们都知道有一些动物的"领地"是碰不得的,比如马蜂窝、蜜蜂群等。一般来说,如果不去碰它们,这些动物也不会主动伤人,可是一旦碰了,可真就"捅娄子"了,如果跑得不快,准会被蜇到。

一天下午,芳芳和表姐、弟弟以及另外一个小伙伴到家附近的山里去玩耍,一会儿,几个孩子就匆匆跑了回来,表姐支支吾吾地给家里人说了整个事情,说他们捅了马蜂窝,被群蜂蜇伤。到了第二天上午,被马蜂蜇了的几个小伙伴除了说疼,也没有其他症状,大人们也就没有在意。可是第三天早上,芳芳醒来后发现,脸部已经肿得不像样了,芳芳的表姐脸部也肿了起来,大人们便立即把两个孩子送往当地医院。由于芳芳病情最严重,家人将芳芳连夜转院到更好的儿童医院。所幸经过儿童医院全力抢救,芳芳终于脱离了危险。

捅马蜂窝是男孩子们最刺激的娱乐,孩子们手握个长长的竹竿,其中一个孩子照准蜂巢与树连接的根部,突然用力捅几下,这时马蜂群开始乱飞了。其他孩子一边看、一边准备随时撒腿就跑的姿势,直到把蜂巢捅下来。眼看要掉下来了,有的孩子赶紧跑在房子里关上门躲起来;有的孩子跑得远远地躲起来。这时的马蜂群嗡嗡地叫,飞行速度很快,就像一架架战斗机俯冲向孩子们,有的孩子防不胜防就被蜇了。

即便孩子被马蜂蜇过,一旦疼痛劲过去了,再次见到马蜂窝,还是会手痒要去捅一下。所以家长要告诫孩子被马蜂蜇伤的危害,也要告诉他

们遇到马蜂袭击时要注意以下几点:

(1)如遇马蜂来袭,一定要就地蹲下或趴下,千万不要狂奔。因为马蜂的复眼对移动的物体看得更清楚,会群起追击。

(2)尽量用衣物保护好自己的头、颈等部位,因为蜂类喜欢攻击人的头部。

(3)如被马蜂蜇伤,切忌用手去搓。可以先用肥皂水等清洗伤口,然后用镊子小心地夹出马蜂留在人身上的刺,并迅速到附近医院救治。

(4)马蜂毒液量大,被蜇后如果情况较轻,可在伤口处涂一些氨水,起到消肿止痛作用;如果引起发热、头痛等症状,一定要及时到医院治疗。

(5)如果是过敏性体质的人被马蜂蜇伤,容易发生过敏性休克。如果孩子的皮肤过敏,在去野外活动前,应携带肾上腺皮质激素和抗过敏、抗炎症和类固醇及抗组胺类药物,一旦被蜇伤可以马上服用以避免发生生命危险。

(6)此外,如果孩子要到野外活动时,家长最好不要让孩子穿颜色鲜艳的衣服,以避免马蜂的攻击。因为马蜂喜欢颜色鲜艳且具有芳香味的花卉植物,会误把颜色鲜亮的衣服当作花卉植物。

一般来说,马蜂不会直接对人类造成危害,通常是"人不犯我,我不犯人"。但如果有人捅了马蜂窝,马蜂就会"群起而攻之"。一旦头上等重要部位被毒蜂蜇伤,特别是直接刺入血管内或多处同时受蜇,可引起中毒、过敏性休克、抽搐、昏迷、肾衰竭、出血等严重症状,甚至会导致死亡。所以家长要告诉孩子千万不要乱捅马蜂窝,以免发生危险。

56.外出迷路了,求助警察来帮忙

孩子在不熟悉的环境里玩耍,很容易迷路。处在陌生环境的孩子往往会惊慌失措,不知道怎么办才好,不仅容易发生交通意外,也有可能遭遇居心不良的陌生人,甚至被人贩子拐骗。因此,父母在平时就要告诉孩子,迷路了,应该要寻找警察帮忙。

8岁的萌萌到好朋友章章家玩耍,两个小朋友玩得很尽兴。时间不早了,萌萌就告别章章独自回家了,没走多久萌萌就感觉到有些不对劲了,周围的景色都是她从来没见过的,让萌萌感觉到非常陌生。萌萌的心里有些害怕了,她知道她可能是迷路了,不过萌萌并没有惊慌失措,她开始掉头往回走,可是无论她怎么找,再也找不到章章的家了。此时,萌萌才开始着急了,差点就哭了出来。不过萌萌的心里还记得妈妈的话,迷路了不要惊慌,要寻找可靠的人寻求帮助。于是萌萌在路上一边走一边寻找可靠的人。忽然一个身穿制服的警察朝她走了过来,萌萌赶紧跑了过去对警察说道:"警察叔叔,我迷路了,请你带我回家。"警察叔叔就蹲了下来和蔼地问道:"小朋友,你家在哪里呢?"萌萌想了想摇了摇头说道:"我也不知道我家在哪里,不过妈妈给了我一张卡片,上面有写我家的地址。"说罢,萌萌就从书包里拿出了一张写着电话号码和家庭地址的卡片交给了警察叔叔。警察一看卡片,立马拨通了卡片上的电话号码,找到了萌萌的妈妈。过了二十多分钟,萌萌的妈妈赶到了,萌萌看到妈妈眉开眼笑,扑到了妈妈的怀里。警察叔叔在确认萌萌妈妈的身份后,这才跟萌萌和她的妈妈告别。

外出迷路,是很多孩子都有过的经历,家长能做的是教育孩子如何在迷路的情况下分辨方向,以免"越陷越深"。首先,要告诉孩子一旦迷失方向,一定要保持镇定,千万不要慌。告诉孩子站在原地,回想自己来时的路,并根据周围的景物或者太阳的方向明确自己的方位,据此找回来时的道路。

星期天到了,老师组织同学们去森林郊游。能够自由地呼吸大自然的空气,展清高兴极了。他听着森林里鸟儿的歌唱,踩着枯叶蹦跳着往前走。忽然,展清被一只色彩斑斓的鸟儿吸引了注意力,他立刻拿起相机,想就近拍一张照片。但那鸟儿一个劲儿地往前飞,展清就一直跟着鸟儿跑。等他回过神来的时候,已经不知道自己身在何处了。

展清心里害怕极了,他试着喊了两声,无人应答。展清急得眼泪都要掉下来了。他忽然想到以前在家的时候,妈妈曾说过:"如果迷路了,不知道自己所处的位置,一定要定下心来,不要慌。"

展清试着将自己紧张的心情平复下来,他开始思索怎样才能走回去。他按照妈妈曾教过的野外求生知识,先仔细地回想了自己追鸟儿时的方位,他又观察了周围的景物分布,找到了自己来时的脚印,然后他循着脚印,一点一点地往回走。等再次听到同学们的笑闹声时,展清大大松了一口气。

对于孩子来说,迷路是一件很容易发生的事情。有时候,孩子来到一个陌生的环境中,因为缺乏辨别方向的能力,就很容易迷路;有时候,孩子和父母一起外出,很容易被周围的事物吸引,因走散而迷路。

因此,我们要跟孩子探讨"迷路了,应该怎么办"这个话题,这样,孩子一旦发生了迷路的情况,也能学以致用,自己走出困境。

（1）提前告诉孩子，万一走散要在哪里会合

当我们带孩子一起外出游玩或购物时，他很容易在拥挤的人群中迷路。对此，我们应该防患于未然，提前告诉孩子：万一走散了，我们要在什么地方会合。这个会合的地方最好是孩子熟悉的，或者是非常明显的。

同时，我们还要提醒孩子，如果不知道会合的地方怎么走，就要及时询问身边的交警或穿制服的工作人员，找到会合的地方之后，就不要再到处走动了。

另外，如果孩子在公共场合与我们走失，而我们又没有提前告诉他要在什么地方会合，我们就应该及时到广播室，通过广播让他知道我们在哪里，或者是告诉他会合的地方。当然，我们也应该告诉孩子学会这样做，及时到广播室通过广播找父母。

（2）让孩子不要惊慌失措，要沉着冷静

当孩子迷路后，他会不自觉地慌张、恐惧，如果不能冷静下来，他就可能会作出错误的判断和决定。因此，我们需要提醒孩子，如果迷路了，一定不要惊慌失措，不要瞎闯乱跑，要沉着镇静，只有头脑冷静了，才能找到正确的解救方法。

一天晚上，8岁的女孩想念上班还没回家的妈妈，便独自去妈妈的工作单位。没想到，出了家门，路上车水马龙，女孩迷路了，她非常害怕，不知道怎么办才好。这时，女孩突然想起了妈妈经常叮嘱她的话："如果迷路了不要害怕，要冷静，然后想办法解决。"女孩的心情慢慢平静了下来，她开始回想自己来时走的路，然后就顺着原路返回了。

幸亏妈妈的提醒，女孩才能平静心情，并想到了原路返回的方法。可见，我们对孩子的提前教育，可以帮助孩子迷路时做到临危不惧，并想办法走出困境。

(3)教孩子记住家中的信息

一个6岁的小女孩迷路了,令民警焦急的是,她既不知道父母的姓名和电话,也不知道自己的家庭住址,这令找寻工作一度中断。直到晚上10点左右,孩子的父母才通过110指挥中心得到线索,找回了孩子。

一个6岁的孩子竟然不知道父母的姓名、电话,也不知道家庭住址,这导致了迷路后无法及时与家人取得联系。

从这个事例中,我们应该得到一些启示:我们要让孩子准确地记住自己所在的地区、街道、小区名称、门牌号码,还要让孩子牢记我们的姓名、电话和工作单位,以便需要联系时能够及时联系。

另外,我们最好在孩子的书包、外衣口袋中装上写有这些资料的纸条,以备在发生意外而神志不清、昏迷的情况下使用。

(4)提醒孩子,迷路后要寻求警察叔叔的帮助

一般来说,无论是在公共场合,还是在马路上,都会有警察在巡逻。当孩子迷路后,最直接可行的方法,就是主动寻求警察的帮助。然后,孩子需要说出自己是在哪里迷路了,是怎么迷路的,父母的电话是多少,自己住在哪里,等等。警察就会根据这些信息,帮助孩子联系家人或直接把他送回家。如果孩子一时找不到警察,就需要到一些看着比较大的商场、商店,找工作人员,寻求他们的帮助。

有时候,看到迷路的孩子,一些有企图的人就会主动接近他,并表示愿意帮助他。对于这种情况,我们要事先提醒孩子,不要盲目轻信陌生人的话,可以通过对话来探视陌生人是否是真心帮助自己,如果发现陌生人说话吞吞吐吐,有所遮掩,就要谢谢他的"好意",然后快步离开,走到人多的地方。

57.交通法规要遵守,副驾驶位置千万不能坐

私家轿车以雨后春笋般的速度进入了千家万户,成了人们日常短途出行时非常重要的交通工具。更是有不少家庭因为孩子的到来,便于接送孩子上学放学或者外出游玩而购置了一辆家庭轿车,作为代步工具。

可是,家长们是否考虑过,私家车为我们带来方便的同时,也时时处处考验着我们对安全的重视程度。我们是否为小一些的孩子购置了质量过硬的安全座椅?有没有单独让孩子一个人在车上?孩子会不会坐在副驾驶的位置……

一天,爸爸要开车带5岁的媛媛出去玩,媛媛打开车门就坐在了爸爸身旁的副驾驶座上,她说要看爸爸是怎样开车的。汽车平稳地行驶在公路上,突然路旁跑出一只小黄狗,爸爸赶紧踩住刹车。

这时,只听"咚"得一声,媛媛撞到了车前的玻璃上,小黄狗安全逃生了,媛媛的额头却被撞伤了,血流不止。虽然经过医治并无大碍,但是媛媛再也不敢坐副驾驶座了,而且每听到刹车声就会感到害怕。

孩子年龄小,体重较轻,在急刹车时很容易"飞"出去,被撞伤或摔伤。因此,在带孩子乘车时,父母一定要十分谨慎。尤其有私家车的父母,一定要多学习一些儿童乘车的安全常识,避免让孩子受到意外伤害。

紫萱随爸爸妈妈和堂哥一起回山西老家。刚刚拿到驾照不久的堂哥想练练手,就坐到了司机的位置上了。

起初,这位新司机开得还算不错,但到了一段稍微弯曲点的山路的

时候，就有点手足无措起来。紫萱的爸爸想把车接过来开，可堂哥却不肯，而是坚持开，并说没问题。

一路上，紫萱和妈妈有说有笑，特别是看到有山脉或者农民家的马牛羊出现的时候，就更是兴奋得手舞足蹈，还时不时激动地站起来。

车行驶至一个拐弯处，就在紫萱站在车里扶着副驾驶座位的靠背和爸爸聊天时，前方忽然窜出一辆车，司机赶紧避让，慌忙之下踩了刹车。这时候，只听"咣当"一声，紫萱的头撞到了坐在副驾驶位置上的爸爸的头上，顿时起了个大大的包。

虽然没有大碍，但足够让一家人心惊胆战的，紫萱更是吓得号啕大哭。更让紫萱的爸爸妈妈感到难过的是，从那之后，孩子就害怕坐车了，每次出行都要坐地铁或者公交车，好像对轿车产生"后遗症"了。

事例中，紫萱小朋友虽然没受严重的外伤，但此次小意外给她的心理带来的阴影是不容置疑的。其实，孩子发生乘车事故多和家长的防范程度有关。试想，如果紫萱的爸爸妈妈不同意刚拿到驾照的堂哥来开车，而是让爸爸这个老司机开车，或许就不会出现这一急刹车的情况；或者家长让孩子老老实实地坐在座位上，而不是双手扒着前面的座位靠背，也许同样不会出现意外。

因此说来，家长在孩子乘车安全的过程中起着至关重要的作用，希望家长们铭记：你的谨慎和防范就是孩子的安全！

(1)给孩子系好安全带，而不是由大人抱着

乘车时，有的家长将孩子抱在怀里，以为这样会很安全。其实，即使在车速很慢的情况下，这样做也起不到对孩子的保护作用。正确的做法是，让孩子乘车系好安全带，当然，安全带要适用于孩子，而不要根据大人的乘坐需要来设定。我们可以让小一些的孩子坐安全座椅，大一些的孩子则要坐在安全座垫上，这样孩子的位置就被垫高了，孩子就可以使

用正常的安全带了。

(2)不要让孩子坐在副驾驶的位置上

浙江省宁波市曾发生过一起轿车和皮卡车轻微刮蹭事故。虽然是个小小的交通意外,但是其结果却足以让人痛心。原来,由于轿车前排的安全气囊弹出,导致坐在副驾驶位置的8岁男孩的气管及颈椎断裂,最终抢救无效,离开了人世。

事实上,因为孩子天性好动,单独坐在前座的话,汽车上的中控台、排挡杆等都有可能成为他摆弄的"玩具",这都容易造成事故。为了安全着想,家长千万不要让孩子坐在副驾驶的位置上,而是坐在和司机斜对角的右后方。

(3)别让孩子在车里做游戏

有的家长自身安全意识不强,任由孩子在后行李厢独自玩耍,殊不知,这是非常危险的,因为车子在行驶过程中会出现颠簸,如果孩子撞到车内硬物很容易受伤,所以,家长一定不要让孩子在车里做游戏。

58.薄冰危险,不可随意穿行

我国北方地区,每到冬天,河面上便会结上厚厚的冰,孩子们会在上面滑冰,以获得玩耍的乐趣,可是,孩子们往往对于地形不熟悉,也不了解冰层的厚度,因此常出现冰层断裂,人跟着掉进冰窟窿的事情。

对于这样的情况,恐怕家长们都不敢想象,对于落入冰窟窿的孩子来讲,被偌大的冰面覆盖着,只有一小块可以和外界接触的地方,而且刺骨的水把身体冻得极其痛苦,即便是个会游泳的孩子也会因为难以逃生而丧命,所以,"冰窟是魔鬼"这样的说法一点儿也不奇怪。而要想让孩子避免遭此伤害,家长们还需教给孩子一些预防和自救的措施。

一位名叫南南的小朋友跟随父母从南方搬到了东北地区的牡丹江市居住,从来没见过真冰和大雪的南南对北国的冬天感到十分好奇。

入冬不久,南南居住小区附近的一处水面上结了一层冰,他便迫不及待地就要上冰面上玩。和他一起玩耍的同伴都说现在冰层太薄,还不能滑冰,等到"三九"的时候就可以了,可是南南没有听从大家的劝告,自己悄悄地跑到河边,走上了冰面。

让他没想到的是,头两步还没什么问题,可刚走出两三米,就听到脚下的冰面发出"咔咔"的声响,顿时,南南吓坏了,心想,这就是伙伴们所说的不结实的冰面吧,于是,他赶紧往回退,可是已经来不及了,只听"哗啦"一声,他脚下的冰层断裂了一大片,南南一下子掉入了冰冷的水中。

南南带着强烈的求生欲望努力爬上旁边的冰层,可是刚爬上去,就又听到"哗"的一声,冰面又塌下一大片,他再次掉入水中。

此时的南南着急了,他急忙呼救。幸好,同伴们在离他不远的地方,听到喊声后急忙过来,并从河边找了一根木头作为杆子,将南南拉上了岸。经过这次"考验",南南再也不敢轻易滑冰了。

孩子贪玩,在冰面上溜冰抑或是玩耍,溺水事件极易发生,而孩子们的自救和救人的能力都很差,一旦大人没有照看,悲剧往往就会发生。家长一定要和孩子多沟通,以孩子能够接受的方式进行安全教育。

放寒假了,学校没有组织活动。尹正他们四个男生,却想来一次冬季旅游。这次探险路线，首先是过一道冰河，然后进入一片森林，再登上一座3000米的山峰。尹正的爷爷就住在他们要登的那座山的半山腰上。四人小分队一大早出发，计划当天下午5点赶到爷爷家吃饺子。

当他们步行来到城外大河边时，看着那光溜溜的冰面，都十分高兴。几个人不顾三七二十一，一齐下了冰面，往对岸边走边溜。尹正还在岸上捡了一块铁片，放在脚底板上，他跑在了最前头。尹正到了河中心，回头冲他的三个伙伴喊道："瞧我尹正，比你们都快吧！"忽然，他脚下"嘎，嘎嘎"几声响，他一惊，低头一看，不好，脚下冰面出现了一个大口子。他还没反应过来该怎么办呢，就觉得脚下一空，心提到嗓子眼儿了。呀，不好，一条腿掉进冰水里了。

他并没有感到凉，只是害怕、惊慌，忙着抽脚。可是脚没抽上来，冰面又继续"嘎嘎"响起来。其他三位同学眼见跑在最前头的尹正落入冰河，急得大喊："坚持住，我们去救你！"这是一个团结友爱的小集体，他们第一个反应是用爱心救助小伙伴。然而，张新却大吼一声："别去！谁也别去！"

张新对不对呢？此时他最冷静，完全正确。他冲着尹正喊："你先把背上的书包扔出去，趴下！"不知怎的，尹正也随之变得镇定多了，他照着张新说的做了。"好，轻轻地往前爬，轻点，爬吧！"张新指挥道。

尹正一点儿一点儿往前爬，大家屏住呼吸紧张地看着。终于，尹正爬到岸边，危险过去了。

冰面对于孩子们来讲的确是十分诱人的户外玩乐场所，可是别忘了冰面下就是刺骨的冷水，一旦掉进去，不但要饱受寒冷的侵袭，还会因为找不到出口而丢失性命。

可是，孩子总是那么让人揪心，他们往往顾及不到是否安全，只贪图一时好玩而走上冰面，最终发生其意料之外的不幸。因此，父母们应在平时多给孩子灌输这方面的安全知识,让孩子不要随意去冰面上玩耍,如果一定要去,也最好由父母陪着。当然,父母们还有必要告诉孩子一旦掉入冰窟窿的逃生办法,说不定什么时候能够用得到呢。

如果在河面上玩耍发现冰面破裂,要按照下列方法去做:

(1)要沉着冷静,不要惊慌,一边大声呼救,一边双脚踩水,这样可以避免身体沉入冰水之中。

(2)不要双手或双臂不停在冰面上乱扑乱打,这样会使冰面断裂的面积加大,使自己完全掉入冰水之中。

(3)要细心观察周围破裂的冰面,找到冰面最厚且裂纹最少的部位,慢慢转移过去。

(4)要使身体靠近冰面最厚部位的边缘,双手伏在冰面上,双足踩水,尽量使下半身浮起。全身呈一条直线,但要注意力度,千万不要使用蛮力,从而导致冰面完全破裂。

(5)如果冰面断裂不是很大,可以双手张开,使冰面受力面积加大,一点一点地用手肘爬动,身子逐渐往前挪,慢慢离水。

(6)离开冰窟窿后,不要立即站立,以防冰面承重而再次断裂,要卧在冰上,滚动或爬至岸边再上岸。

(7)如发现有人落入冰窟窿,也不要贸然进入水中营救,尤其是年龄小、不会游泳的孩子。可以大声呼喊,请成人前来营救,也可以将绳子、木棍等物品递给落水者,注意接近冰窟窿时,身体要趴在冰面上,以防冰层再次出现断裂。

59.外出游玩，更要注意安全

随着人们的生活水平逐渐增高，外出旅游度假已经成为一种时尚。游玩于各地的山水之间，的确让人倍感惬意、流连忘返。但是，准备旅游的人应该注意这样两句话："安全是旅游的生命线，没有安全就没有旅游。"这就要求父母及时提醒孩子千万不要只顾着玩耍而忘记一切，要让他将"安全"牢记心间。

12岁的孟桐和父母一起到泰山旅游。神秘而美丽的泰山风光，让孟桐十分着迷。他大部分时间都举着相机只顾拍美景，根本顾不得脚下。于是，每次当他刚举起相机的时候，妈妈就会拉住他，让他停下脚步，照完照片再向前走。孟桐觉得妈妈这样做很多余，爸爸冲着他摇了摇头："你呀，真不知道妈妈的苦心啊！"

孟桐一脸疑惑地看着爸爸，爸爸指了指山路说："自古旅游的人们就总结出这样一条经验'登山不看景，看景必须停'。这就是要求人们在上山或下山时应低头看路，而不能抬头观景，不然极易失足；如若观景，必须原地驻足。妈妈这是在为你的安全着想啊！"

孟桐不好意思地摸摸头，妈妈说："旅游的第一要点就是要安全，不只是你登山的时候，吃东西、喝水等等这些小事都要考虑周全。你一定要记住啊！"孟桐使劲点了点头。

当孩子将游山玩水当成旅游的第一要务之时，各位家长们要向孟桐的父母学习，时刻提醒孩子不要忘记安全，同时还要让他将安全这个意识贯穿于整个行程。

公共场所篇
——公共场所莫大意,机智应变保平安

人们外出旅游,都是带着愉悦的心情而去,无论是观美景还是吃美食,无不希望赏心悦目。但若是不注意安全问题,在旅途中发生了意外,不仅影响游览的兴致,给自己或他人增添不必要的麻烦,还可能对行程造成影响,"乘兴而来,败兴而归"的事情想必是谁都不愿意看到的。更严重一些的伤害,还可能影响到日后的工作、学习和生活,甚至影响人的一生。

上五年级的薛洋和父母到某森林风景区旅游。森林中各种各样的植物让薛洋目不暇接,一路上他总能看见有红色的小野果结在低矮的小树上,于是一时兴起,摘下了几颗就想往嘴里塞,爸爸连忙制止了他。

爸爸说:"野外的东西不能和家里的水果一样,拿起来就吃。有些果子也是有毒的。"薛洋一听,吓得连忙将小野果扔了,爸爸摇头笑笑:"我们可以进行简单的鉴别,若是无毒就可以吃了。"

说完,爸爸从包里拿出临行前装好的一小瓶盐,用小刀划破了小野果,然后将一些盐撒进了破口处,看了看之后,爸爸对薛洋说:"这是可以吃的,你不尝尝?"

薛洋问爸爸他是怎么判断的,爸爸回答:"这是一种最简单的鉴别野生植物有毒无毒的方法,在一些紧急情况的时候可以使用。将植物割开一个小口子,放进一小撮盐,然后仔细观察破口处是否变色,通常变色的植物都是不能食用的。"

薛洋恍然大悟,他这才发现原来在外游玩需要学习的知识还真不少。

父母要提醒孩子,即使是去游玩,也要时刻绷紧"安全"这根弦,安全才是旅途愉快的最大保证。

(1)提醒孩子首先要保护自己的人身安全

旅游中最应该引起人们注意的就是人身安全问题。比如,旅游途中,

169

有些人会很有"冒险精神"地去攀爬陡坡,或是涉足一些人迹罕至的地方。但这样会由于地形不熟或者防护措施不利,很容易就发生危险,给人身带来伤害。所以,父母要告诫孩子,让他丢掉没有防护措施的冒险精神,千万不要去做一些危险的事情。

步行时,父母还要让孩子注意行路安全,避免因脚下磕碰而造成不必要的身体损伤。而旅游中的一些意外伤害也要学会急救与处理。同时,对于旅游途中遇到的一些骚扰、偷窃、抢劫、诈骗、行凶等治安事故,父母也要提醒孩子当时刻以人身安全为优先考虑,学会保护自己。

(2)旅游中也要保证饮食的健康

有些旅游胜地除了山水风光外,美食也会成为其一大特色。但根据个人体质的不同,有些美食也许就不适合某些人吃。所以,父母要让孩子注意,旅游中也要保证饮食健康,千万不能只顾嘴而不顾身体。

无论是父母还是孩子,都要对其引起注意。在外旅游时,不要贪食特殊风味菜肴,用餐也要规律;尽量少吃肥腻的食物,多吃一些蔬菜和水果,多喝白开水;少吃生冷食品,尤其不吃生鱼片、毛蚶之类的菜肴;去卫生较差的饭店,最好使用一次性碗筷,饭前饭后洗手。

(3)让孩子时刻保管好个人财物

旅游时个人的财物安全也应该多加防范。父母要提醒孩子,在旅游途中,自己还要多留一分警惕,时刻保管好财物,不让个人财物损失影响旅游心情。

8岁的大鹏和父母到张家界旅游。大鹏面对他从未见过的自然美景,发出阵阵惊叹。但他唯一觉得遗憾的就是,妈妈每次离开一个地方之前,都很浪费和耽误时间。她总是会认真检查所有的包,清点所有的东西,对于钱更是看得紧。

大鹏笑妈妈:"您也太小心了吧!哪里就有那么多贼啊?"但爸爸却很

严肃地说:"妈妈这样做是正确的!旅游途中,若是丢了财物你会是什么心情?我们自己加强防范,自己多注意一些,既保证了旅游的安全,也保证了旅游的心情。你觉得呢?"大鹏这才觉得爸爸说得在理。

后来,他不再笑妈妈了,反而还帮着妈妈一起清点东西,也节约了不少时间。

孩子大多都会如大鹏这样想法简单,所以父母一定要给他讲清楚保证财物安全的重要性。另外,父母也应该提醒孩子,若是不小心真的丢失了财物,也要学会及时报警。总之,父母要让孩子无论是集体还是单独出门,都能有保护自己财物的意识。

(4)教孩子防范旅游中的购物"陷阱"

旅游中的消费也是要引起注意的。出门在外,面对旅游景点琳琅满目的"特色"产品,大多数人都会眼花缭乱,再加上一些小商贩的"巧嘴"引诱,许多人的钱包就变成了张着大口往外吐钱的机器。所以,父母不仅要自己注意防范,同时也要教孩子学会防范旅游中的购物"陷阱"。

上初二的夏薇和几个朋友结伴到很有民族特色的古朴小镇旅游,夏薇对当地的一些特色小饰品爱不释手,她给自己买了些小挂饰,还给妈妈买了一条银项链。

回到家,夏薇兴高采烈地把礼物送给妈妈,妈妈也很开心。但经过仔细辨认后,妈妈笑着说:"你给妈妈买礼物,我很高兴。不过丫头啊,你好像……受骗了哦。"夏薇不相信。

妈妈拿起那条银项链和自己戴的银项链一起交给了女儿。夏薇这才发现,她给妈妈买的那条项链很轻,根本不是银的。夏薇后悔不已,妈妈笑笑说:"这也算给你个教训吧,以后再去旅游,可不要轻易就掏腰包啊!不过,你能有这个孝心,妈妈非常高兴。"

旅游购物都是"几家欢喜几家愁",像夏薇这样上当受骗的人更是不在少数。因此,父母可以将类似"一戒随便开口,二戒以假作真,三戒贪图便宜,四戒冲动购物"的小口诀教给孩子,让他学会防范这样的陷阱。另外,父母也要让孩子具备基本的法律常识,必要时候也要用法律武器来维护自己的权益。

(5)让孩子了解入住饭店的注意事项

旅游不比在家,住宿方面的问题也要引起注意。住宾馆的时候,首先要留意安全逃生通道,并将其熟记在心,这是为火灾中的逃生做好准备。还要提高警惕性,对于陌生人的敲门、电话等行为,不要轻易相信,要及时通知工作人员。

另外,入住宾馆最应该加以防范的就是火灾。若是着火,能逃出房间者要顺着逃生通道逃生。不能逃生的人也要学会利用周边事物保护自己,最起码要让自己尽量不被高温烫伤、不因浓烟窒息。格外要注意的是,要尽一切可能呼救,不能丧失生存勇气与希望,不到万不得已,千万不要从高楼跳下。

60.谨慎小心,远离容易爆炸的物品

孩子的健康和安全,总是令父母很担忧,身边的很多东西都对孩子的生命造成严重的威胁。为了孩子和他人的安全着想,父母应该让孩子远离那些爆炸物,如烟花、爆竹等,保证孩子的生命安全。

春节期间,看到很多小孩玩鞭炮,苏阳也飞奔下去跟一群孩子一块玩。他们把邻居所燃放的鞭炮全部捡起来,然后全部撕开,把鞭炮中的火药倒进易拉罐里面。

原来,他们把装满火药的易拉罐与一瓶装砂石的瓶子绑在一起,想看看火药到底能把瓶中的砂石炸多远。其中两个孩子负责点火,当他们点完火后,还没来得及跑开,就听到"砰"的一声,易拉罐发生爆炸以后,弹起的砂石击中了那两个孩子的眼睛,脸也被炸开花了。旁边的孩子看到这场景,有的大喊大叫,有的迅速跑回家躲起来了。

事后,两个孩子立即被送进医院进行抢救,最后,其中一个孩子的眼睛失明了,一个脸上留下了永远的疤痕。

由于事发当时,没有大人在现场,没能及时制止,否则也就不会发生这种意外。所以,父母一定要提醒孩子远离爆炸物,避免类似案例中的意外状况出现。否则,一旦发生意外,孩子的生命都会有危险。

诸如此类的事件总会像春日的响雷一样刺激着我们的耳膜神经,让我们的心随之震颤和不安。每一位家长都希望自己的孩子永远不要遭此不幸,而是永远平平安安。

那么,怎样才能做到这一点呢?其实,只要家长肯下一些工夫,在陪伴孩子成长的过程中多一些教育和引导,孩子还是会把遭遇危险的可能性降到最低的。

曾经有个6岁的小孩,不知怎么就对家里的煤气灶产生了兴趣。他家的煤气灶的电子打火坏了,每次都需要用打火机点燃,孩子学着平时爸妈的样子去点火,可能是时间太长,散发出来的煤气迅速与空气混合,达到了可以着火的浓度。当孩子再次点火的时候,就发生了爆炸,孩子当场丧命。

173

作为家长,如果平时多对孩子进行一些这方面的教育,那么悲剧或许就会远离他们。

(1)告诉孩子别玩易燃易爆物品

从孩子还小的时候,家长就应该告诉他,要远离易燃易爆物品,因为这些物品很危险,会让人受伤和失去性命。可能很多长大一些的男孩,由于好奇心太强,就很想玩一玩诸如鞭炮一类的易爆物,那么,家长除了告诉孩子这些东西的危险性之外,还可以用事实说话,比如给孩子讲一下相关的事故,或者让孩子参加一下类似的展览活动、看一些相关的图片,让孩子从中感受到"威慑",自然会因对易燃易爆物品产生"敬畏"心理而远离。

(2)家长需要教给孩子的安全知识

像烟花爆竹类的易燃易爆物品也不是绝对不允许孩子玩的,只是需要在玩的过程中,家长多给一些指导,让孩子玩得正确、玩得安全。

①如果孩子要玩烟花爆竹,家长要亲自指导和带领,告诉孩子怎么玩、需要注意哪些问题等。

②孩子出于好奇,对于发生爆炸的危险区域可能会感兴趣,那么家长一定要告诉孩子,当发现有爆炸危险的区域时,一定不要上前围观,而应马上远离现场。

③一旦发生爆炸,要赶紧让后背对着爆炸的方向,并赶快趴在地上捂住耳朵,张开嘴巴。如果附近有低洼处或者物体,那么就躲在这些地方以保护自身安全。

61.高压危险,切勿靠近

对于电的危险性,父母们大都会记得告诉孩子不要动电源插座、不要用湿着的手去接触电源插头等,但是还有一种和电有关的东西同样具有极大的危险性,这就是高压变电设备。

不管是马路边还是公园里,抑或地铁上,我们都经常会看到一个带有类似闪电形状的金属箱,上面往往还有几个字——"高压危险",这就是我们上面所说的变电设备,具有极强的危险性。当我们路过这种设备时,要提醒孩子:"宝贝,这里面是电,非常非常的厉害,如果被它伤到,你的手脚会被电成黑色,而且你将永远见不到爸爸妈妈了。"

四川省甘洛县一名8岁的彝族孩子巴莫石鼓,跟随父母去县城玩。趁父母不注意,巴莫石鼓一个人淘气地跑到附近的垃圾堆上玩去了。由于没有大人看护,巴莫石鼓翻上那座约有一米多高的垃圾堆,看见旁边正好有个变压器。不知危险的小巴莫石鼓刚一伸手,只听得一声巨响,变压器的变压瓷瓶猛然发生爆炸。巴莫石鼓当即被击倒在地。

电击导致巴莫石鼓右手五个手指被烧黑,食指和中指露出两根残留的白骨。孩子腹部的皮肤几乎全部被烧毁,甚至可以看见里面的肠子。

巴莫石鼓因为不了解高压变电设备的危险,才导致这样的惨剧。孩子都很贪玩,而且玩的地方也五花八门,甚至会跑到高压变电设备附近玩,这会给他的人身安全带来很大危险。有的孩子已经在这些地方发生了意外。为了安全起见,我们一定要让孩子远离高压变电设备的地方。

11岁的烁烁也被高压线伤着。一次,他到家门口和小伙伴玩耍,为了和伙伴玩"捉迷藏"的游戏,烁烁便爬上了旁边的配电室的房顶。

就在他正为自己躲得隐蔽而庆幸的时候,一不小心碰到了配电室上面的裸线,不由得惨叫一声,栽倒在配电室屋顶。当其他小伙伴听到这声惨叫,赶紧叫来了大人,而此时烁烁的身体已经四肢焦黑了。

虽然高压变电设备并不像每家每户常用的电器设备那样随处可见,但它的危险性却同样很大,丝毫忽视不得。为了让孩子注意并形成自觉远离这些高压设备的意识,家长在带孩子出门时,但凡看到这样的设备就要及时地给孩子灌输其危险性,让孩子知道这些东西一旦触及,轻则重伤,重则送命,这样,孩子就会在家长的教育和引导下形成潜在的意识,让自己远离高压设备,保护自身的安全。

(1)不要去踩踏"电老虎"

有些高压变电设备由于防护不到位或者检修不及时,可能会存在电线掉落等现象,因此,家长们要告诉孩子,对于这些看起来一动不动的线一定不要麻痹大意,千万别用脚去踩,因为它们看着"老实",如果被踩到的话,就好比老虎的屁股——摸不得,一接触便会带来很大危险。

(2)变电站附近的空气里有毒

其实,除了前面我们所指出的危险,高压变电设施还对人体有一定的辐射,这一点可算作是另一种危险。专家指出,变压器、高压输电铁塔、高压变电站周围有电磁辐射污染,会影响人体健康,易诱发儿童白血病、儿童智力残缺等。事实上,孩子一般都不懂得什么是电磁辐射,那么家长就可以将此比喻成"毒素",它和其他物品中的毒素是类似的,虽然看不到,但只要接近就会让身体中毒,这样,孩子就会形成一种意识——这个东西有毒,不要靠近要远离。

(3)打雷的时候,远离高压变电设备

一般情况下,高压输电塔高达几十米,容易被雷电击中,容易发生短路而引发火灾,因此,家长应告诉孩子,雷雨天的时候更要离高压设备远一些,避免被击伤或者烧伤。

62.建筑工地不是新奇的游乐场

不管是城市还是乡村,建筑工地都是常见的。看着一栋栋高楼大厦在建筑工人的手里一点点成型,的确是件让人兴奋和欣喜的事。可是,家长们可不要忽略了,建筑工地可是个危险的所在地,那里不仅有砖瓦石料等建筑材料,还有塔吊、水泥车等庞然大物,被其中任何一个砸到或者碰到,小则受伤,大则送命。

所以,即使你的孩子对于建筑工地非常好奇,很喜欢去那里"观摩",也不要答应他。不但如此,还要提前多打"预防针",让"建筑工地很危险"这一概念深入孩子的意识,这样,不但孩子小的时候会有意识地远离,即使在他大了之后,也会望之生畏,不会随意靠近。

一个名叫强强的8岁男孩,从小就喜欢各种车辆,每次看到建筑工地上的车都会驻足观望一会儿,似乎觉得那个大家伙无比神气似的。

这一天,趁着父母睡午觉,强强便偷偷溜到小区里正在建设的第三期楼盘的工地上玩。建筑工人们中午不休息,忙得热火朝天的,其中一个工人叔叔看到强强,还提醒了他一句,让他离远点儿,可强强深深地被工地上的铲车给吸引了,目不转睛地盯着看。

谁知,铲车上忽然掉下一块小碎石子,正好落到强强的头上,由于从高处落下所带来的较大冲击力,强强的头顿时就被砸破了,流出了血。

幸亏有工人听到孩子哭声后赶紧跑过来,抱着强强去了离工地不远处的一家医院。

正在施工的工地,机器隆隆作响,车辆驶进驶出,这对孩子来说是一个不小的诱惑。可是,孩子们却不知道建筑工地存在着诸多安全隐患。拆迁工地的断墙、残壁摇摇欲坠,钢筋、碎砖头遍地都是,很危险;建设工地机械设备多,掘土机、打桩机、搅拌机、起重机,孩子走过很可能会被撞伤;建筑工地电线遍布,常常是漏电或者火灾的多发地。这些,都是父母应该教给孩子知道的。

那么我们该如何做呢?

(1)告诉孩子,玩耍打闹时,要远离建筑工地

8岁的志辉觉得工地上工人焊铁窗很有意思,便跑过去看。半个多小时以后,志辉觉得眼睛疼痛难忍,便哭着回家找妈妈。妈妈发现儿子的眼睛又红又肿,还不停地流泪,便马上带着孩子去看眼科医生。医生告诉妈妈,孩子因长时间盯着电焊火花发出的刺目的光,而使眼睛轻度受伤。

建筑工地危险重重,玩耍时注意力不集中,很可能会被绊倒、擦伤、撞伤、砸伤、扎伤,甚至会因为一时不小心,付出生命的代价。这样的事故在各种媒体上不断出现。要叮嘱孩子绕道而行,远远经过建筑工地,眼睛不要盯着工地上闪烁的电焊火花,不要以为距离远就不会受到伤害,它的火花含有高强度紫外线,也会灼伤你的眼睛的。

(2)带孩子到建筑工地看看

做父母的都知道,孩子的好奇心十分强烈。如果只是单纯地教育他

"要远离建筑工地"，不一定起到什么作用。父母可以带孩子到建筑工地实地参观，最好选择停工的时间。进入工地前，要戴好安全帽，穿宽松的衣服、轻便结实的鞋子，给孩子讲解工地上的安全知识。这样，既满足了孩子的好奇心，也让孩子了解了建筑工地的"秘密"。这样，再经过建筑工地时，孩子就不会再想进来"探险"了。

建筑工地有多种危险源，即使是成人，也要注意安全，更不用说年幼的孩子了。家长是孩子的第一任老师，有责任告诉孩子建筑工地危险，一定要远离。年龄很小的孩子，即使有大人陪同，去工地上参观也不安全。父母可以买一些楼房、机械设备的玩具和模型，找一些碎石散沙，模拟建筑工地对孩子进行教育，也能起到很好的作用。

63.路边的野花摸不得

对于美的东西，大家总是趋之若鹜。所以看到美丽的花花草草，总是想着把它们带回家。或许植物太过于美丽了，如此一来大家的焦点就都放在了漂亮的花草上面，难免就会忽略它们身上所携带的危险。

老师带领一年级的小朋友们到野外去郊游，一路上风景优美，花草飘香，同学们个个都像快乐的小天使一样，自由地在田野上奔跑雀跃。琳琳看到路上的花草都这么漂亮，于是就忍不住摘了一朵花嗅嗅，拔一棵草闻闻，快乐的她此时早已将老师出发之前所讲的注意事项抛到了脑后。快到中午的时候琳琳开始觉得自己的手非常痒，而且还有微微的红色，她用指甲挠了挠感觉更痒了，于是就去找老师帮忙。

老师一看她的手就明白发生了什么事情,问她:"你是不是乱摸路边的植物了?"琳琳不好意思的低下了头。老师用矿泉水帮琳琳洗了手,又为她涂了点药膏,不一会儿琳琳的手就不痒了。

一些花卉容易导致人发生过敏,如月季、玉丁香、五色梅、洋绣球、天竺葵、紫荆花等,碰触后就可能引起皮肤过敏,出现红疹,而且奇痒难忍,对于控制能力低的孩子来说是更难以忍受。此外,一些仙人掌类植物、月季上都长有尖刺,很容易刺破孩子稚嫩的皮肤。

除了带毒植物外,一些植物的香味也可能让孩子的身体发生不适。中国室内环境监测工作委员会提醒,一些香味过于浓烈的花草会让人难受甚至产生不良反应,如夜来香、郁金香、五色梅等花卉,儿童则对这些气味更加敏感和不适应。而且,夜来香的花粉还容易引起过敏,引发皮肤炎症。此外,兰花、百合花所散出的香气会令人过度兴奋而引起失眠;紫荆花花粉若与人接触过久,会诱发哮喘或者会使咳嗽症状加重;松柏类花木的芳香气味会刺激孩子的肠胃,影响食欲。

看见上面这段话,相信不少家长都冒了一身的冷汗。也是,对于植物,大家总是放松警惕,根本就没有什么防备之心。但是,如果对这些植物处理不得法的话,让孩子遭受痛苦,那家长后悔就来不及了。

由此一来,当家长们带孩子去郊外接触大自然的时候,一定要告诉孩子不要乱摸那些不知名的植物,要时刻注意保护好自己。

国庆长假期间,李女士在市区的一个花鸟鱼市场买了一盆滴水观音摆在客厅里。10月6日晚上,李女士的女儿在家玩耍时,不小心拽掉了一片滴水观音的叶子并吃了一口。李女士并不知道女儿的这一举动会有什么不良的影响。于是也没有多加在意。再说了,她也没有想到植物能会有什么毒素。

可是,过了几分钟,李女士的女儿开始哭闹不已。李女士一看,这下可吓着了,女儿的嘴巴肿了,舌头也僵了。李女士急忙把孩子送到医院。

医生诊断后,称孩子可能是误食了有毒的东西,但好在情况不是很严重。当李女士告诉医生孩子只是吃了一口滴水观音的叶子,这才知道滴水观音是有毒的。其实李女士只是想着买盆植物摆放在家里净化空气,当装饰品,没想到却差点儿对女儿酿成大祸。

在大多数人的眼中,植物是温和且安全的,也是娇俏可人的。但是日常生活中,植物也可能会对孩子造成伤害。尤其是到野外去郊游的时候,经常会发生一些被植物划伤的事情。所以家长在带孩子到野外去郊游之前,一定要叮嘱孩子不要乱摸野外的植物,孩子的好奇心很强,在野外游玩的时候,看到稀奇的植物总是想摸一下,这样就容易造成以下伤害。如果受到伤害却不知道怎么处理,那结果就会越来越严重。所以家长应该告诉孩子在野外乱摸会造成的伤害及相关急救措施:

(1)叶片划伤

如果孩子不慎被植物的叶子划伤,千万不要疏忽大意。因为有一些美丽诱人的花木对人体有毒害,含有有毒物质,如杜鹃花、含羞草等。当毒素通过伤口浸入皮肤,会造成感染,出现化脓。如果只是一些普通的叶片划伤且伤口很浅,要先用清水冲洗然后再涂点碘酒;如果叶片划伤过深,最好是到医院消毒、包扎。如果被一些有毒植物的叶子划伤,要马上用清洁剂清洗所有与该植物有过接触的皮肤。如果出现皮疹,就使用冰过的湿毛巾敷在上面来缓解症状,并及时到医院检查。

(2)花刺刺伤

孩子在野外玩耍时,极易被带刺的植物刺伤皮肤,如果刺留在皮肤里面,时间常了会出现化脓,所以应及时处理。如果是皮肤表面扎了刺,可以用胶带粘住小刺,把刺粘出来。这样拔刺不但快而且方便,也能够拔得干净。如果刺比较大，或者扎进皮肤较深。可用酒精拭过后再用火烧过的镊子把刺拔出，然后在伤口上涂上碘酒。如果自己没办法把刺取出来，应及时到医院去检查。

（3）误食有毒花草

带孩子到野外去游玩时，一定要叮嘱孩子不要把野外的植物放入口中。因为一些花草的茎、叶、花都含有毒素，误食后会直接刺激口腔黏膜，使喉部黏膜充血、水肿，导致吞咽甚至呼吸困难，严重时还会出现呕吐、腹痛、昏迷等种种急性中毒症状。一旦发现孩子误食了有毒花草要及时拨打120，在救护车还没有到来之前给孩子喝热盐水洗胃，还要用手指或筷子、牙刷柄包上软布，压迫孩子的舌根，或轻搅其咽喉部，促发呕吐，另外要给孩子喝大量水或浓茶加速排毒。

很多家长都会被植物美丽的外表欺骗，于是就对植物没有戒心。甚至当孩子因为植物受到伤害时，还是找不到孩子受伤的具体原因。所以，作为家长为了孩子的健康生活，一定要做到全副武装，不光为了孩子，也是为了自己，要多多普及一下植物这方面的信息。这样才能在既利用植物美化环境的同时，又不会给大家的健康造成威胁！

64.提升生存技能：为平安保驾护航

自然是神秘而美丽的，它吸引着人们去探寻和欣赏；但自然同时也是严酷与诡异的，一旦身陷陌生的地方，若是身心没有良好的准备，就会被自然的某些未知的力量所吞没。因此，父母要帮助孩子学会掌握必要的生存知识，让他尽量做好较为完备的准备，这也是在为他可能的野外旅行建立一道生存的保障。

探索频道是13岁的徐韶杰最喜欢看的。有一段时间,节目中总是播放探险家贝尔·吉罗斯主持的一档节目《荒野求生》,徐韶杰看后经常热血沸腾。

他对爸爸说:"我要向贝尔那样去野外生存。"

爸爸笑着说:"你的确可以向他学习,但那却是你长大以后的事了。贝尔是经过特殊训练和无数次与自然的较量之后,才得以成功在荒野生存的。对于还未成年的你来说,我们不主张你现在就和他一样。你最主要的任务还是要好好学习,将来你才能成为他那样知识渊博的人,那时你才有可能如他那样在恶劣环境生存下来。"

爸爸看着徐韶杰失望的表情,又说:"但是,你还是可以去野外旅行的,只要你能带全足够的生存装备。"

徐韶杰瞪大了眼睛问:"都有什么装备呢?"

爸爸点着手指回答:"基本生活用具、食物和水、防身用具、药品……很多很多。如果你有这个志向,那就从现在开始学习吧!"

徐韶杰握了握拳头,点了点头。

徐韶杰的爸爸利用孩子的志向给他上了一课,正如他所说,若是想要去野外生存,孩子在现在的确需要好好学习。而想要去野外旅行,则应该准备相对足够的生存装备,因为这是孩子能够应对意外而生存下来的必要保障。

其实,面对钢筋水泥的都市时间久了,人们都会向往原始的大自然。近些年,野外旅行甚至野外生存之类的活动悄然兴起,不止成人,许多孩子也变得开始热衷于这些看起来很刺激的活动。

果果从小生长在北京,去年读小学三年级的他第一次出远门,目的地是姥姥家所在的城市银川。

为了让孩子玩个痛快,家人带着果果去了附近的好多有名的景点。一天,上初中的表哥来找果果玩,两个人就一起出去了。

玩着玩着,两个人就合计着一起去离市区几十公里外的苏峪口,还有沙湖。听表哥说得天花乱坠,果果心向往之,于是二人上了辆开往景点的客车就走了。

到了景点,果果像被从笼子里放飞出来的小鸟一样活蹦乱跳,高兴得不得了。

就在果果和表哥尽兴玩耍的时候,突然果果一不小心滑倒了,从土坡上滚了下去。好在土质松软,并且没有扎人的荆棘,果果只是被土呛了一下,没有受伤。但由于天色渐晚,又从来没经受过这么大的惊吓,果果害怕得哭起来。

幸好表哥大果果几岁,也镇定一些,他见表弟没受伤,心里也踏实了,只是不知道这时候还有没有公交车,为了保险起见,表哥准备拨打家人的电话,可是此时他发现手机没电了。惊慌之余,表哥也不知道如何是好。

最后,表哥想到走一段路,找个公用电话亭,给家人打电话。最后,终于和家人联系上了,此时家里人正焦急地寻找他们两个呢。

几十分钟后,果果见到来接自己的妈妈,委屈地趴在妈妈怀里又是一阵哭。妈妈趁机教育他,以后来这种地方玩,一定要由父母陪着,千万不要未经父母同意就出来玩耍,这样会非常危险的。

果果和表哥听了,愧疚地点了点头。

由于天性贪玩,孩子往往会在家长不注意的时候私自到荒郊野外去玩耍。而对于没有野外生存经历的孩子来讲,当面对突如其来的复杂局面常常不知如何是好,有的甚至还会让身体受到伤害。

但是并不是所有的孩子都这样,有些孩子由于受过野外生存方面的教育和训练,就具备了一定的野外生存能力,结果自然也就不一样了。

上初二的杨柳为了锻炼自己的意志力,也为了培养自己的生存能力,所以他利用暑假参加了一个野外生存夏令营。

这一天,夏令营的活动是野外取水生火。杨柳和自己小组的成员取水很顺利,因为在活动地点不远处就有一个小池塘,大家用老师教给的净水方法,很快就得到了可以饮用的水。但到了生火的时候,杨柳和伙伴们却遇到了困难。用放大镜生火,是大家老早就想做的事情,可是生起来的火都是烟很大,只有一点点火星,无论如何也不能生起一个可以煮饭的火堆。

后来,在老师的帮助下,大家不断尝试各种可燃物,面巾纸、干草、树枝、各种树叶,而且还调整了生火的位置与可燃物的放置。最终,杨柳和伙伴们终于利用放大镜聚焦的原理点燃了火堆,大家看着火苗在一堆干树叶中跳跃的时候,都欢呼了起来……

杨柳回家后,将这次夏令营的经历写了一篇文章,他在文中写道:"在家中,水、火都是扭开阀门就能用了,但到了野外却不一定能轻易获得,一些必要的生存技能真的需要好好学习啊!"

杨柳通过一次夏令营学到了生存技能,这对他来说将是难忘的经历,也是一种知识的积累。父母也可以让孩子参照杨柳的做法,来补充相关知识。一旦他身处野外,这些知识将对他的生存起重大帮助作用。

那么,作为家长,怎样培养孩子这方面的能力呢?

(1)教给孩子一些野外生存的常识

家长可在平时给孩子讲一些野外生存的知识,好让孩子在野外活动时知道怎样来应对。我们可以告诉孩子,在进行野外活动时,首先要保证自己的安全,如果遇到滑坡、泥石流等,千万不要冒险,而应另外找寻安全的道路前进,如果实在找不到,就干脆停下来等待救援。

另外,让孩子知道野外生存有两样东西至关重要,一样是火,另一样是水,因此,在准备阶段要带足打火机或防湿火柴,还要学会如何根据地形来寻找水源,并且注意一定要找洁净的水源。

(2)遇到突发情况时的应对措施

进行野外活动时,如果突然遇到山崩、河水暴涨或者受伤等紧急情况,可以先采取露营来应对。需要注意的是,帐篷要搭建在避风的地方,并且不要让身体暴露在外,否则被雨淋湿,就会更不舒服,身心俱疲的话,就更没有精神战胜困境了。

如果在野外遇到暴风骤雨,一定要想办法找到能够阻挡风雨的大岩石或者低矮茂密的丛林躲避起来,同时注意保持体温,另外下雨的时候一定不要到大树下面或者高岗上避雨,因为容易遭到雷击。

一旦遭遇困境,要知道怎样利用信号来求救,比如白天的时候,可以点燃青草产生浓烟,晚上可以点火求救,或者大声呼喊,利用声音来求救,不过要注意保存体力。

突发意外篇

——突遇意外要冷静,淡定从容莫慌张

65.意外受伤时,教孩子做个勇敢的"小护士"

　　家长们都希望自己的孩子成为一个小大人,可具体到生活细节中,却又往往舍不得让孩子插手本可以做到或者尝试的事情。这样一来,孩子的独立意识、自主能力都将得不到培养,而依赖性和无主见等缺点则会因此滋长。

　　这些孩子一旦失去了家长这个拐棍,遇到问题时就会手足无措,不知如何是好。可是我们要知道,有些时候说不定就会遭遇突发事件,比如家长忽然有急事处理而只能让孩子独自待在家中,孩子不会自己上厕所大小便怎么办?孩子不小心划破了手指或者烫伤了皮肤,没有父母在场怎么办?

　　如果你希望孩子能够在这些突发情况和意外受伤事情面前镇定自若、勇敢面对并采取正确的措施来处理,那么就有必要放开手,多培养孩子这方面的能力,多提供这样的锻炼机会。其实,教孩子一些基本的急救方法是很有必要的,这本身也是孩子所需要的人生经验和技能。

在培养孩子方面,天天的爸爸做得很不错,他常常采取游戏的方式进行"实战演习",让孩子既感受到游戏的乐趣,又学会了如何应对特殊情况。

前不久,天天的爸爸就想好了一套训练孩子处理意外受伤时如何自救的游戏,回家后便开始"操练"起来。

回到家后,天天的爸爸对儿子及家人们说了这个游戏,其中救人者是儿子天天,"病人"则是他自己。他讲了一些基本的伤口包扎、止血技术和心脏病急救方法后,游戏就开始了。

"哎哟!"正在客厅看书的天天听见爸爸在阳台上大喊了一声,便急忙跑了过去。

"怎么了,爸爸?"天天见爸爸左手的食指"鲜血"直流,忙问道。

"不小心割破了,伤口太深。哎哟,痛死我了!"爸爸假装痛苦地呻吟起来。

"爸爸,你忍耐一下,我来帮你包扎一下吧。"天天说完,转身跑到爸爸的书房,从书架的下端抱出一个小箱子,从里面拿出绷带、医用剪刀、酒精、医用棉签,准备替爸爸包扎"伤口"。

"天天,别着急,要想止住爸爸伤口的血,你还忘了一样重要的东西。"爸爸提醒道。

"真是的,我怎么一着急就忘了一样关键的东西呢?"天天说完,再一次转身跑向书房,手忙脚乱地从小药箱里翻出云南白药,又跑回客厅。

"爸爸,快包扎完了,很快就不会痛的。"天天帮爸爸清洗完"伤口"后,在爸爸的指导下,细心地在创伤面上撒上药粉,再用绷带一圈圈地缠上。

"不错,干得好!"爸爸夸奖了儿子,"不过,如果真的发生了事故需要你急救时，你一定要冷静、要迅速，像你刚才丢三落四，若真的有伤员在你面前时，你这样把时间花费在寻找东西上，就会耽误抢救的最佳时间，记住了吗？"天天点了点头。

"另外，如果是爸爸或其他人的伤口较大，伤势严重，你应先拨打120或999，然后再进行急救，这样就不会耽误抢救时间。"爸爸接着说道。

"知道了，爸爸，如果我以后再碰到了这些事情时，我相信自己能做得很好。"天天自信地对爸爸说。

看完这个事例，我们不得不感慨，天天的爸爸的确是一位善于教导孩子应对意外伤害的能手。他用这种"演练"的虚拟形式，让孩子亲身体验如何应对意外伤害，很值得家长们借鉴和学习。

我们还注意到，现在各种媒体上经常介绍一些关于不同疾病的常用急救方法，或是其他类型意外伤害的急救方法，还有一些专业书刊里就介绍得更为详细，父母应该有选择性地把一些常用的急救方法讲给孩子听。当然，最好能让孩子有一个实践的机会，而这样的机会，父母平时就能为孩子创造，比如用玩游戏的方式，这样既避免了恐怖，又不严肃，还能寓教于乐，使孩子的印象更深，能很好地掌握急救方法。

(1)让孩子掌握一些简单的急救方法

一般来说，意外伤害都是突发性质的，急救措施是越快越好。对于这种情况，如果孩子能够掌握简单的技巧，可能会挽救一个生命，因此，家长可以通过网络、电视、书籍等搜寻一些针对不同意外伤害的急救方法，在自己搞明白之后再灌输给孩子。另外，也可以用生活中的实例，这样孩子就容易掌握，而且也能够在发生意外时用得上。

在此需要提醒家长们的是，在教育孩子基本的急救、自救方法前，父母应先让孩子对一些常见的疾病症状有所了解，如果家里有人犯有心脏病或其他疾病，一定要让他知道，并告诉孩子家里的急救药品放在哪里，万一疾病发作了怎么做。另外,还可以有意识地向孩子讲讲你所了解的其他人是怎样采取急救措施的,并和孩子一起探讨,如果孩子遇上这样的事情,他是否还有更好的急救方法,能对自己及他人实施最好的救助。

(2)教孩子掌握的自救、急救时的细节

孩子活泼好动、好奇心强,因此他们出现意外伤害的情况一点儿都不少见。由于不少意外发生得太快太突然,因此就必须在发生意外的现场先做必要的应急处理。然而,有时家长并不能时时刻刻都陪在孩子身边,当孩子独处时发生了意外,他能够做到自我急救吗?父母应该从孩子懂事起就教会他一些急救常识,教孩子时须注意以下几点:

①家长要掌握科学的急救常识。正确的救治是减轻伤害的根本,错误的指导会给孩子造成更严重的伤害。

②家长要注意孩子的接受能力与承受程度。孩子由于年龄的原因,心理比较脆弱,如果过分强调各种危险的可怕性,会给孩子造成严重的心理负担,如有的父母用恐吓的方式警告孩子不要摸电器,则可能使这个孩子在日后的生活中不敢使用任何电器。

③让孩子体验角色。如和孩子一起扮演病人和医生,通过各种情境让孩子掌握急救常识。

④在家里准备一个小药箱,并放在显眼、易于拿到手的地方。

66.突遇盗抢保命最关键

如今,盗抢的情形并不少见。我们的孩子心智发育尚不成熟,可能在遇到盗抢后不知道怎么处理,这就需要我们在日常生活中对他进行引导和教育。这样，孩子在遇到类似于盗抢等这些棘手的事情时才会冷静应对。

昊昊上四年级了，这几天学校收学杂费，爸爸妈妈因为工作忙，就没有送昊昊上学，也没有替他缴纳学杂费，于是便让他自己带着钱去交给老师。

昊昊想到可以把钱亲自交给老师，老师一定会表杨自己独立能力强，内心就很高兴。一路上，昊昊总是控制不住心头的喜悦，把妈妈藏在书包里的钱拿出来数了好几次。

可是到了学校，当昊昊自信满满地准备把钱交给老师的时候，却发现那笔钱不翼而飞了。昊昊这时才想起上学途中有个人碰了自己一下，看来是那个人把钱给盗走了。

昊昊因为缺少警惕性，导致钱财被盗走。可见，我们不仅要替孩子们保存好钱财，更重要的是要教会孩子不要随便显露自己的钱财，做到防人之心不可无。

生活是美好，但社会也是复杂的。对于身心尚未成熟、社会经验不足的孩子来说，防范能力比较低，在面对一些侵害行为时，往往会十分被动，不知道该如何去应对。因此，父母应该尽早地教孩子镇定自若地应对抢劫、偷盗等类似的突发事件。

周末，10岁的孪生兄弟腾腾和飞飞参加完辅导班，垂头丧气地回到家。腾腾说："妈妈，我们今天被打劫了。"起初，妈妈以为儿子在开玩笑，说："什么？被打劫了？"腾腾继续说："嗯，我们被一个高年级的同学打劫了，就在中医院的门口。"

妈妈急忙问："你们怎么应对的？"腾腾说："他拦住我们，问我们有钱吗？我们说没有，然后不理他，继续往前走。他就一直跟在我们后面。"妈妈接着问:"那你们怎么不去中医院呢?"腾腾解释说:"我让飞飞去中医院门卫处叫人,他没去。"飞飞解释道:"当时,我吓坏了。"

妈妈追问:"那然后呢?"腾腾说:"他一直跟着我们,突然拽住我的衣服,跟我要钱。这时候,我放下书包,转身捏住了他的脖子。后来,那个同学说了一句'我不跟你一般见识',就走了,我们就回来了。"这时,妈妈才意识到两个孩子真的遭遇了抢劫, 然后对他们说:"你们今天表现得不错。好了,别再想它了,去洗手吧,咱们吃饭。"

晚饭后,爸爸也回来了,知道这件事后,开导两个孩子:"以后遇到类似情况不要和他动手,要保持清醒的头脑,可以运用一些计谋和策略,但是,首先要保证自己的人身安全。如果他有武器,就先把钱给他,记住他的相貌,然后到派出所报案……"兄弟俩听得很认真。

10岁的腾腾和飞飞遭遇了高年级同学的抢劫。当时,飞飞因为遭遇抢劫时紧张、害怕,根本不知道该怎么解决。腾腾也是因为害怕受到攻击,所以主动去捏那个高年级同学的脖子,好在事后没有发什么恶劣的情况。

面对孩子们紧张的情绪,妈妈没有说过多安慰的话,而是肯定他们的表现,然后让他们别再想刚才的事了,并用吃饭来转移他们的注意力,以消除他们的紧张情绪。待晚饭后,孩子们的心情平复了,爸爸生动地给他们上了一节应对抢劫的安全课,让他们在保证生命安全的情况下,与歹徒斗智斗勇。这样的教育方法非常值得父母借鉴。

我们平时一定要注意对孩子进行这方面的教育。

(1)运用实例引导孩子应对盗抢

我们在教育孩子应对盗抢问题时,要尽可能地运用实例。我们可以把自己在生活中看到的真实案例以讲故事的形式讲给孩子听,或者将看到的类似的电视节目讲给孩子听,讲完之后,再让孩子分析一下,然后再跟他交流如何应对类似的情形。相信，我们给孩子讲得多了，他自然会总结出一些方法来，以后他万一遇到盗抢事件的时候也会沉着地应对。

(2)教导孩子善于保护生命安全

现在盗窃、抢劫的事情比较多，尤其是盗窃。我们一定要让孩子认识到保护生命财产的重要性。孩子的健康与安全才是我们最大的财富，也是孩子一生中最宝贵的东西。所以，当孩子在遭遇生命健康与财产的双重威胁时，建议他先暂时放弃钱财与物品的安全，以降低坏人另起坏心的几率，等到坏人放松警惕后看能否借助社会力量或者公安机关追回自己的财产。我们要让孩子记住，在任何情况面前，最重要的就是保护自己的生命安全。

(3)帮助孩子增强防范意识

俗话说"防患于未然"，未雨绸缪总要比发生之后再去应对要强上百倍。应对盗抢，也一定要有防范之心。那些盗抢行为大都发生在人们警惕性不足或者存在侥幸心理的情况下。前面提到的昊昊就是因为警惕性不足，才会被小偷跟踪，导致钱财的丢失。可见，昊昊的妈妈仅仅是做足了自己的防范意识，却没有给昊昊灌输强烈的防范意识。

所以，我们一定要告诫孩子，自己一个人的时候要提高注意力，不要只顾着边走边玩，要时刻留心，注意周围的异常情况。我们要避免孩子遭遇盗抢，就要通过生活中的实例，使他树立高度的防范意识。只有这样，孩子才会感受到周围的危险，进而远离这些危险。

(4)告诉孩子，要懂得借助社会的力量

每个人都是社会的一员，在遇到困难的时候当然要借助社会的力量。我们的孩子也是社会的一员，所以，他面对盗抢，也应该善于借助社会的力量。

苒苒和妈妈一起去超市购物，购完物，妈妈接到电话，要到单位办点急事,就让苒苒在超市门口等爸爸来接她。

苒苒在门口等候的时候,突然,她的手中的包被一个流里流气的小青年抢走了。苒苒便冲着人群大喊:"抢东西了,抓坏人!"在苒苒大喊下,抢东西的人最终被人们制服,并扭送到派出所,苒苒也找回了自己的东西,她对帮助她的那些人表示了感谢。

这时,爸爸赶来了,在了解情况并谢过众人后,他们拎着包一块回家了。

苒苒因为善于借助社会的力量,才保住了包。所以,我们一定要教孩子在遇到困难和危险的时候要借助他人和社会的力量,不要慌乱,要从容应对。

当然,我们还应该告诉孩子,不仅是在遇到盗抢的时候,在遇到困难与危险的时候,也要善于去借助社会的力量,从而把危险程度降到最低。

67.面对溺水,逃生有技巧

虽说我们大力提倡不要让孩子去自然水域游泳,但是由于一些客观因素的限制,再加上孩子天性,当暑假来临、天气炎热的时候,总会有一些孩子到河里游泳。

其实,这种时候很容易发生溺水事故,因为夏天雨水普遍较大,再赶上汛期的话,河水就会变深,河道也就更为复杂。针对这种情况,家长们如果实在不能避免孩子去游泳,那么就从教会孩子一些应对溺水事故的知识来保证孩子的安全吧。

　　6岁的玉成是个游泳健将,他虽然年纪不大,但游起泳来可是一把好手,许多成年人都不如玉成游得好。每到夏天,离玉成家不远的那条河就是他的舞台。今天很热,玉成午觉过后,就和几个大孩子一起就到附近的河里游泳了。玉成脱光了衣服,穿着裤衩"噗通"一下跳到水里去了,清澈冰凉的河水让玉成全身都无比舒服。过了一会儿,几个小朋友适应了水温之后,就开始在水里欢快地玩了起来。玉成就如同穿梭在大河里的鱼儿一般,在水里展现各种各样的泳姿,这可让其他几个孩子羡慕极了。就在玉成得意洋洋,准备再做一个高难度动作时,玉成忽然感觉到自己的右脚抽筋了,强烈的抽搐让他根本使不上力来,他整个人都开始往下沉了。不过玉成并没有惊慌,而是慢慢地将身体抱成一团,然后呼喊另外几个小朋友来拉他上岸。其他几个孩子听见玉成的呼喊,赶忙赶了过去,将玉成从水中救了起来。上岸之后,几个大孩子赶忙给玉成的小腿做了按摩,玉成这才慢慢地好了起来。

　　所以,父母自己首先就应该具有防止孩子溺水的意识,同时更要加强对孩子进行水区安全教育,给孩子的水区游乐上一个双保险。

　　明明是个11岁的小男孩,从小就活泼好动,从7岁多就开始在离家不远的一处河里游泳了,因此,明明养成了较好的水性,父母对儿子游泳也就越来越放心。

　　去年暑假,除了阴天下雨,凡是有太阳的时候,明明都忘不了去河里游泳,时间不长,一般半个小时就回家。

　　这一天,一个小时过去了,明明还没回家,明明的妈妈有些着急了,儿子不会出什么状况了吧?

　　就在这时,明明推开了家门,明明妈才算松了口气,可是妈妈发现明明头上有个大包,紫青紫青的,就问明明是不是和别人打架了。

明明说,不是的,是游泳时不小心磕的。

原来,明明游泳要结束的时候,准备临上岸前把脚底沾的泥巴洗干净,于是一头扎到水里,可是一不小心碰到了一块类似木桩的东西上面,磕到了头。

顿时,明明感到非常疼痛,而此时和他一起去游泳的小伙伴们听到明明因为疼痛而喊叫的声音,顿时给吓傻了。不过,明明很快镇定下来,强忍着疼痛游回了岸边。

为了给自己"压压惊",明明在岸边坐了一会儿,和伙伴们聊了会儿天,因为伤得不重,所以也没打算去看医生。

就这样,明明晚回家了半个小时。当他把这个过程讲给妈妈听的时候,妈妈向他竖起大拇指,觉得自己的儿子了不起。同时妈妈也认为,多亏这几年告诉孩子的一些应对游泳时突发状况的应对措施,这回真是派上用场了。

明明算是有惊无险,而这也多亏了他临阵不慌的精神品质,如果当时明明只顾了头疼而慌乱不已,那么可能就无法顺利游到岸边,也可能就发生什么不测了。

看完这个事例,我们可以了解到,原来明明的家长在孩子游泳问题上是下了很大工夫的。同样作为家长的我们,是不是也能做到像明明父母这样积极主动地告诉孩子一些游泳中的自救和求救的知识呢?

在夏天有水的地方是事故的高发区,孩子在河边玩耍时一定要注意安全。不会游泳的孩子要谨防落水,会游泳的孩子也要注意水下安全,谨防抽筋或体力不支导致溺水。若是不幸溺水,父母要告诉孩子应该这样做:

(1)让孩子懂得一些自救常识。家长不要以为孩子接受不了这么复杂的知识,实际上,孩子的接受能力是很强的。比如,家长可告诉孩子一旦遇到溺水,千万不要慌张,也不要拼命挣扎,最好抓住身边可以抓到的东西。

(2)如果在游泳过程中突然感到身体不适,比如头晕、恶心、心慌等,不要再继续坚持游下去,而是赶紧上岸,如果有伙伴或者家长一起,也要赶紧告知他们。

(3)如果游泳的时候出现小腿抽筋的情况,也不要惊慌失措,可以让抽筋的那条腿使劲儿用力蹬,这样可以缓解。如果采取措施仍未能缓解,那么就赶紧上岸。

(4)家长要做好监护工作。孩子毕竟还小,对于一些危急问题的处理能力远没有大人强,因此,如果有可能,家长还是陪孩子一起游泳比较好,而不要让孩子单独行动。

68.面对绑架劫持,教孩子"智取"

今天,绑架犯罪和劫持犯罪,呈现上升趋势,绑架劫持犯罪针对的对象又以孩子居多。这几年,针对孩子的绑架劫持犯罪甚至渗透到了边远山区,犯罪分子的绑架劫持手段也不断翻新。这些现象,应该引起我们的关注。

绑架劫持犯罪分子喜欢以孩子为犯罪对象,这与孩子心智不成熟、防范意识弱、反抗能力差等特点有关。因此,针对孩子的这些特点,我们应该从预防和应对两方面入手,去教育引导孩子怎样机智应对绑架劫持犯罪。

2006年1月19日，正要去上学的12岁小学生小强遭到绑架，被勒索赎金3万元。接到孩子父亲报警后两个小时，宁波海曙警方就将绑架者缉拿归案。令警方感慨的是，2小时历险中，12岁的小强没有慌乱，没有反抗，还和绑匪聊天，让他们放松了警惕。解救人员说："孩子能够安然获救，和他的聪明机智是分不开的。"

下面听小强讲讲当时的经过。

"他们把我的手脚绑了起来，我害怕得想哭。矮个子揪着我的衣服问我：'你爸爸叫什么？他是干什么的？'

"我知道，我真的遇上坏人了。电视里的人遇上绑匪，如果说自己很有钱，最后会被杀掉。如果反抗，会被打死，我可不能这么干。

"我爸爸是建筑工地的包工头，他总是说他能赚很多钱。我不能说实话，我告诉他们，我爸爸妈妈都是工地里打工的。

"他们逼着我说出了家里的电话。没多久，矮个子就出门了，估计是给我爸爸打电话去了，只留下我和高个子在一起。

"我看了看他，发现他要比那个矮个子和善得多，我就和他说话，他也和我说。后来，我说手绑在后面太紧了，很痛，他马上把我的手解开，绑到了前面。后来，他还拿了一瓶水，问我要不要喝。

"我想，他也许还不是那么坏，想请他跟矮个子说放了我。没想到，他自己倒先跟我说他想放了我，可矮个子让他不要管闲事。我说：你们两个脾气不一样呀。高个子好像很无奈，没说话，出去了。我一个人在那里拼命想怎么样能说服他放了我。

"我正想着呢，突然听到外面有很大的响动，很快，我就看到一群警察叔叔冲进来，帮我解开了绳子。"

事例中的男孩用沉着和机智挽救了自己，使自己成功摆脱了歹徒的控制。作为家长，我们何尝不希望自己的孩子也具备这样的能力和素质呢？既然有此意向，那么我们不妨提前给孩子进行一些相关的教育，好让孩子万一遭遇绑架时能够逃脱歹徒的魔爪。

在回家的路上，萱萱突然被抱上了一辆小汽车。在犯罪分子打开车门的时候，萱萱趁他们不注意挣脱了控制，拼命地奔跑，但还是被抓了回来。萱萱意识到挣脱他们的控制很困难，所以，这之后便乖乖地满足他们的要求，使犯罪分子放松了警惕。

后来，萱萱要求犯罪分子给她买各种玩具，说爸爸妈妈很穷，只给她买过一个穿红色衣服的洋娃娃。其实，萱萱家境很富裕，她谎称家里很穷，让绑匪以为真的遇到了没钱的穷户。

绑匪向萱萱问询她家的电话，以便跟萱萱家人取得联系，要求萱萱的家人缴纳赎金。绑匪给萱萱的家人打去电话，萱萱的妈妈接了电话。在绑匪要求她明天缴纳赎金的时候，她谎称自己一下筹不到这么多钱，希望绑匪多宽限点时间。萱萱和妈妈分别对绑匪说的话，让犯罪分子十分沮丧。极大地打击了犯罪分子希望尽快获得赎金的信心，促使犯罪分子放宽了缴纳赎金的期限，为警方破案赢得了充足的时间。

后来，在犯罪分子跟爸爸妈妈通话的时候，萱萱让妈妈给她带家里穿红衣服的长发娃娃过去。这引起了妈妈的注意，因为家里根本就没有这个东西，妈妈推断是孩子在透露犯罪分子的相关信息，于是萱萱的妈妈把这个情况报告给了警方。警方分析了萱萱的话，推断犯罪分子里有女性。根据这个推断，警方走访了萱萱被劫持地的周围居民。

通过走访，果然证实了警方的推断。事发当日，确实有一位穿红衣服的女子，伙同两名男子在案发地停留，而且形迹可疑。警方根据周围居民提供的更加详细的线索，细心摸查，终于把犯罪分子抓获归案。

警察叔叔事后夸奖了萱萱，说她传递线索的能力太强了。萱萱骄傲地说:"这都是爸爸妈妈教我的,这是他们的功劳。"

萱萱以自己的机智和"顺从"稳住了犯罪分子,又机智地向妈妈传达了犯罪分子的信息,从而帮警方迅速锁定犯罪分子。而萱萱的机智是与父母平时对她的教育分不开的。

犯罪分子之所以喜欢针对孩子实施绑架劫持犯罪,是因为绑架劫持孩子比较容易,而且孩子无能力反抗。因此,我们应该教育孩子提高警惕性,并且教孩子怎样避免此类犯罪发生,还要教会孩子在被绑架劫持的情况下,怎样去"智取"。

(1)我们和孩子都不要"露富"

很多父母盲目攀比,不光会导致奢侈浪费,还会给孩子带来安全隐患。绑匪总是寻找那些炫耀财富的"富人"或者名人的家属作为目标,因为他们生活条件优越。所以,我们不要爱慕虚荣,而应该保持不露富的低调风格。另外,我们要劝诫孩子对于家庭财产状况要保密,也要教育孩子在生活上不要招摇,以防引起绑匪对孩子的关注度。

(2)让孩子警惕以下几类人

首先是陌生人。我们首先应教育孩子警惕陌生人,要注意分辨,不要轻易对陌生人提供诸如带路、帮忙送东西、帮忙按门铃等帮助。因为这些人向心智不成熟的孩子寻求帮助,极有可能怀有不良企图。

另外,根据警方调查资料显示,对孩子作案的犯罪分子,有时候也是孩子熟识的人。所以,我们还要告诫我们的孩子保持对熟人的警惕,不要随便跟他们走。我们如果有事不能去接孩子,要提前向孩子讲明情况。即使不能及时告知孩子,也应该及时告知他的老师。

我们还要告诫孩子,对年龄比自己稍长的不熟悉的孩子,更要保持警惕性。现在,很多流浪儿童被一些不法分子收留,不法分子可能会利用这些流浪儿童对孩子进行引诱,实施绑架劫持犯罪。犯罪分子之所以利用这些流浪儿童对孩子实施犯罪，因为他们认为，孩子与孩子之间具有天然的信任感，这种信任感使得我们的孩子极容易上当。

(3)告知孩子在遭遇绑架后，要"顺从"

犯罪分子之所以喜欢对孩子实施绑架劫持，是因为他们认为孩子具有天然的顺从性，而孩子的顺从性可以使犯罪分子安心地去研究怎样达到自己的目的。鉴于犯罪分子希望孩子保持乖巧顺从的心理，我们要告诫孩子：万一被绑架，也一定要表现得乖巧一点、顺从一些，进而为营救工作赢得时间。

(4)教孩子恰当的掌握逃脱的时机

当然，我们还要告诫孩子不要一味地顺从，还要懂得如何掌握恰当的逃跑时机。当绑匪放松警惕的时候或者注意力不在孩子身上的时候就要伺机逃跑，并尽可能地向人多的地方跑，以寻求群体的保护。当然，在犯罪分子看守严密的情况下，一定不要逃跑，因为这可能会激起犯罪分子的不安情绪，从而促使犯罪分子做出极端行为。

(5)让孩子机智地发出求救信号

前面的萱萱就是机智地传达了求救信息，虚构了一件不存在的玩具，从而及时地传递出其中一个犯罪分子的特征。所以，在对孩子的安全教育中，我们可以告诉孩子，万一被绑架，就应该想办法在被绑架的路上留下自己的随身物品，以便我们辨别绑匪逃走的方向。

如果孩子被关在密闭的房间，而犯罪分子又不是一直盯守的情况下，可以利用随身物品写下求救信息或者用写满求救信息的纸片叠成飞机丢出室外传达求救信息。人们发现这些求助信息后，就会报告给警方，警方就会以最快的速度救出孩子。

69.路遇跟踪,往人多的地方走

孩子由于年龄尚小,加之心智还不够成熟,所以他们对于社会复杂的人和事物都会缺乏正确的认识。而且又极其容易表现同情心,很容易上当受骗。

鉴于孩子的这些特点,现在社会中许多犯罪分子把犯罪目标都锁定在未成年的孩子身上,当孩子一个人放学回家或行走的时候就很有可能被跟踪。因此,家长要提醒孩子,一个人走路时不要丧失了警惕性,发现身后有脚步声一直紧跟不舍,或者看到有跟踪的人影,觉得自己被人盯梢时,一定要有必要的自我安全防范意识,这样才能避免悲剧发生。

放学之后,珊珊和同学又在学校玩了一会儿。珊珊回家的时候,天已经黑了。突然,她发现有人跟踪她,心里很害怕。由于怕被坏人追上,珊珊便跑了起来,结果坏人也跑了起来,而且离珊珊越来越近。珊珊更加害怕了,便拐入那条很少有人走的近道,希望摆脱追赶她的坏人,尽快回到家里。由于那条近道树木茂盛,更适合坏人实施犯罪行为。于是,坏人加快脚步,最终赶上并绑架了珊珊。

珊珊不懂得怎么应对坏人的跟踪,想抄近路回家。结果那条近路,更适合犯罪分子实施绑架。可见,孩子不懂得应对陌生人跟踪的技巧,更可能给不法分子提供可乘之机。

当孩子一个回家的时候,如果发现被人跟踪,要果断向穿制服的工作人员求助,这样犯罪分子因为担心会被现场制服,就会放弃对孩子的跟踪。

突发意外篇

——突遇意外要冷静，淡定从容莫慌张

穿制服的工作人员包括警察、保安、警卫等等，他们有正式的单位，一般从事安全保卫工作，都具有制服犯罪分子的能力。如果孩子懂得向他们求助，犯罪分子就会担心被制服，并受到法律的严惩，从而放弃对孩子的不良企图。

如果当孩子被跟踪，周围又没有穿制服的工作人员可以寻求帮助，孩子应该怎么应对呢？所以，平时我们要给孩子传授一些灵活应对被跟踪的技巧。

仔仔和雯雯放学结伴回家。雯雯觉得有人鬼鬼祟祟，像是跟踪他们，就提醒了仔仔。仔仔往后看了看，果然有个人鬼鬼祟祟地跟踪他们。"雯雯，你不用怕，我会保护你的，妈妈教过我怎么对付跟踪我们的坏蛋。"仔仔自信地说道。

由于仔仔和雯雯回家的道路行人比较稀少，仔仔和雯雯越走越快，希望能摆脱跟踪的陌生人。但陌生人也越走越快，并且离他们越来越近。仔仔凭借着对地形的熟悉，迅速拐进一条胡同并大声喊道："爸爸，有坏蛋跟踪我们。"等到仔仔和雯雯走出胡同，发现那个人已经消失不见了，原来他被仔仔的话吓跑了。

"哈哈，怎么样，我把坏蛋吓跑了吧！"仔仔自豪地说道。

"嗯，仔仔你真聪明。"雯雯赞美道。

"我们还是赶紧回家吧，要不然坏蛋又跟上来了。"仔仔说。

"嗯，你说得对。"雯雯答应道。于是他们加速脚步，赶紧回家了。

仔仔和雯雯被陌生人跟踪，仔仔并没有慌张。而是运用妈妈教给他的对付被陌生人跟踪的方法，吓走了陌生人。可见，教孩子学会去怎样巧妙应对陌生人的跟踪，非常重要。

我们也可以模拟陌生人跟踪孩子的情况，与孩子进行练习，在这些练习中教会孩子机智地应对跟踪。比如,孩子和同学结伴回家,他可以谎称"爸爸正在来接他的路上",这样不法分子就会知难而退;在后面有人跟踪的情况下,孩子迫不得已,可以对周围的路人说"爸爸(或者妈妈),你怎么才来接我啊",先吓走不法犯罪分子,再向路人解释事情原委。

如果我们教给孩子应对陌生人跟踪的常识,就可以帮助孩子提高警惕性,使他机智地应对跟踪。那么,我们在生活中应该如何做呢?

如果孩子无法确定身后的人是否在跟踪自己时,家长可以指导孩子通过以下的方法来确定:

(1)突然转身注意看行动可疑之人时,他马上不自然地回避,继续向前走时,他仍然不紧不慢地跟在后面。

(2)告诉孩子从马路的左边走到右边,可疑之人也从左边走到右边;从马路的右边走到左边,他也跟着走到左边。

(3)突然停下脚步时,他也停下脚步;拐弯时,他也跟着拐弯。做以上动作时,要尽量自然,以免引起坏人的警觉。

如果符合以上几条,那说明很有可能被跟踪了。当确定自己被跟踪后,家长要指导孩子采取以下措施:

(1)发现后面有人跟踪后不要惊慌失措,要镇静。迅速观察周围的环境,想清楚自己下一步该往哪里走。

(2)想办法甩开坏人。马上加快脚步甩掉那个陌生人,但必须向附近有行人、人群的地方跑。如果是夜晚,要向附近住户、商店、超市、车站等公共场所跑,不要往狭小的巷子里跑。

(3)假装打电话,大声说自己已走到哪个地方了,让家人在路上等。

(4)可装作大声与家人打招呼,趁机快走,顺势溜掉。

(5)向附近的警卫或保安人员求救,或向居民住宅求救,告诉他们有人跟踪自己并请他帮忙报警。

(6)尽量记住那个人的长相、高矮、胖瘦、年龄等,方便报警的时候准确描述。

(7)在公共场所打电话给爸爸妈妈,告诉父母有人跟踪,请他们来接,并在保安人员身边等待父母。

(8)如果是在小巷子里被人跟踪也不要停下来,如果正好遇到有人也在小巷子里行走,要马上与这个人靠近,和他一起走出小巷。

(9)如果实在来不及跑开,或前路不通,要迅速观察周围的情况,寻找一切可以利用的物品作为武器;或有利于自己的位置站定,与坏人正面相视,厉声喝问对方,再争取时间想其他办法逃脱。最直接的方法是立即大声呼喊,引来附近的人。

(10)如果不得已与歹徒正面冲突,要用雨伞、木棍等猛刺对方的要害部位,把指甲刀、发卡、安全别针或圆珠笔捏在手心里,每件东西的尖端都要从指缝间露出来,以便用来攻击。

掌握了这些对付图谋不轨的人的技巧,孩子就会从善良的"小白兔"变成可以保护自己的"小老虎"。如此一来,那些坏蛋就不能将他们的罪恶之手伸向孩子了。

70.头磕破紧急自救免伤害

当孩子参加体育活动,比如跑步、踢球、跳高的时候,或者在互相打闹的过程中,都有可能磕伤头部。当看到磕伤的地方鼓起大包或者流出鲜血的时候,孩子往往会紧张不已,担心自己会有更严重的伤害。

青青今年8岁了,5岁的乐乐是她的小表弟。周末的时候,乐乐会被妈妈带到青青家里来,他们两个总是玩儿得很开心。有一次,大人们要出去买菜,嘱咐青青在家里陪弟弟玩儿。青青和乐乐把床当成了蹦蹦床,高兴地又蹦又跳,忽然,乐乐一脚踩空,只听"咕咚"一声,乐乐的脑袋重重地摔到了地板上。青青赶紧跳下去,把乐乐拉了起来,只见他的后脑勺肿起了一个大包。青青想替他揉一揉,谁知道被她一揉,乐乐哭得更厉害了。青青不知道该怎么办,她也跟着弟弟一起大哭起来。

小孩子摔倒是常有的事,家长们最担心的是孩子会撞伤了头。不论孩子是从床上、沙发上滚落,还是跑动时摔倒,或是从高处"倒栽葱"落下,都有可能造成头部的伤害。孩子一般性的跌倒,额头会碰得青肿,或是脑袋上被摔出一个包。如果孩子跑动的速度过快,就会使脑袋受到严重的撞击,就有可能磕破头皮,还有可能摔成脑震荡。这时候,就要十分注意了。简单地教孩子一些头部外伤的处理方法,让他在紧急时刻学会自救,是很有必要的。

10岁的甜甜经常带着比自己小3岁的弟弟曦曦玩耍,而且还很懂得照顾弟弟,为父母分担了不少辛劳。

一天,甜甜带着曦曦在小区里玩捉迷藏,结果曦曦的头不小心碰到了花池旁边的石头上,脑袋磕得很疼。甜甜顾不上安慰弟弟,赶紧拉着他的手,把他带到小区里的一个自来水管旁边,她让弟弟蹲下,然后打开了水龙头。甜甜告诉弟弟先闭上眼睛,然后就用手捧着水给弟弟冲起磕伤的地方来。

冲洗了一会儿,甜甜觉得差不多了,这才用随身带着的纸巾给弟弟擦干,带着他回家了。

爸爸妈妈听了这件事情的经过,不住地夸女儿做得很棒。甜甜说:"这都亏爸爸妈妈平时教我,我才知道的呀!"

看完这个事例,不禁为甜甜的做法感到佩服。一个10岁的小姑娘在弟弟受伤后不但没有惊慌失措,而是及时采取了正确的救助措施,让弟弟的伤害减少到最小。家长们不禁感慨:如果自己的孩子也能做到甜甜这样该多好呀!

实际上,要想让你的孩子如此,并不是很困难的。我们也看得出来,甜甜说自己能这样做多亏了父母平时对自己的教导。可见,如果我们平时也对孩子进行一些相关的教育,让孩子懂得一些自救方法的话,那么是不是会有无数个"甜甜"诞生了呢!

(1)头部磕碰了起包后,不要用手按揉

有的孩子在发现自己头部因为摔伤而鼓起来的大包后,不知道出于何种心理,总想把它"按"下去,殊不知这样做,不但不会让包消除,反而会因为妨碍血管凝固而加重血肿。

那么怎么来消肿呢?正确的做法就是像上面事例中甜甜那样,用自来水冲洗,如果有冰块的话,也可以用冰块冷敷,在淤伤的部位敷一刻钟左右,可以帮助孩子减轻肿胀、缓解疼痛。

(2)擦破头皮后,要先止血后消毒

家长应告诉孩子,一旦头皮擦破,那么先要做的不是消毒,而是止血。止血的方法可以是用消毒纱布压在伤口上,或者用干净的衣服、手绢等替代。压住伤口的力气不要太大,当停止流血后把手和按压物拿开即可。接下来需要做的就是清洁伤口了,可以先用过氧化氢冲洗,再用棉签蘸上碘酒,在受伤的地方由里向外消毒。

71.万一被拐骗,机警自救别放弃

现在,拐骗儿童的犯罪行为并不罕见。孩子被拐骗后,比较幸运的,被人收买当做养子、养女,甚至是童养媳,而很多则是被卖进"黑砖窑"这样的地方去当苦力,甚至最后死于他乡。所以,我们一定要教育孩子提高警惕性,防止被不法分子拐卖。

宁宁是个8岁的小男孩,在一所民办小学读二年级。一次,父母带他去参加同乡一位叔叔的婚礼,宁宁却在大人不注意的情况下被人贩子带走了。

当宁宁被那个自称为"叔叔"的人带到一个陌生地方后,他意识到自己被骗了,但是,勇敢的宁宁没有哭闹,而是恶狠狠地瞪着那个"叔叔",并试图闯过他设置的"人墙",可是一个小孩子的力量怎么能和一个大人相比?宁宁经过几次努力,除了被打了几巴掌、踢了几脚之外,没有任何作用。

在"叔叔"安排的地方住了几天后,宁宁被带到在当地做生意的一对夫妇面前,宁宁看着这对夫妇给了人贩子很多钱,之后他就成了这对夫妇的"儿子"。

可是就在当天,这对养父母便让宁宁穿上破旧的衣服,并在他脸上划了几处伤口,指使他去外面乞讨。

后来,宁宁凭借自己的机智和勇气成功逃出了那对夫妇的魔爪,并在好心人和警察的帮助下找到了亲生父母。而此时,宁宁已经是10岁少年了。一家人团聚固然高兴,但两年来宁宁所遭受的身体和心灵的创伤却无法弥补。

宁宁是勇敢的,也是智慧的,否则他将永远待在那个遭受欺凌的非人世界里。由此看来,在平时教育孩子的时候,家长们不但要告诉孩子如何防止被坏人骗,还要教给孩子在被骗以后怎样逃生,这样才更加实用。

现在,有些年轻父母对"拐骗"这个词不以为然,觉得拐骗案件离他们的孩子很遥远。但实际上并非如此。拐卖儿童在有的地方已经成为一种"产业"。因此,我们在注意保护孩子不被拐骗的同时,还要教给孩子如何去应对拐骗,教他在万一遭遇拐骗时懂得如何脱身。

(1)教孩子记住必要的知识

我们要让孩子记住父母姓名、家庭住址、联系电话、工作单位等重要信息,当他万一遭遇拐骗,便可以利用这些信息向人们求助。

我们还要教孩子怎么熟悉收留地的情况,如房子是什么特征,收留地的名称,大概的位置,等等。这些信息可以使警方掌握孩子的动向,从而迅速地解救孩子。

(2)教孩子警惕不法分子常用的拐骗伎俩

孩子由于心智尚不成熟,社会经验不足,如果真的有不法分子对孩子有不良企图,孩子可能就会难以应对。所以,我们要让孩子熟悉不法分子常用的一些拐骗伎俩,防止他被拐骗。

现在不法分子会以各种各样的借口诱骗孩子,对孩子进行拐卖。如,以辅导孩子学习为借口对孩子实施拐骗;以不认识路为借口,诱导孩子为其引路,进而实施拐骗;以带孩子玩为借口,对孩子实施拐骗;以给孩子好吃的、好玩的为借口,拐骗孩子,等等。教孩子熟识类似这些拐骗伎俩,孩子就会提高警惕性,从而降低他被拐骗的风险。

(3)结合案例,教孩子学一些逃脱技巧

单纯地告诉孩子一些必要信息和拐骗伎俩,并不能使孩子从容镇静地应对拐骗。我们不妨给孩子讲述一些应对拐骗的案例,让他掌握逃脱的一些技巧。

2008年10月的一天,10岁的云南女孩巧巧被一男子以看马戏之名骗至马戏团。该男子命令巧巧跟着马戏团卖艺讨钱,并喊自己"爸爸",否则将永远不能回家。威逼之下,巧巧表面顺从,刻苦练功,学会骑独轮车、耍蛇等节目,并随马戏团到安徽、湖南、河南农村表演。

2009年4月30日,马戏团来到武汉蔡甸区汉乐村,巧巧趁清晨大家都在熟睡,悄悄起身逃到500米外的一家副食店,向老板求助。老板赶紧将巧巧藏进店里,并拨打110报警。待民警赶来将女孩解救时,马戏团一帮人已不知所踪。

2009年5月4日,巧巧的爸爸侯某终于见到了分别半年的女儿,侯某激动得泪如雨下,巧巧却微笑着替爸爸擦干了泪水。

我们应该多给孩子讲述一些这样的案例,结合这些案例,我们要教会孩子一些逃脱技巧。比如,让他不要盲目反抗,要假装配合不法分子,让他们产生懈怠心理,然后伺机逃跑;他还可以把求救信息、联系方式写在钱币上向人们传达求救信号;我们还要告诉孩子应该在哪些地方逃跑,比如车站、码头等这些人流比较多的地方;在被收留地,孩子可以向纯真的孩子求救,取得当地孩子的信任,让他们代为传达求救信息。这样,孩子了解到一些逃脱技巧,当他遭受拐骗时,或许可以利用这些技巧逃生。

(4)教孩子树立坚定的信念

我们要告诉孩子,当他万一被拐骗时,一定要有坚定的信念,相信父母和公安机关一定会去解救他,一定不要悲观,更不要轻生。

72.炎炎夏日,预防中暑小妙招

每当夏季来临,就会烈日当头、酷暑难耐,三伏天的天气似乎是对人的一种严峻考验。这个季节,人总容易中暑。

中暑是人在高温和热辐射的长时间作用下,机体体温调节出现障碍,水、电解质代谢紊乱、神经系统功能损害症状的总称。中暑也算是一种急性病,有时还会危及生命,若不能给予及时有效的治疗,则有可能引起抽搐、肾衰竭、永久性脑损害,甚至死亡。

暑假的一天,10岁的宁宁跟父母一起去爬山。宁宁和父母有说有笑,一路缓缓而上。但不一会儿,妈妈就说感觉不舒服,爸爸说:"也许是中暑了。咱们走到前面有阴凉的地方就休息一下。"妈妈无力地点了点头。

宁宁看着妈妈脚步已经不太稳了,他有些着急,也有些害怕。爸爸一边安慰着母子俩,一边不自觉地加快了脚步。等到了有树阴的地方,宁宁扶着妈妈坐下。爸爸掏出一瓶矿泉水让妈妈喝下,又拿出一小盒清凉油抹在了她的额头,宁宁则在一旁用自己的帽子给妈妈扇着风。最后,爸爸又翻出来藿香正气水。妈妈喝下去之后,休息了一会儿,感觉没刚才那么难受了。

宁宁这才安下心来,他问爸爸:"为什么妈妈会中暑呢?"爸爸说:"太阳暴晒,再加上体力消耗,出汗不通畅或者水分补充不及时,等等,都有可能会中暑。不过也用不着惊慌,只要处理恰当就没有大问题。"

还好宁宁的爸爸懂得如何应对中暑,妈妈的中暑状况才能得到正确的处理,身体的不适也得到缓解。

中暑俗称"发痧",是指在高温和热辐射的长时间作用下,机体体温

211

调节障碍,水、电解质代谢紊乱及神经系统功能损害的症状的总称。中暑多以出汗停止导致身体排热不足、体温极高、脉搏迅速、皮肤干热、肌肉松软、虚脱及昏迷为特征。除了高温、烈日暴晒之外,工作强度过大、时间过长、睡眠不足、过度疲劳等均为其常见诱因。另外,大气温度过高导致脑膜充血,使大脑皮层缺血或者空气中湿度增强也可引起中暑。而在人群拥挤集中的地方,产热集中、散热困难,同样会发生中暑。

由此可见,中暑的发生很普遍。因此,父母通过对孩子进行相关知识教育,让他学会识别中暑症状,并学会预防与急救。

(1)教孩子预防中暑

中暑是可以预防和避免的。如何让孩子预防中暑呢？我们可以告诉孩子要注意以下几点:

①出行要躲避烈日。如果不是有急事一定要出门,就最好不要在10点到16点这个时间段行走于烈日之下, 因为这个时间段内阳光最强烈,发生中暑的几率也较高。假如此时间段内一定要外出,就要做好防护工作,如打太阳伞、戴遮阳帽、戴太阳镜,抹防晒霜。

②出行要带足水或药品。夏季出门一定要带水,按时补充水分可以有效避免中暑。随身也要携带一些防暑的药品,比如十滴水、仁丹、风油精等。

③暑天出门要穿对衣服。暑天外出时尽量穿棉、麻、丝类的衣服,尽量不穿化纤类服装,也可穿正规厂家制作的快干衣,以免大量出汗后不能及时散热,引起中暑。

④多吃蔬菜、新鲜水果或者乳制品。夏天多吃这些食物既可以补水,又能满足身体的营养之需。

⑤别等口渴再喝水。夏季,应当每天都应补充1.5~2升水,以弥补出汗而失去的盐分,以避中暑。

⑥保证充足睡眠。夏天日长夜短,气温较高,人体的新陈代谢比较旺盛,消耗大就容易感到疲劳。因此,保证充足睡眠可以让大脑和身体各系

统都得到放松，有效防止中暑。

（2）教孩子学会辨别中暑的症状

中暑的表现分为先兆中暑、轻症中暑和重症中暑。我们不妨将不同程度的中暑症状告诉孩子，让孩子学会辨别中暑的症状。

一般来说，先兆中暑会有头晕、头痛、口渴、多汗、四肢无力、注意力不集中、动作不协调等症状，先兆中暑时人的体温正常或是略有升高。轻症中暑者的体温会在38℃以上，除头晕、口渴之外，还会有大量出汗、皮肤灼热、面色潮红等表现，有时还会出现面色苍白、四肢湿冷、血压下降的表现。重症中暑是最严重的一种，若不及时治疗会有生命危险。重症中暑的症状有多种，主要症状有晕厥、神志模糊、恶心呕吐、昏迷抽搐、呼吸浅快、血压下降等表现。

这三种中暑之间的关系是递进的，症状也逐渐加重，我们可以找一些资料的展示，或者多给孩子讲解，让孩子充分了解中暑的症状。

（3）告诉孩子中暑的急救方法

当孩子发现自己中暑，或者其他人中暑的时候，他该如何做呢？我们要告诉孩子，发现中暑迹象时，要迅速脱离高温环境，在阴凉处平躺下来，抬高头部并解开衣扣。假如中暑后没有恶心或者呕吐，就可以喝一些茶水、饮料，以补充水分。

若是周围没有阴凉的环境，可以打开电风扇进行散热，但不能直接对着人吹，否则容易感冒。假如没有电风扇，也可以拿衣服或者扇子为中暑者扇风，让空气流动起来，这样可以减轻中暑的症状。在中暑症状轻的情况下，可以在额头涂抹清凉油、风油精，或者服用藿香正气水、十滴水、仁丹等中药来治疗中暑。若是有人已经昏厥，可以掐人中和合谷穴，并尽快将其送到医院。

我们将中暑后的急救方法告诉孩子，不但能帮助他自己预防和治疗，还能使他在必要的时候帮助他人。

73.意外无处不在,把止血的方法教给孩子

人总免不了磕磕碰碰,也许有的就是小摩擦,一点小伤出不了许多血,养几天就会好;但有的伤口却会伤及一些重要脏器或血管,从而导致流血不止。这样的急性大出血是导致伤员死亡的重要原因之一,因此迅速止血就是抢救伤员的首要措施。对于活泼好动的孩子来说,父母就更应该将止血的方法教给他,以备不时之需。

润润在和小伙伴们一起玩游戏的时候,一不小心被伙伴撞倒在地,碰巧磕破了鼻子。润润站起来后,脸上、身上都是泥土,而鼻子处却不停地有鲜血冒出来。

见此情景,小伙伴们纷纷出主意,这个说把小石块压到耳朵上,那个说把胳膊举起来,还有的说扬起头来,让血再倒流回去。

听到这么多解决的办法,润润一时也不知如何是好了,她分别采用了伙伴们告诉的几种方法,可是结果都不理想,血还是没有止住。

这时候,润润的叔叔正好路过,看到润润的鼻子血流不止,赶紧带着她去了医院,才把血给止住了。

孩子们虽然积极想办法,但是他们的方法却并不科学,所以也就没能帮助润润把鼻血给止住。

其实,孩子出鼻血是比较常见的症状,这是因为儿童的鼻黏膜非常娇嫩,鼻内的血管壁也很薄,只要稍微碰一下,就有可能造成血管破裂,引起出血。

但是大多数孩子并不知道正确的止血方法,一看到血不停地流出来

就惊慌失措。那么，家长在此问题上该怎么来指导孩子呢？

学校利用周末组织学生一起去郊外游玩，8岁的彭东兴奋不已。游玩路上，他和另外几名同学一路追着、跑着、笑着、闹着。忽然，彭东脚下一绊，向前跌了出去。等他再站起来的时候，一手捂着鼻子，鲜血顺着手指缝向外流。几名同学吓坏了，连忙叫来了老师。

老师让彭东先在路边坐下，然后用拇指和食指紧紧压迫他的两侧鼻翼，并让他用嘴呼吸。同时，老师又让同学赶紧冲一条冷毛巾敷在彭东的前额部。10分钟后，彭东的鼻血终于止住了。大家刚想松一口气，老师却说："这附近有一家医院，一会儿彭东要去医院检查一下。"彭东疑惑地问："老师，我已经不流血了啊？"老师摇摇头："虽然血暂时止住了，我们还是要检查看看，以防万一。"

后来，经过检查，彭东的鼻子只是单纯地因为他摔倒而磕破了，其他地方没有什么大碍，老师这才放了心。回到学校后，老师又给同学们上了一堂课，她教育大家不要再忘形打闹，以免给他人造成伤害。同时，她也将直接加压止血法、止血点止血法等处理流血的简单方法教给了同学们。

老师的处理方法是快速而有效的，而后来带着彭东去医院检查，也是为了防止孩子有其他意外。所以，这位老师的高安全防范意识值得父母学习。同时，父母要让孩子也应多注意安全，尤其是他旅游在外的时候。

受伤是每个人都有可能会发生的事情。其实，人体自身具有止血凝血的生理功能。所以，在意外受伤出血的时候，血管的断裂端就会自行收缩，以减少失血，而血液中的凝血因子因为出血而激活，会加速凝血的过程，从而使血形成凝块，像栓子一样堵住血管出血的通路。伤口血流越

215

慢,越易形成血凝块而止血。但尽管如此,人体某些伤口的出血却又是人类自身所无法治愈的,这就需要采取相应的措施。

因此,若是出门在外,父母首先要让孩子保持冷静,要能根据伤口的不同迅速作出出血部位的判断,并及时进行止血救助,以此来挽救自己以及他人的生命。

(1)告诉孩子流血不止的危害

有的孩子认为人有那么多的血,流失一点也没什么,因此不去止血。其实,正常成人一次流失500毫升的血液,对身体不会有太大的影响。例如,人在献血的时候就会一次失去200~400毫升不等的血量,献血后身体不会有大碍。但人体的失血量一旦超过2000毫升,体内剩余的血就不能保证重要脏器的供血,这样就会危及生命。

孩子也许会说:"不过有一点小伤口,不会流很多血,还需要止血吗?"小伤口虽然不会流很多血,但却需要为伤口进行消毒和包扎,否则伤口若是感染了,对身体的损害也很大。

(2)教孩子学会如付判断失血过多

人一旦失血过多就会危及生命,但有时失血量判断起来不太容易。如何才能让孩子学会判断是否失血过多呢?我们可以教他学会观察症状来判断失血量。

一般情况下,当人的失血量超过800毫升的时候,就会出现口渴、面色苍白、出冷汗、心慌等症状,脉搏也会骤增至每分钟100次以上。此时,如果继续出血,病人的大脑血供不足,就会有头晕、眼花、晕厥、四肢无力的症状出现,严重的还会血压下降甚至休克。

以上这些都是失血过多者的表现,所以孩子只要能细心观察,就能根据这些症状作出较为准确的判断。

(3)教给孩子如何止鼻血

很多人都曾流过鼻血,那么流鼻血的时候应该如何止血呢?我们可以将以下几种方法教给孩子。

冰敷止血法:在流鼻血的时候,可以用毛巾包上冰块敷在鼻子上.,这样可以减少出血量,并通过血管收缩达到止血的目的。

棉塞止血法:鼻出血时往鼻孔里放入棉塞,然后夹住鼻两侧3~5分钟,流血就能顺利停止。等鼻血止住后,不要马上把棉塞从鼻子里取出来,可以让它在鼻子里保留20分钟,这样鼻子不容易再次出血。

热水泡脚法:中医认为如果在夏季流鼻血,可以将双脚泡到热水中,这样可以引火下行,有助于止血。

(4)传授孩子不同部位的止血法

伤口的位置不一样,在止血的时候使用的方法也会有差别,因此我们可以教给孩子不同部位所使用的止血方法。

一般来说,较小的创口出血需要用生理盐水对伤口进行冲洗消毒,用消毒纱布覆盖在上面,然后用绷带包扎好。如果伤口处有较多毛发,在处理伤口的时候应该先剪掉或者剔除毛发,再进行处理。

对于头面、颈部、四肢的动脉出血,可以采用指压止血法,也就是用手指用力压住出血血管的上方,使血管被压闭住,中断血液继续外流。但压迫时间不能过长。如果是上臂出血,要抬高患肢,然后用另一只手的手指对准上臂中端内侧压迫动脉;如果是足部出血则用两手的拇指分别压迫足背动脉和内踝与跟腱之间的胫后动脉。

当前臂或者小腿出血时,可以使用屈肢加垫止血法。在肘窝、膝窝内放上纱布垫、棉花团、毛巾等物品,然后屈曲关节,用三角巾固定住,这样便可以有效止血,但这种止血方法不适用于关节脱位者。

流血不止的原因有很多,我们除了要将以上的止血方法教给孩子之外,还应该告诉孩子要时刻注意安全,即使是在外出游玩的时候也不要得意忘形,这样可以尽量避免受伤。一旦不慎受伤,就应该用学到的止血法进行自救。

74.做好防范,不让异物成"杀手"

孩子的好奇心都比较强,而且似乎总是那么旺盛,一刻也不得消停。在生活中他们会经常用自己的手去探索这个世界,去触摸自己感兴趣的事物。特别是年龄较小的孩子,他们不懂得保护自己,头脑中更是没有"什么东西能抓什么东西不能抓"的严格界定。所以即便是看见刀具等危险类的东西,也会毫无防备地握上去。这样,就经常会被刀子、玻璃等利器割伤手指,由于手指上的血管较丰富,被割破后会马上流血。如果不予重视或处理不当,可能会使伤口恶化,轻者发炎、疼痛,重者引发严重疾病。家长要教育孩子注意保护自己,不要抓锋利的东西,切记告诉孩子要保护自己。

妈妈坐在沙发上边看电视边织毛衣,女儿趴在沙发背上和妈妈说笑嬉戏。女儿发现了妈妈头上有根白发,便猛地拔了下来。这一拔,吓了妈妈一跳,她下意识地用手去挡了一下,不幸就在这一瞬间发生了:手中的毛衣针,刺伤了女儿的左眼。血和液体一起从女儿的左眼里流了出来。妈妈立即拨打了"120",请求急救。

每当看到或者听到这样的消息,同样作为父母,我们会不由得想到自己的孩子是否也曾有过类似可能发生的危险?自己是否帮助孩子做到了适时与适当的预防和保护?

有一位记者将一张图片发在其微博上,很快这条微博便引起了大家的关注。原来,画面的内容是,一个小孩的右脸被一把剪刀深深地插入。

突发意外篇

这个男孩名叫轩轩,是自己玩耍时不慎将剪刀扎入脸部的。

据轩轩的妈妈介绍,这是一把家人用来杀鱼剪菜时用的刀具,轩轩有几次看到,都说要拿去玩,但是,爸爸妈妈觉得太危险,没有允许轩轩玩,并且将剪刀放在他够不到的地方,谁知,这次轩轩搬了把椅子,爬上去将剪刀取了下来。由于轩轩没站稳,椅子倒了,剪刀就正好扎入了他的脸部。

在家中陪伴轩轩的妈妈赶紧带着儿子到当地医院救治。经过检查,剪刀的尖端已经穿过轩轩的右侧颞骨进入颅内,情况万分危急。医院几个脑外科医生马上联合会诊,大家商量了一下,认为剪刀尖端已经插入颅内,最好马上转到大医院。

于是,家人和医院以最快的速度帮助轩轩转入了大医院,并进行了手术。最后,剪刀被取了出来。这把20多厘米长的剪刀刺入轩轩脸中长达4厘米。万幸的是,医生表示轩轩不会有严重后遗症。

至此,轩轩的父母一直悬着的心才算稍微平稳了一些。

给轩轩做手术的主刀医生表示,这次意外非常危险,剪刀从轩轩的右颞骨刺入颅内后,穿过了硬脑膜,到达了大脑皮层表面。值得庆幸的是,剪刀在刺入的过程中,并未伤到颅内的一些大血管,也没有损伤过多的脑组织。也正是基于此,医生认为轩轩康复后不会留下较严重的后遗症,可能会偶尔出现抽搐的情况,但不会有大的问题。

轩轩虽然最终脱离了危险,但其过程足够让父母担惊受怕。试想,万一剪刀扎到颅内的大血管,那么情况将更加危急,因此,我们在平时照顾和陪伴孩子的过程中要提早做好防范工作,不光要把危险物品摆放在孩子够不到的地方,还要多给孩子灌输自我保护的意识,让孩子自觉地认识到危险的存在,远离伤害。

具体说来,家长们可从以下几个方面引起注意:

(1)摆放物品要注意,让孩子远离危险品

孩子好奇心强烈,对于那些"玩"不到的东西总是不甘心,家长如果事先没做好防范工作,一旦让孩子"得手",就很可能发生类似上面故事中轩轩那样的危险情况,因此,父母切忌随意摆放有可能伤害到孩子的物品,比如,家里的刀具、打火机、药品及化学制剂等都要严格放置,不要让孩子拿到。对于一些孩子自己玩耍的东西或者生活用品也要严格放置,不要让孩子随意玩耍,比如玻璃球、小发卡、钥匙扣等。

(2)平时多给孩子进行安全教育指导

正在成长发育中的孩子,由于安全意识淡薄,自我保护能力较差,往往意识不到危险情况的发生,这就需要家长在日常陪伴孩子和教育孩子的过程中多引导孩子远离可能伤害自己的物品,不要因为一时的好奇而去触摸或者玩耍这些东西。家长还可以将自己看到、听到过的类似的危险情况讲给孩子听,这样孩子在心理上会多一层防范。

(3)怎样避免有可能的"险象"

当有化学制剂,比如药品、溶液等进入眼中,要帮助孩子立即用清水冲洗,冲洗的时间要长一些,才能把异物冲洗干净。如果睫毛、沙石、灰尘等侵入眼睛后,应该让孩子先将眼睛闭上,看看异物能不能随着眼泪流出,如果不行,可以将整个脸浸入水中,持续眨眼,不过需要注意的是,不要被水呛到。

如果孩子的鼻子中进入了异物,千万不要用手指或镊子去抠,防止鼻内膜破裂出血。正确的做法是用力吹出异物,方法是:先用力吸气,然后闭紧嘴巴,手指压住未有异物进入的鼻孔,最后一步是"哼"地一声使塞入异物的鼻孔自内向外呼气。反复多次之后,异物就有可能被"赶出"鼻孔了。

75.同伴落水,安全救助

孩子的心是最纯洁无瑕的,当面对伙伴遭遇不测,他们会首先想到自己去帮忙,只是这些可爱的孩子们忽略了一点,就是他们自己能不能有这个能力帮助伙伴,而大多数情况是孩子不具备这样的能力。在这种情况下,一旦孩子行动,那么很可能别人没救成,却连自己也搭了进去。

炎炎夏日,12岁的白亮和几名同学一起到郊区新建成的水库景区去避暑。水库的水清凉而干净,白亮和同学们都觉得格外惬意。其中一名同学索性脱了衣服跳入了水中,他在水中嬉戏着,不停地说:"真爽!真爽啊!"

不会游泳的白亮和另外几名同学在岸上看得心里直痒痒,白亮也脱了鞋袜试探着向水里走,他想,不会游泳总可以在水里站一站,感受一下清凉。突然,白亮脚下一滑,跌入了水中,他身后的另一位同学见状伸手一拉,自己也被白亮带进了水里。

这个水库深不见底,白亮和那位同学瞬间就没了踪影。其他几位同学大惊失色,赶忙下水去营救自己的小伙伴,可是尝试了好多次,都没有成功。于是有一个同学建议,大家手拉手下水去救,突然其中的一个小伙伴脚下一滑,摔倒了,几个孩子也纷纷跟着摔倒。幸亏附近的路人听到了他们的呼救,赶来将他们救了上来。但是等到救援人员将白亮和那位同学打捞上来时,两人已经停止了呼吸。

类似这样的现象不得不引起家长们的关注,我们应该教育自己的孩子，在拥有爱心的同时更不要忘了理智地给予他人帮助，否则就像小说里提到某个鲁莽英雄所具备的"匹夫之勇"，实在不足称道。

那么，当孩子遇到别人落水时，我们该怎样教育自己的孩子怎样去做才是最理智的呢？

山东日照烈日当头，气温高达33摄氏度，刚刚在开着冷气的房间里睡醒了午觉后的10岁小学生于洋走到阳台上伸伸懒腰、醒醒盹。忽然，于洋发现在离自己家不远处的一处水塘里有两个和自己差不多大的孩子在游泳，有一个只是在边上扑腾扑腾，似乎还不太会游泳，另一个则扮演"老师"的角色，站在岸上用手比画着教那个孩子怎么游。

可是，过了一会儿，只见逐渐湍急的水流让那个孩子呛了口水，一个劲儿地咳嗽，站在岸上的孩子赶紧告诉那个小孩稳住，可那个孩子却越发紧张起来。岸上的孩子没有多想，便脱掉衣服和鞋子跳下水去救伙伴。

施救的孩子想抓住伙伴，可怎么也抓不牢，就这样眼看着同伴落水而干着急。

此时，于洋的心也跟着提到嗓子眼，他一看不好，赶紧拿起家里的电话报了警。随后，于洋在妈妈的陪伴下赶到了河边。值得庆幸的是，由于救援人员来得及时，落水的孩子最终被救了上来。

这个事例中，游泳的那两个孩子从落水到被救的过程真够让人忐忑不安的，不过好在于洋小朋友急中生智，在他及时报警的帮助下，让溺水者转危为安。

事实上，或许并不是每一个孩子都能够理智地面对伙伴溺水事件，那个施救的孩子空有一颗助人为乐的爱心，却因为不够理智而险些让自己也发生危险。

所以说，对于孩子如何面对伙伴落水之事，还需要家长对孩子进行一番教育，教孩子在对伙伴施救之前一定保持冷静，不要贸然行动。

应该对孩子加强安全教育。不要让孩子随意到外面游泳，否则很容易造成意外事故。

让孩子理智地面对见义勇为的行为。如果能够做到"见义智为"，才能在勇敢地保护自己的同时想办法机智地救助别人。现行的教育总是片面强调"勇"的一面，这使得不少孩子在救助别人时往往是奋不顾身地迎着灾难而上，不计后果地紧急施救，结果往往是悲剧大于喜剧——有时候不仅没有成功地救助别人，自己可能也遭受了严重的伤害甚至是与被救者一样无辜丧生。

(1)在不能保证自身安全的情况下，不要贸然下水救伙伴

有的孩子认为自己水性好，看到伙伴落水便马上施救。这些孩子不知道，救助落水者是需要较大力气的，如果自己无法保证自身安全，那么还是不要贸然施救，否则很可能不但无法将落水者救起，甚至连自己也发生灾难性后果。

(2)紧急情况下的应对措施

当发现伙伴落水后，为了防止对方情绪急躁、慌乱，家长可告诉孩子要大声安慰溺水者，让其保持安静，等待救援。如果周围有成年人，那么就一定要马上大声呼喊，引起大人们的注意，好让大人救出落水者。另外，如果附近有船只的话，可以马上将船划到落水者附近，并将船桨递给溺水者，但需要注意的是，一定要站稳，不要被溺水者拉下水。

76.油锅起火，灭火方法是关键

虽然大部分家庭不会让孩子一个人做饭，但是有些家长因为工作需要或者其他因素，不得不让孩子做饭。那么，如何让孩子能够安全地把饭做好，是家长们不得不重视的，因为时常有报道说孩子因为做饭而受伤，或者引起火灾等事件。

对此，家长们有必要提前灌输给孩子一些相关的知识，好让孩子在做饭这件既能够锻炼独立性的事情上再掌握好安全性。

曾有媒体报道，天津市和平区某小区发生了一起厨房火灾。火灾发生后，由于消防人员到达及时，很快大火便被扑灭了，此次火灾没有造成人员伤亡和较大的财产损失。火灾是由一名12岁的女孩在家中厨房做饭引发的。

据女孩的家长介绍，当时孩子的父母都因为有事中午赶不回来，孩子就只好自己做午饭。没想到，正做着饭的时候，客厅里的电话铃响起来了，孩子就出去接电话，电话是孩子的外婆打来的，两人聊着聊着就过去了十多分钟，而孩子早已忘了厨房里还开着的燃气灶。

就这样，燃气灶蹿出来的火苗把锅里的油给引燃了。接着，油烟管道也被引燃了，火就着了起来。

看着凶猛的火势，孩子一下子慌了神，于是抄起洗菜的水盆往油锅里泼了一瓢水，结果火不但没有熄灭，反而燃烧得更猛了。几分钟后，整个厨房的灶台就都烧了起来，此时女孩才赶紧跑出厨房拨打了报警电话。

在很多对于生活常识知之甚少的人的潜意识里，见到火就用水浇灭是很自然的事。可是他们不知道,如果是往着火的油锅里泼水,是不会将火浇灭的,反而会让火更加旺盛。

我们都知道,火燃烧离不开空气,其实,最好的办法就是赶紧拿锅盖盖上着火的锅,这样可以让火苗和空气隔绝,也就没有继续燃烧的条件了。

换句话说,如果在平时家长多对孩子进行一些相关的教育和引导,那么可能就不会发生像上述事例中这样的事故了。

(1)如果有可能,还是不要让孩子独自做饭为好

虽说孩子独自做饭是体现其独立性的一个方面,但是任何品质和习惯的培养都不能建立在不顾及安全的基础上。如果家长想对孩子进行独立能力的培养,那么可以对孩子进行指导,在一旁观看和监督,这样才能帮助孩子做好安全防范,以免发生火灾及其他事故。

(2)告诉孩子应对油锅着火的安全知识

不管是否让孩子单独做饭,我们都可以告诉孩子一些关于油锅着火的应对方法:

①用锅盖把油锅盖上。如果是用煤气灶做饭,一定要关上开关;如果是炭火,应立即把锅端离火源。锅里的油火隔绝了空气,燃烧一段时间后就会自然熄灭了。

②不要使用泡沫灭火器或是水灭火。因为油在燃烧时如果碰到了水,会引起更大面积的燃烧甚至爆炸,而且还会灼伤人体。

③赶紧往油锅里放些青菜。因为青菜放入油锅里,会起到充分隔绝空气的作用,也能起到冷却作用,油火会很快熄灭。也可向锅内放入沙子、米等把火压灭。

④在火势不大时,用湿抹布覆盖火苗,就可灭火。

⑤在上述过程中,要注意不要让油溅出锅外,否则会扩大火势。

77.井盖吞人，请勿靠近

孩子总是对一切都充满了好奇，父母一不留神，他就可能跑到别处去玩了。为了孩子的安全着想，父母要留心孩子的去处，告诫孩子不要在井盖边玩耍。这样，可以引起孩子的重视，从而可以减少孩子在井边受到伤害的可能性。

因此，为了孩子的生命安全与健康，为了避免我们的孩子落入井中或者一旦不小心落入而能想办法逃生，家长一定要重视起来。带孩子出去玩时，家长先熟悉一下周围环境，看看哪里有下水井、哪里的下水井盖没有盖。如果是去往不熟悉的环境，家长就不要让孩子离开自己太远，更不能让他们独自去玩。

有一对夫妇带着两个孩子在外地打工。一天，两个孩子在民用房的院子里玩，突然，7岁的哥哥大声喊着："弟弟掉井里去了。"等大人听到喊声，往井里一看：幸好孩子挂在井中还没有掉下去。原来，他在往井下掉的过程中，胡乱抓住了一块卡在井口的三夹板，三夹板离井口也有一段距离，但是依然可以看见孩子的头。

于是，大人立刻报警，成功将孩子救出来。孩子被救出来之后，脸色发青，已经失去了意识。幸好孩子被送往医院简单救治后，没有什么大碍。

事后，从孩子哥哥那里得知，井口上当时盖着三夹板，两个孩子就坐在上面玩。没料到三夹板被压碎，坐在中央的弟弟连同三夹板一起掉入井内。

经常可以看到下水道的井盖被偷，井口就那样敞着。于是，有些人怕路过的人会不小心掉入井内，就会在井盖周围放置一些东西挡着。但是这样更能吸引孩子的注意力，孩子的好奇心会驱使他走过去看看，这样可能增加了孩子的掉入井中的可能性。此外，孩子有可能会被绊倒或者被反扣的井盖上的铁丝伤到，对孩子来说，井盖边可能充满了危险。

河北某地一名学生在一天下晚自习后，由于当日风大，刮得人睁不开眼睛，在他骑着自行车回家的路上，不小心骑向街上一口没有井盖的自来水窨井。

由于井盖不牢固，该学生的自行车前轮有一半滑入了井中，又因为冲击力过大，该男孩自己的整个身体也栽入了井中。不过值得庆幸的是，由于他抓住了被卡在井盖上的自行车，才没有落入井中，只是受了点儿轻伤，腰扭了一下。随后，后面的行人见此情景，将他救了上来。

一直以来，小孩子掉入井中的事故时常见诸报端，其中有一部分原因是因为有人将井盖偷走牟取私利，导致有井无盖；另一方面是天黑，路上照明不好，导致孩子视线不清，误落井中；还有一部分是孩子本身年少无知，到井口边去玩耍或失足而落入井里。

无论是哪种原因，孩子落井都会造成不幸，甚至发生丧失性命的情况。为此，家长们应该让孩子时刻铭记远离水井，远离井盖。

(1)时刻注意脚下的情况，做到远离水井，不踩井盖

①不要为了好玩或者好奇，而到井边玩耍。

②对于常去的田间郊外或者常走的马路，一定要了解其情况，避免不慎落入井中。

(2)万一出事，可采取的措施

①沉着镇定，不要慌张，相信会有人救自己。

227

②一旦落入枯井,要大声呼救,但需要注意的是,不能乱叫,为的是保存体力,只有叫声长而远,才能引起周围路过的人的注意。

③当掉入水井中,尽量扶住井壁,或者抓住一块木板,想办法别让自己沉下去,然后呼救求援,并鼓励自己,绝不轻易放弃求生的希望,等待救援。

78.身陷沼泽,仰卧爬行可脱险

我们时常会听到"心灵的沼泽"、"情感的沼泽"等比喻性词汇。沼泽其实是一种自然界的现象,也可以说是产物。

在百度百科里,关于沼泽是这样解释的:在气候湿润的地区,河水挟带着泥沙汇入湖泊,因为水面的突然变宽,水流速度减慢,携带泥沙的能力减弱,泥沙便在湖边沉积下来,形成浅滩。还有一些微小的物质随着水流漂到湖泊宽广处,沉积到湖底。随着时间的推移,湖泊变得越来越浅,并且在湖水深浅的不同位置,各种水生植物逐渐繁殖起来。在湖泊深处,生长着眼子菜等各种藻类;在较深的地带,生长着浮萍、睡莲、水浮莲等;在沿岸浅水区,生长着芦苇、香蒲等。它们不断生长、死亡,大量腐烂的残体不断在湖底堆积,最终形成泥潭。随着湖底逐渐淤浅,新的植物又出现,并从四周向湖心发展,湖泊变得越来越浅、越来越小,最后,原来水面宽广的湖泊就变成了浅水汪汪、水草丛生的沼泽。

由此可见,沼泽地的特点决定了它具有很强的危险性,如果我们的孩子一不小心深陷其中,就可能招致身体受到伤害。不过,陷入沼泽也并没有那么可怕,只要我们教会孩子一些方法,是可以成功自救的。

　　谢宁辉一家生活在南方某农村地区，那里气候湿润，湖泊众多，尽管没有城市里的孩子们那么多的游乐场所和游玩设施，但是谢宁辉和小伙伴们却从自然界中寻找到了天然的"游乐场"。

　　除了冬天之外，其他春、夏、秋三个季节，谢宁辉都可以到河里去洗澡，或者到植物繁茂的地方去捉迷藏，或者到湖边钓鱼。

　　去年夏末秋初的一天，谢宁辉又和几个小伙伴一起外出玩耍了，这次他们的目的地是离村子不远的芦苇荡，他们要去那里抓蚱蜢，然后烤熟了吃。

　　芦苇荡里的蚱蜢多得无法计数，这让谢宁辉他们开心不已，不一会儿他们就抓了几十只。可是，孩子们越抓越来劲，丝毫没有见好就收的意思。

　　就这样，一直抓了两个多小时，谢宁辉见芦苇荡外围的蚱蜢已经因为他们连抓带吓而少了很多，便提议往里面探一探。

　　这一探可不要紧，由于没注意，一不小心，几个孩子纷纷落入了一处沼泽地，顿时身体就沉下去了一大截。

　　孩子们给吓坏了。不过，幸好其中最大的一个孩子在出门时拿了父亲的手机，他赶紧给家里拨了电话求救。最后，还是大人们将几个孩子救了出来，总算有惊无险。

　　几个孩子由于光顾着玩耍而身陷沼泽，幸亏及时联系到了家长，否则后果不堪设想。我们知道，一般来说，沼泽地多出现在湖泊、河流边缘地带，或者是森林荒野处，而不会出现在繁华地段，所以说，在日常生活中遇上这种陷入沼泽的事情的概率是小之又小的，但是孩子们往往喜欢户外活动，而又缺乏这方面的经验，一旦遇上紧急情况，就不知如何是好，所以，还需要家长在这方面多为孩子做一些工作，以帮助孩子在身陷沼泽后能够成功自救。

(1)怎样识别危险的沼泽

沼泽一般在潮湿松软的水边或荒野地带,要十分小心寸草不生的黑色平地。同时,应留意青色的泥潭藓沼泽。有时,水苔藓布满泥沼表面,像地毯一样,不容易被发现,而这恰恰是最危险的陷阱。

如果无法绕过泥潭遍布的地方,就要沿着有树木生长且地势较高的地方走,或踩在石南草丛上,因为树木和石南都长在硬地上。如不能确定走哪条路,可向前投下几块大石头,待石头落定后可确定是否可以落脚。

(2)陷入沼泽或流沙后的自救措施

陷进沼泽后,最关键的是不能慌张。陷入沼泽并不像跌落到水中,人一掉进去就被淹没了。跌进泥沼地中,会慢慢地下陷,但是一旦被埋没,就真的进了"阎王爷的府里"了。这时候,如果大叫或挣扎,只会加速下陷;如果左顾右盼,一时又找不到可以扶持的东西,那么时间一浪费,生命便危在旦夕了,所以,不管周围有什么,第一时间是全身趴在沼泽上或仰躺在沼泽上,就不要管泥巴有多脏了,没什么比你的生命更重要。

伏在沼泽上的时候,要么脸朝下,要么脸朝上,根据自己的情况而定。平躺之后,自救措施就实施成功了一半,下一步关键就是要把你陷进去的腿给抽出来。以脸朝上为例,腿要向上抽动,不要两条腿同时抽,要一来一回左右交叉地往沼泽外抽,一抖一抖,腿就容易出来了。然后,身体不要动,而要动头,用最清醒的意识去找沼泽的岸边,确定方位后,朝着那个方向滚。

需要注意的是,打滚的速度不能太慢,要靠上半身的力量,不能用腿,否则斜着陷下去,之前的努力就白费了。

79.高空抛物真危险,行走楼下要注意

少年儿童是弱势群体,一个人独自在高楼跟前走,谁也不能保证不会发生意外事件。为了孩子安全、健康地成长,父母要尽可能地消除孩子成长过程中可能存在的安全隐患。所以,父母要告诉孩子,不要在楼房跟前走,提高警惕。

小鹏和小岳住在同一层楼上,刚好他们也在同一个幼儿园上学,所以他们经常在一块玩。周六的时候,小岳在小区内玩滑板,觉得一个人玩没意思,就想让小鹏下来一起玩。小鹏家住在四楼,只要他走到楼房前大喊几声,小鹏听到就会下来了,但是爸妈告诫他"没事不要在楼房跟前走",所以他就绕着走到楼房的侧面,爬上楼去叫小鹏。

晚上回家的时候,听到父母闲聊,今天楼下有一个人被楼上的花盆砸中了,而且时间还和他叫小鹏下楼的时间差不多。

在日常生活中,由于社会经验不足、生活知识缺少和自理能力的欠缺,遇到意外,孩子一般不懂得如何处理。所以,父母要提高孩子的安全意识,让孩子不要贸然在楼房跟前停留太长时间,当然更要提醒孩子不要向楼下扔东西。

下午,幼儿园到了放学的时间,丁丁急急忙忙背起书包就往外跑,他心里想:"妈妈一定在门口等着呢!"但他刚跑到楼下,就想起来自己喝水用的水瓶没拿,可想想自己的教室在3楼,他实在懒得再爬上去了。于是,他站在教室楼下面,对着教室窗口喊他的朋友小胖,让小胖给他把水瓶

231

丢下来。

小胖倒也仗义,在丁丁的课桌上找到水瓶,趴在窗户上,对着丁丁就把水瓶丢了下去。丁丁眼看着水瓶直直地掉了下来,因为水瓶里还有水,所以瓶子还是有一定重量的。可惜的是,水瓶没有被丁丁接住,而是重重地砸在了他的脚面上。丁丁一声大叫,捂着脚蹲了下来。他强忍着疼痛,一瘸一拐地走到了幼儿园门口,妈妈看到他这个样子吓了一跳。回到家后,丁丁脱下鞋来一看,整个脚面都肿了。第二天,他又一瘸一拐地走进教室,他的脚过了整整一周才消肿。从那以后,丁丁再也不让人往下扔东西了。

幸好丁丁接的是没装满的水瓶子,幸亏砸到的是脚。如果是别的实心或者带尖的物体,或者砸到的是头,那么后果将不堪设想。别说是才几岁的孩子,就算是成人,也不提倡这种高空接物。据相关资料说:一个鸡蛋从8楼抛下,可以让人头皮破裂;一个铁钉从18楼掉落,可能会插入行人的脑中。可见,高空坠物往往具有很强的杀伤力。所以,父母要向孩子讲明白,不要图方便在楼下接东西。因为随便往下丢东西,不仅仅有可能会砸到自己,更有可能会砸到其他人,给他人带来凭空的伤害。

确实,在楼房跟前行走有一定的危险性,如高楼上的花盆、垃圾、楼上人随手倒的水或者一些不明物体从楼上掉下来。如果运气不好就可能被砸中,轻则皮外伤,重则有性命之忧。曾经有人在楼下行走的时候,不幸被楼上掉下来的冻猪肉给砸死了。

当然,这种情况不多见,只是意外,但就是这些意外,经常会令我们措手不及。既然不知道它什么时候会降临,就要做好防范措施。那么,父母应该怎样让孩子乖乖听话,不在楼房跟前行走呢?

(1)告诉孩子不要紧靠楼下走。如果必须经过高楼才能到达目的地,父母就让孩子尽量拉开与楼房之间的距离。这样即使有坠落物,由于距离比较远,孩子也能很好地避开。

(2)教孩子小心快行。在必经的楼房下,父母要告诉孩子,留心自己的周围,然后小心快走,减少在楼房跟前逗留的时间。

(3)告诫孩子不要往楼下扔东西、倒水。如果家是住在楼上,父母告诉孩子千万不要往楼下扔东西,以免砸伤楼下的行人;楼下随时都有人在走路,所以不要往楼下倒水,防止倒出去的水淋到别人身上。

80.耳朵里面飞进了虫子怎么办?

在公园和野外,有许多纷纷飞舞的小虫子,这些虫子对于孩子来说,大部分是没有伤害的。不过孩子在玩耍的过程中,不小心让这些小虫子飞进自己的耳朵里,那就会造成一些麻烦。有虫子爬进孩子的耳朵里,千万不要自己乱掏,以免鼓膜破裂造成严重的后果。

5岁的阳阳是一个热爱户外运动的孩子,傍晚太阳下山了,阳阳带上个小皮球就到小区附近的公园里玩耍了。阳阳在草地上拍打皮球玩得很开心,不过一不小心就把皮球拍到了旁边的草丛里,他赶忙跑到草丛里去捡皮球,结果一大堆小虫子从里面飞了出来。阳阳被忽然飞出的虫群吓坏了,赶忙从草丛里跳了出来,不过还是有一只调皮的小虫子钻进了阳阳的耳朵里面。小虫子在阳阳的耳朵里面拍打翅膀嗡嗡作响,阳阳害怕极了,赶忙伸出小手指去抠挖,那个小虫子却躲进了阳阳的耳朵深处了。阳阳只好哭着喊着去找妈妈,阳阳的妈妈想尽办法也没能把阳阳耳朵里的虫子取出来,只好带着阳阳去找医生。医生先用消毒水把小虫子杀死,然后才把虫子取了出来。

小虫子飞进耳朵里是常见的事故,只要处理得当,是不会有什么问题的。父母应该告诉孩子不要自己随便抠挖,更不可以用小树枝和尖锐的器物乱掏。因为耳朵的洞蜿蜒窄小,孩子的鼓膜也十分脆弱,随便乱掏很难掏出小虫子,掏不出来,那就糟糕了。

小虫子钻进孩子的耳朵里,就好像人们走在一个幽深狭窄的地洞里,会在里面不停地乱飞乱撞,用手指或者器物去掏耳朵,小虫子就会往孩子的耳朵深处里钻,如果不幸钻到了鼓膜上,就可能弄破鼓膜,造成听力受损,影响孩子一生。

北京某小学学生张怡,暑假期间与同学们一起到远郊区参加夏令营。大家都住在老乡家,白天爬山,采植物标本,涉水嬉戏,晚上围着篝火唱歌跳舞,或坐在场院里仰望天空数星星,十分快活。

凌晨三点多钟,只听一声惊叫,把大家从睡梦中惊醒。原来,张怡左耳疼痛难忍,同学们发现其耳道内钻进了一只闪着金属光泽的绿色小甲虫。这时,有的同学摘下发卡就去掏。结果,越掏甲虫越往里爬;有的同学找来了细铁丝,并弯了一个小钩,准备把甲虫给钩出来。结果,也无济于事,连小钩都进不去了。这下大家可慌了手脚,同学们只好把带队的老师找来。

老师看了看情况说:"同学们不必惊慌,咱们先把房东叫起来,向他借点油。"同学们虽不知小甲虫钻入耳道与向房东借油有什么联系,但相信老师一定有办法,所以很快就把房东给叫起来了。房东大妈一听借油给同学治病,立即把香油、花生油都拿了出来。老师让张怡先侧卧,有小甲虫的一侧朝上,然后用小勺一点点、一点点地向耳道内灌注香油,又让张怡站起来,歪头单腿跳,结果,小甲虫顺利地流出来了。

事后，老师说，遇到这种情况千万不能惊慌，也不能用发卡、掏耳勺去掏，还不能用镊子夹或者用小钩去钩。你越用东西触动小虫，它就越往里钻，造成的伤害和痛苦越大。

那我们遇到小虫入耳，应该怎么做呢？

（1）立即向耳道内滴入一些油。香油、花生油、石蜡油都行，然后令患者站立。左耳道内有小虫，头偏向左侧成90°，使外耳道竖直向下，右腿弯曲，左腿弹跳。随着油往外流，就把小虫冲出来了，然后用棉花球擦拭外耳道就可以了。

（2）如果在野外遇到这种情况，找不到油时，可用水来代替，甚至新鲜尿液都行。小虫出来后，一定要清洗干净耳道就是了。

81.吃鱼当小心，小小鱼刺危害大

鱼肉的味道十分鲜美，无论是蒸煮还是做成鱼汤，都十分嫩滑可口，引人食欲。鱼类具有极高的营养价值，孩子经常食用鱼类，可以促进他的生长发育，以及智力的发展，可以说，鱼是孩子最好的食物之一。鱼肉虽然鲜美，不过也有许多鱼刺，孩子在吃鱼时，若是不小心误吞了鱼刺，就很可能卡在喉咙里，损伤喉咙黏膜，甚至出血。严重的还可能出现感染，沾染炎症。

6岁的秦恺身体很瘦弱，平时就有偏食厌食的习惯。为了促进秦恺的身体发育，秦恺的妈妈经常都会买鱼烹制成鲜美可口的鱼汤给他喝。秦恺的妈妈叮嘱秦恺,吃鱼的时候不能着急,否则被鱼刺卡在喉咙就不好了。刚开始时,秦恺吃鱼都是小心翼翼地把鱼肉里的鱼刺挑出来,确认没有鱼刺了才吞下。

一段时间之后,秦恺吃鱼都没有被鱼刺卡住,秦恺的警惕心就开始下降了,经常一边看动画片一边吃鱼。有一天,电视里的动画片十分精彩,秦恺将鱼送入口中,也没有仔细咀嚼就一口把鱼肉吞了下去,忽然秦恺感觉到自己的喉咙有种火辣辣的疼痛,秦恺开始惊慌起来,赶忙大口地咽口水,可是喉咙的鱼刺依然卡在那边一动也不动。秦恺见鱼刺吞不下去,就改变了一个方法,想把鱼刺呕吐出来,可还是不奏效,吐出的口水甚至还带着鲜红的血丝。秦恺害怕极了,大声哭了起来,秦恺的妈妈听到秦恺的哭声赶忙跑了过来,她倒了一小杯醋让秦恺喝下去,但是这非但没有让秦恺把鱼刺咽下去,反而使秦恺更疼了。秦恺的妈妈没有办法,只好带着秦恺到医院求助医生。

孩子被鱼刺卡住,有时吞一口饭或者不停地吞咽口水,鱼刺就会消失不见了,有许多人都觉得这是解决鱼刺卡喉咙的良方。其实不然,鱼刺卡得比较浅,这种方法就会有一定的效果,若是卡得深,这些方法不但解决不了问题,还可能会加剧"病情"。这就好像一枚钉子顶在了墙上,你越用力敲打,不但取不出钉子,反而会使钉子越来越深。不停地吞咽很可能会将鱼刺推进到咽部,甚至进入更深的食道里,这就更难取出了。时间长了,甚至会导致食道感染,发生危险。

在民间流传着一种解决鱼刺的方法,那就是不停地喝醋,让鱼刺软化掉落。这种方法是非常不科学的,且不说鱼刺最少要在醋里浸泡半小时才会软化,吞咽醋起不到软化鱼刺的效果,还会刺激口腔黏膜,导致孩子的疼痛加剧。

因此,当孩子被鱼刺卡住的时候,父母应该这样做:

（1）告诉孩子被鱼刺卡住不要哭

告诉孩子，如果被鱼刺卡住就要立刻停止进食，尽量不要进行吞咽。让孩子不要哭闹，以免使鱼刺滑进食道深处。这时，应该立即做呕吐的动作，一般来说都可以把鱼刺吐出来。

（2）尝试一些简单的处理方法

如果孩子被卡住了，父母可以让孩子张开嘴巴，用小勺将舌背压低，再使用手电筒照射，鱼刺卡得不深，可以用镊子将鱼刺拔出。

若是这些方法都不奏效，还有明显的感觉，那就应该到医院寻求医生的帮助，以免造成更大的伤害。

82.理智应对交通紧急状况

遭遇交通意外，人能否在0.75秒内做出逃生的选择是十分重要的。父母若能在平时加强对孩子的交通安全教育，并教给他一些紧急状况的处理方法，不但能最大限度地避免交通事故的发生，而且即使不幸发生意外，也能让孩子最大限度地保证自己的生命安全。

小勇在过马路时，忽然见一部白色轿车闯了红灯，并向自己撞来。小勇急忙转身向路边跑，车辆也急忙刹车，但他还是被车挂倒了，车轮从他的左腿上轧过。

看到腿上满是鲜血的男孩，司机急得不知所措，伸手就要抱起他去医院。小勇忽然想到当医生的妈妈说过"在受伤时搬动伤者有可能会造成更大的伤害"，他强忍剧痛说："叔叔，别……不能动我……赶紧打120……"

司机赶紧拨打了120急救电话,5分钟后,救护车赶到现场。经诊断,小勇的左股骨中上段为粉碎性骨折。医生说:"幸好现场没有搬动伤员,只要稍微搬动病人。断裂的骨头就可能刺伤动脉血管。那将会造成大出血,危及生命。"

在这场突如其来的交通事故中,由于小勇懂得一些急救知识,所以及时制止了司机错误的救助行为,保护了自己的生命安全。

交通意外谁也不想遇到,但事故的发生却不仅仅是行人遵守交通规则就可以完全避免的,其中还包括驾驶人员的疲劳驾驶、酒后驾车、闯红灯等多种因素。与汽车、摩托车等交通工具相比,行人是交通活动中的弱者,最容易受到伤害。

所以,父母不但要让孩子了解交通安全、遵守交通规则,更有必要告诉他,一旦发生交通意外,应该如何应对各种紧急情况,将伤害降至最低。

(1)教给孩子交通事故中的自救法

①遇上车祸导致撞击,不要乱移动身体。

如果发生交通意外,头部遭到撞击,就会出现脑震荡的可能,一般表现为昏迷、呕吐等症状,身体其他部位也可能遭到重创。在此情形下,身体先不要随意移动,最好是在原地等待医护人员救援。

②遇上翻车很危险,一定要护住头部。

我们一定要告诫孩子,当乘坐的车被撞翻,千万不要急着从车中跳出去,应该先等着车停下来,稳定之后再慢慢撤离,不要因为紧张而互相踩踏。在翻车的时候,一定要抓好周围固定的物体,像是座位、护栏等,不要让自己在车中碰撞,稳住之后就随着车翻转。因为有可能在翻车的时候被周围的东西磕碰,所以要蜷起身子,将头部护住,这样能够在一定程度上保护自己的头和重要的脏器不被伤害。

(2)告诉孩子交通工具起火时如何逃生

近年来,我国发生多起公交车起火事件,孩子在乘坐汽车外出时,如果遇到车辆起火,该如何自救呢?

父母应告诉孩子,在遇到车辆起火时,如果被困车内,而车门无法正常打开,在临近车门处可以拉开车门上方的红色应急开关,打开车门逃生。若离车门较远,就看一下车辆的窗口是否有逃生锤,如果有,便用锤子砸碎侧窗玻璃,跳窗而出。如果没有,也可以用女士的高跟鞋或其他硬物砸侧窗,并记住一定是侧窗,因为挡风玻璃是砸不碎的。若车内烟雾浓重,应用衣物浸水或直接用棉质品浸水掩住口鼻,避免吸入有毒物体,然后再伺机逃生。

而乘坐轮船时,如果发生火灾,应听从指挥并向上风方向有序撤离。不过要切记,撤离时用湿毛巾捂住口鼻,尽量弯腰快跑。当需要弃船时,要立即穿好救生衣,按紧急撤离图示方向离船。弃船后尽快远离船舶,防止下沉的船舶造成漩涡,把人卷入。

(3)教孩子在交通工具落水时的逃生措施

乘坐的车辆落水,这种情况是比较紧急。尤其是当车在刚落水的瞬间,会跟水面发生碰撞,这时候产生的冲击力很可能使车内人员昏迷,在水中不能及时逃生。所以一旦落水,应该抓紧周围与车辆固定的物品,像是座位、扶手等,尽量避免受到太大的撞击伤害。如果水比较浅,车辆落水后还能够露出一部分,就在稳定后尽快地逃出去。但是有时候水比较深,整个车都会被淹没在水中,这时候因为水压很可能会让车门不能打开,就用车中预备好的安全锤之类的尖锐物品击碎车窗,之后尽快逃出。

(4)告诉孩子车辆在野外发生故障时该如何应对

外出时,偶尔会遇到车辆突发故障抛锚在野外的情况。这时,父母应该告诉孩子,即使车辆已经停下来,也不要下车四处走动,以防车辆修好后出发时被遗留在野外。在车辆,尤其是火车抛锚的过程中,如果车门没有打开,要让孩子停留在原位不动,听从乘务员的统一指挥,不要擅自砸窗、敲门,以防引起众人惊慌。

在出门旅行时,即使路程不太远,父母也应该为孩子和自己多准备一些食物和水,这样可以防止车辆在野外发生故障而长时间滞留,致使缺乏饮水或食物。

83.一心不能二用,走路不要吃东西

如果父母给孩子买了好吃的,他肯定会禁不住诱惑,想马上拿到嘴里吃。但是父母要留心,如果孩子在走路的时候,就不要让他吃东西。这样孩子才能专心走路,确保他的安全。

妈妈告诉小柔不可以一边走路,一边吃东西。所以,她一直牢牢记在心里。周六的时候,小柔和妈妈一起去公园玩,妈妈给她买了一串糖葫芦,可能是很少吃路边摊上的东西,所以小柔吃得津津有味,还经常停下脚步来吃。

由于时间有点赶,妈妈催道:"宝贝,快点,我们赶时间,你可以边走边吃啊!""妈妈,你不是告诉我不能在走路的时候吃东西吗?"小柔问道。"哦,对。小柔真乖,那等你吃完我们再走吧。"妈妈欣慰地看着小柔说道。

孩子就是嘴馋,如果父母不告诫孩子"走路吃东西要小心",他会把所有的注意力都放在吃的东西上,根本不会留心脚下或者周围的情况,更注意不到自己所处的环境是否安全。

4岁的彤彤最喜欢吃棒棒糖了，酸酸甜甜的味道让她每次都吃得很开心。有一天，彤彤跟着爸爸妈妈去逛超市，她嘴里含着一根棒棒糖，跑在了前面，妈妈看到后立刻叫住了她："吃棒棒糖的时候不要跑，如果摔跤的话，会把嘴戳破的。"彤彤听了妈妈的话，放慢了脚步。

正当爸爸妈妈专心地挑选物品的时候，彤彤跑去看玩具。忽然，妈妈听见了她大哭的声音，连忙寻着声音跑了过去。当她扶起彤彤的时候，就见她满嘴是血，再仔细一看，棒棒糖和她的一颗门牙都静静地躺在了地上……后来，爸爸妈妈连忙带着彤彤去看医生，幸好她的牙还是乳牙，掉了还能再长，只是现在还没到换牙的时间，因此可能新牙要长得慢一些。从那以后，彤彤彻底记住了，吃棒棒糖的时候再也不跑了。

其实不仅是棒棒糖，冰糕、糖葫芦、羊肉串等食品上，都会有一根又长又尖的钎子，如果一边吃一边跑的话，一旦跌倒，硬质的小棒或者钎子都会扎伤孩子的嘴或者喉咙，这样还有可能会造成更为严重的伤害。

另外，还有的孩子有误吞棒棒糖下面那个硬质小棒的经历，这种情况也很令父母担心。如果孩子是在跑的过程中，这种误吞会更加容易。因此，父母一定要告诫孩子，吃东西的时候一定不能跑跳，特别是嘴里含着带棒的食品的时候，一定要吃完了再跑再去玩耍。

孩子都很稚嫩，一不小心就会受到这样那样的伤害，所以父母要倍加留心，尤其孩子走路吃东西的时候，时刻提醒孩子要小心，让他提高警惕，以保证自己的安全。

（1）父母是孩子的第一任老师，要以身作则。无论有多么饿，也不管孩子有没有在场，都不要边走边吃。父母要养成吃东西的良好习惯，要么把东西带回家吃，要么固定在一个地方吃完，给孩子树立一个良好的榜样。

（2）告诉他大人不喜欢边走路边吃东西的孩子。孩子也希望每个人都喜欢自己，所以父母可以告诉孩子走路的时候吃东西非常不雅观，别人看了也会不喜欢，孩子为了讨人喜欢，再馋也会忍着的。

（3）告诉孩子走路吃东西的危害。父母让孩子知道，走路吃东西，对身体不好，而且还可能只专心吃而忽略了周围的安全情况，很有可能会遭遇危险。

（4）规定孩子有些东西不能在走路的时候吃。如冰棍、冰糖葫芦之类，父母尽量少给孩子买，即使买了也规定不可以在走路的时候吃。

84.小游戏里也有不容忽视的危险

如果用一个词为童年生活做一个注解，那么大部分人都会同意是"欢乐"，而欢乐的"发源地"却是无忧无虑地玩耍。

现在，随着人们生活水平的提高，可供孩子玩耍的东西也就多了起来，可以说是琳琅满目、五花八门，再加上现在孩子们一个比一个聪明，玩出一些新鲜花样更是不足为奇。

不可否认，游戏对于开发孩子的智力、激发孩子的探索欲望和求知欲望是大有裨益的，但是这并不等于家长可以把孩子丢到一边任其玩耍而不管不顾，因为对于孩子来说，很多游戏中潜藏着危险，一不小心就有可能对孩子造成威胁，所以还是多加看管为妙。

6岁的图图在和爸爸玩"倒挂金钩"时，一不小心头部着地，摔得较重，缝了十针。

突发意外篇

原来，从图图很小的时候起，爸爸就和他玩这样一个游戏：把图图的脚倒拎着转圈！孩子对此乐此不疲，图图爸爸经常这样陪孩子玩，而图图的妈妈见父子俩玩得开心，也没制止过。可没想到，人有失手，马有失蹄，这次将孩子摔伤了。

在听说了图图受伤的过程后，医生批评了图图的爸爸妈妈。医生表示："这个动作有相当的挑战性，最好不要和孩子玩这样的游戏。即使爸爸很有把握，也要注意以下情况：注意孩子的年龄。这决定了孩子的自我保护意识与配合。孩子越小，受伤的机会也就越大。不过，孩子的年龄越大，体重越重，挥动起来的惯性就越大，要停止下来就更加困难，因此一定要注意安全。"

听了医生的话，图图的爸爸妈妈感到很惭愧，图图的爸爸表示再也不和儿子玩这样的危险游戏了。

受伤、致命，这样的词足以震撼每一个家长的心。我们谁都不希望此类的惨剧发生在自己身上，因此，对于孩子的安全，家长们一定要高度重视起来。

放学以后，几个小朋友一块在小区内玩捉迷藏，玩得非常开心。其中一个小朋友提议说："我们换一种玩法吧，这儿能挡住我们的东西太少了，太容易被找到了，一点儿都不好玩！我们蒙上眼睛来玩，怎么样？""好啊！好啊！"其他的小朋友一致赞同。

他们找来一块布条，"发号施令"的那个小朋友决定先来尝试，他把布条蒙在了眼睛上，系在了脑袋后面，其他的孩子分布他的周围，跳着等着他来抓。刚开始，这个小朋友还很兴奋，觉得自己一定会抓到几个。可是转来转去，还是抓不到，这时头也开始晕了，走路也有些不稳了，再加上有点儿着急，他摇摇晃晃地又转了两圈，头一晕，一下就栽倒在地上。

幸好就是擦破了点皮,并无大碍。

孩子的思想总是很简单,玩的时候就只顾玩,几乎不可能会去考虑这样玩会不会发生危险,或者会产生什么不好的后果。有些孩子就是在蒙着眼睛玩捉人的时候,什么都看不见,转圈太多,最后头重脚轻,跌倒在地上摔伤了。

因此,父母务必要提醒孩子,在玩的的时候要注意安全,让孩子提高安全意识,从最大程度上防止意外事故的发生。

(1)注意地面的防滑性和弹性

孩子的安全意识、防范意识和能力都没有成年人强,因此他们很容易在看似安全的家里摔着碰着。为了避免孩子摔跤,家长最好将整个房间铺上木地板,这样既避免了瓷砖的凉和滑,又不至于因使用地毯而难以打理。另外,在孩子游戏的专属区域最好铺放塑胶地毯,这样既有弹性,又能够防滑,可以从很大程度上避免孩子受伤。

(2)设计放置玩具的储物柜要适合孩子

孩子的力气有限,沉重的大抽屉对他们而言,开关起来是困难的,因此,要想让孩子自己轻松地拿放玩具,家长最好在购买储物柜时考虑到高度、抽拉难易等问题。高度适合孩子的身高、设计精巧、开关容易的柜子是首选。

(3)尽量避免刺激性亲子游戏

对于新鲜刺激的游戏,孩子们是最没有"免疫力"的了,可是孩子意识不到危险的存在,在他们眼里,凡是好玩的都乐此不疲。比如,很多孩子都喜欢让大人"举高高"、玩人造秋千等游戏。殊不知,这些游戏都暗藏着危险,因此家长们还是避免为好。

(4)购买玩具要仔细甄别,不要把"危险"带进家里

现在市面上的玩具五花八门,材质也是多种多样,有木质的、塑料

的、塑胶的、金属的，等等，其中以金属类玩具的危险性最大。很多金属玩具边缘比较锐利，或者有尖尖的角凸出来，因此，家长要多加注意，以免让这些本来为孩子创造欢乐的东西成为碰伤孩子的"利器"。

85.预防窒息，确保孩子的生命安全

对孩子来说，家是最应该保证其安全的地方。每一个负责任的父母首要的职责就是为孩子提供一个绝对安全的居家环境，以便孩子有充分的安全空间进行玩耍。如果你对自己在这方面做得到位不是很有信心，那么请抽出时间认真地审视曾经认为是那么熟悉的家或许会发现很多对孩子来讲是潜在危险的所在。

小昆是天津市宁河县某农村的一个9岁男孩，父母都是农民，以种棉花、粮食等为生。一天放学后，由于学校放学较早，而小昆的父母又都在田里干活，只有小昆一个人在家里。

这么大的男孩正是调皮的时候，爸爸妈妈不在家，这下整个家就都成了他的"地盘"。小昆看到家中院子里的棉花堆，就蹦到上面去跳着玩。

谁知，棉花堆里有一个坑，小昆一不小心掉了进去，怎么也爬不出来了，等到在田里干活的父母回家后，发现孩子已经不行了，虽然医生极力抢救，但最终还是回天乏术，没能将小昆从死神手里夺回来，小昆窒息而亡。

或许我们都想不到，平时和我们如此亲近的被子都有可能成为孩子的杀手。一个软软的棉花堆、一床被子居然都能够让孩子窒息而亡。然而,活生生的事实已经为我们敲响警钟,让我们意识到我们身边存在着很多被我们疏忽大意的危险因素。

很多父母或许想不到,孩子睡觉时让棉被蒙住头会造成窒息,有可能一直"睡"下去。另外,平时孩子喜欢吃的五彩斑斓的糖果、美味的果冻、香喷喷的花生米等,也会成为令孩子窒息而亡的杀手。

哈尔滨的8岁小女孩,因为夜里睡觉怕冷,将两床被子盖在身上,头也钻了进去。可第二天,她的妈妈见女孩还没起床,就喊了几声,仍没见动静,才到女儿的房间里,一看,这位妈妈顿时吓傻了,蒙在被子里"睡觉"的女儿面色惨白,嘴唇毫无血色,叫她也没有回应。

女孩的父母赶紧打120急救,经医生诊断,结果孩子是因为被子盖得过严导致窒息而亡。

有关调查显示,我国每年有超过2500名孩子因意外窒息而死亡,还有更大量的孩子因为窒息而落下终身残疾。因此,作为父母,为了让自己的孩子健康成长,我们有必要为孩子创设一个绝对安全的环境,不要让孩子如上面事例中所说的那样,在玩耍或者睡眠中离开这个世界。换句话说,对于家长来说,要杜绝这样的悲剧,采取积极的措施是非常有必要的。

(1)引导孩子学会自己采取预防措施

较小一些的孩子还不太会吐痰,当感冒咳嗽的时候,会吐不出痰来,这样就容易使痰卡在嗓子眼或者进入气管,都比较危险,所以,家长需要告诉孩子排痰的方法。另外,为了防止因为棉被造成窒息,父母要告诉孩子睡觉时露出头来,不要连脑袋一块蒙上,那样会非常危险。还有,在吃饭的时候,父母自身要先做到保持安静和正确的坐姿,细嚼慢咽,不要说说笑笑、狼吞虎咽,因为你的行为孩子都会效仿,所以,为了预防孩子在吃饭时窒息,父母要先做好表率。

(2)小心提防厨房和卫生间里的"罪魁"

卫生间和厨房通常是孩子喜欢探索的领域,比如,大多数孩子都对抽水马桶极感兴趣,所以马桶一定要盖上盖子,或干脆把厕所门锁上,否则,孩子可能会因为好奇而钻入马桶导致窒息。

孩子洗澡的时候,不要让他一人留在浴室。万一孩子不慎滑入水里,只需很短的时间,他就可能因为溺水而窒息。此外,塑料袋、垃圾袋等要放在孩子够不到的地方,并告知孩子未经父母同意,自己不要随便拿这些东西。

(3)应对孩子窒息的紧急措施

如果你的孩子不幸发生了窒息,那么父母要具有简单处理这一意外伤害的应急救护的知识和能力,这样才会使孩子得到及时、妥善的处理,为送到医院救治赢得时间和创造条件。

自然灾害篇

——遭遇自然灾害,寻找生机保安全

86.电闪雷鸣怎样科学避雷?

　　伴随着闪电,"轰隆隆"的雷声划破天际,在空中咆哮开来,响彻在地球上人们的耳畔。有的孩子看到电闪雷鸣会兴奋不已,有的孩子为大自然的神奇而震撼,但也有的孩子会因此而害怕,他们觉得闪电和响雷就像是动画片里的"大怪物"一样要来吃掉自己。

　　不管是哪一种,孩子们对于雷电的认识只是出于主观认识,非常感性,如果不是家长或者老师讲解,他们就无法意识到在这一神奇的自然现象背后还隐藏着巨大的危险。

　　暑假,几个小男孩儿约好一同来到山上采摘大白杏。那熟透的杏子,发出诱人的香味儿。

　　其中一个男孩子爬到树上,在接近树梢的枝头上往下打杏。树下的孩子跑来跑去地捡起又大又圆的甜杏,边捡边往嘴里塞。

山里的天气变化无常,尤其是盛夏,刚才还是晴空朗朗,一会儿便乌云密布了。他们赶忙兜着杏儿下山。老天爷不等人,他们下到半山腰,就电闪雷鸣,大雨倾盆了。恰巧,山路边有座小破屋,几个小伙伴进屋避雨。在小屋的墙外,有一个排水的铁管子,管口像拳头那样粗,从里面哗哗地淌出雨水。

"嘿,咱们冲冲脚上的泥。来呀,洗洗手挺棒的。"一个男孩儿边喊,边走到铁管子跟前。就在他的手放在水管口,任雨水冲洗的瞬间,天空一道亮闪,他用手扶住铁管子,继续冲脚。"轰隆"一声巨响,只见一个火球在地面上翻滚。在屋子里避雨的小伙伴还没弄清是怎么回事,只见洗手的小伙伴滚倒在地,痛苦地抽搐几下,便不省人事了。他们一边呼救,一边跑去抢救同伴。然而,刚才还活蹦乱跳的同学,已经面目全非,气绝身亡。

当他们清醒之后,才知道小伙伴是被雷击中了。他们后悔自己对雷电的防护知识知道得太少了。

也许有的家长会说,有雷电的时候不让孩子外出不就可以了嘛。不让孩子外出的确是一个不错的想法,但是这并不能保证孩子就一定能躲过雷电的袭击。这是因为,如果孩子在家中还接打手机的话,同样会受到雷电的威胁。

我们千万不要小看了雷击,每年因为雷击而丧命、致残的孩子不在少数,因此,家长们应教导孩子学会避雷的科学方法,以保护孩子的健康和安全。

2011年暑假的一天,上小学一年级的彭彭和邻居家的小伙伴乐乐一起在小区广场上玩。忽然间,天昏地暗,雷声响起,眼看就要下起雨来。

彭彭叫着乐乐赶紧回家,乐乐却不听,他说自己还没玩够,等下雨了再回家也不迟。彭彭知道乐乐是因为当天爸爸妈妈都没在家,便可以痛痛快快地玩一玩,而且乐乐家的保姆正在厨房忙碌,也顾不上下楼来找乐乐。

见此状况,彭彭一想,反正爸爸妈妈也都上班呢,奶奶的腿脚不利落,也不会下楼找自己,干脆和乐乐一起多玩一会儿得了。

就这样,两个孩子就继续在小区游乐场秋千架旁边荡秋千。

可没过两分钟,只见大雨倾盆而下,顿时耀眼的闪电、轰隆隆的雷声也都接踵而至。此时,乐乐赶紧拉着彭彭往游乐场旁边的一棵大柳树下跑去。彭彭见状,却拽着乐乐到游乐场边上的小卖部走去,乐乐还不高兴地问为什么不去大树下,彭彭告诉他说,如果在大树下避雨容易遭到雷电袭击。

果然,就在他们躲在小卖部里不到5分钟的时候,只见刚才那棵大柳树"咔嚓"一声拦腰截断,上面的大树冠和上半部分树干都砸在地上。

此时,乐乐用崇拜的眼神看着彭彭,彭彭则呵呵一笑,学着大人的口气说:"多学点儿知识还是用得着的!"

如果询问家长朋友,你希望自己的孩子是彭彭还是乐乐,可以肯定,有100%的家长都会答出同样的答案。没错,我们都希望自己的孩子能够像彭彭这样懂得自然常识,在关键的时候不会因为错误的认识而让自己受伤害。

2005年10月26日,据在上海召开的中国国际防雷论坛透露,我国每年因雷电造成的人员伤亡人数达3000~4000人。而且雷电灾害已经被联合国列为"最严重的十种自然灾害之一"。

如果我们继续无视这样的死伤,还不设法增强孩子防雷电的意识,不教给他免遭雷电的科学方法,那会不会有一天,那团可怕的火球也会带给我们无尽的伤痛呢?

(1)增强孩子的防雷电意识

这天天很阴,眼看就要下大雨了,远处还不停地传来一阵阵雷声。在一所小学学校的露天水池旁,一个小男孩踢完球,正在冲洗着满脸的汗水。这时只听"轰隆"一声巨响,男孩被雷电击中,倒在了水池旁。

这个小男孩之所以被雷电击中,是他对雷电没有一点防范意识,在一声声响雷中,还跑到水管前冲洗。

虽然我们都知道,被雷电击中会有伤亡,可我们往往都像上面那个小男孩一样,觉得这样的事情离我们很远,绝对不会发生在我们的身上。可是,我们仔细想一下,又有几个被雷电击中的人,能想到自己有一天会因为这样的意外而离开人间呢?

所以,我们千万不要忽视雷电的危害,要经常提醒孩子,让他小心雷电,增强他的防雷电意识,在雷电交加、大雨倾盆的天气里,最好不要出门,并做好防护措施。

我们平时可以给孩子多读一些有关雷电知识的书籍,让他了解雷电是怎样产生的,雷电会有哪些危害,我们又有什么办法,能免遭雷电击中……这样对孩子加以引导,不但会引起孩子对雷电的研究兴趣,也能让他对雷电有防范意识。

此外,我们还可以让他平时多关注一些关于雷电灾害的新闻和事例,让他深刻了解雷电的危害性,使他能够明白:雷电并不是看上去那么美丽!

(2)教给孩子免遭雷电的科学方法

我们让孩子光有防雷电的意识不行,还得让他多知道一些免遭雷击的科学方法,以便让他在打雷、闪电的下雨天,知道应该怎样做。

当坏天气来临时,如果孩子是在室内,我们要告诉他,不要以为在室内就是安全的,如果不小心,雷电一样会来"光顾"。一定要让他做到以下几点:

①要关好门窗,以防雷电击中室内或有"球形雷"飘进屋子里。

②要把电视机、电脑、冰箱、空调等电器关掉,并拔下插头,以防"引雷入室"。

③不要在频繁的雷声中打电话,也不要收听收音机等,以防"雷电入耳"。

④远离窗口、暖气片、水管、水龙头、天线等带有金属材料的物品,以防发生"导电"现象。

⑤待在室内,不要去室外收衣服,尤其是晾在铁丝上的衣服,更不要去收。

如果孩子在外出时遇到雷雨天气,为防雷电,我们要告诉他应做到以下几点:

①要就近避入带有防雷设施的建筑物内(如带有避雷针的建筑),不要急于赶路,更不要奔跑。

②坐车时,不要把四肢和头伸出窗外。

③不要到大树、旗杆、尖塔、电线杆等高耸的物体下避雨。

④不要站立在山顶、楼顶等制高点处,而是要立即蹲下,双脚并拢,抱住膝头,头部向下,尽量把身体缩成一团,以降低高度。

⑤要尽快把手中具有导电作用的物体扔掉。比如:带有金属部件的雨伞、金属钥匙链、带有金属头的农具……

⑥雨天出门,尽量不骑自行车、摩托车。

⑦不要在空旷的场地或水中做运动。比如,打羽毛球、游泳等。

⑧最好在出门时穿上胶鞋,这样能起到一定的绝缘作用。

(3)教孩子学会救助遭雷电击中的伙伴

我们往往有这样一个观点:认为遭雷击的人身上还会带着电。其实,这种观点是错误的。对于那些被雷电击中的人来说,如果还有生命的迹象,刚开始的几分钟对救治他特别重要。如果他此时只是处于一种"假死"的状态,经过及时的救助,像人工呼吸、心肺复苏术这样的紧急处理,他还会有很大的生存几率。所以,如果在没有成人陪同的情况下,孩子的同伴若遭到了雷击,我们要让孩子及时地去救助他,并及时拨打120急救电话。

87.下冰雹时要尽快躲避到安全处

在户外天气多变,遇到一些突发的天气一定要让孩子知道如何保护自己。在夏天,由于空气对流速度很快,地表上的水蒸气迅速上升到温度较低的高空,液化成小水滴或凝华成小冰晶形成云团,云团忽然遇冷就很容易形成冰雹。冰雹不仅对建筑物和农田有巨大的危害,也极容易砸伤在户外活动的孩子。遇到冰雹时,一定要让孩子尽快躲到安全的地方。

一天,5岁的小毅和他们两个好朋友小明、小龙在离家有段距离的公园里玩耍,三个小朋友在公园里玩沙子、坐滑梯、踢皮球,玩得不亦乐乎,就连天忽然暗了下来也没有发现。距离小毅不远处的小龙忽然叫了一声然后跟小毅说道:"小毅,好好地你为什么用石头砸我?"小毅觉得很委屈,赶忙解释道:"我没用石头砸你呀,我的脑袋还被砸了一下呢!"就在小龙想说些什么的时候,小龙的脑袋上又被砸了一下。小毅的脸色大变紧张的说道:"哎呀,不好了,天上下冰雹了,我们要快点找个地方避一避才行。"

小明也跑了过来说道:"不如我们现在马上回家吧!"小毅看了看天色摇了摇头说道:"不行,这里离家太远啦,我们回去很可能会受伤的,只能先到那边的公共厕所里躲一躲了。"于是在小毅的带领下,三个小朋友赶忙跑到公共厕所里躲避冰雹。三个小朋友刚走进厕所,冰雹就如断了线的珠子一般从天上落了下来。有的冰雹比乒乓球还大,停在路边车子的挡风玻璃都被冰雹砸裂开了。

小龙和小明感到庆幸,还好刚才没有直接跑回家,而是听从了小毅的建议就近躲在了公共厕所里,否则真就遭殃了。

　　小毅的机智让三个小朋友躲过了一场冰雹，免去了意外的伤害。父母要告诉孩子在户外遇到冰雹，一定不要惊慌失措，只顾着低头猛跑，应该就近找安全的地方躲避，千万不要躲在高楼、广告牌和大树的下边。

　　虽然我们无法阻止天上掉下个"冰球球"，但是我们却可以告诉孩子如何来躲避冰雹的伤害，以保护自身的安全。为此，家长们就需要下点儿功夫了。

　　李宇彤是上海黄浦区一所小学二年级的学生。5月的一天，在放学回家的路上突然刮起了一阵大风，然后降起了冰雹。突然而来的冰雹让放学回家的孩子惊慌失措，纷纷逃跑。路边的商店见冰雹很大，也都赶紧将门窗关了起来。面对这突如其来的冰雹，李宇彤没有像其他同学那样急于奔跑，而是顺手拿起一家商店门外的一个大纸箱，扣在了头上。

　　但就是这样，噼里啪啦的冰雹还是将他的脑袋震得发疼。冰雹越来越大，李宇彤心想这也不是长久之计，他环顾四周，发现离他十几米的地方有一辆面包车也在躲避冰雹，于是，他顶着纸箱迅速跑到那辆汽车旁，向车里人说明意思后，钻进了汽车。

　　冰雹俗称"雹子"，有的地区也管它叫"冷子"，夏季或春夏之交最为常见。它是一些小如绿豆、黄豆，大似栗子、鸡蛋的冰粒。冰雹灾害是由强对流天气系统引起的一种强烈的气象灾害，它出现的范围虽然较小，时间也比较短，但来势凶猛、强度大，并常常伴随着狂风、强降水、急剧降温等阵发性灾害天气过程。

　　猛烈的冰雹会打毁庄稼、损坏房屋，人被砸伤、牲畜被砸死的情况也常常发生；特大的冰雹甚至比柚子还大，会致人死亡、毁坏大片农田和树木、摧毁建筑物和车辆等，具有强大的杀伤力。

孩子作为弱势群体,更需要了解冰雹的特点、危害以及如何避防。

(1)家长在平时要告诉孩子预防冰雹的知识

平日和孩子一起相处的过程中,家长可适时地告诉孩子一些关于冰雹的知识,比如冰雹的形成、冰雹来临前有哪些预兆,等等。通常来讲,冰雹来临前常刮东风或南风,而且闪电多为"横闪",雷声沉闷且连续不断,等等。另外,一般来说,春夏季节是冰雹的多发时期,家长应帮孩子做好预防措施,尤其是上学放学途中和外出游玩的时候。

(2)如何避免冰雹的侵袭

家长要告诉孩子,当冰雹降临的时候不要外出,等冰雹过去再出门。如果一定要出门,就要戴安全帽或用坚固的物品护住头部,以免头部被冰雹砸伤。

如果在室外突然遭遇冰雹,那么应立即护住头部,并赶紧到附近可以避雨的地方,等待冰雹过后再行动。

88.沙尘暴来了,教孩子正确做好防护

沙尘暴是一种风与沙相互作用的、具有极强破坏力的灾难性天气,而且持续的时间比较长,有时一连能刮好几天,给我们的生活和出行带来很多不便。

我国北方的沙尘暴就很厉害,每年春季,这种恶劣的天气就会席卷包括北京在内的北方诸多省市。由于沙尘暴的风量大,风速快,其中又含有大量的沙土,所以它所到之处,一片狼藉,空气质量极差,能见度也很低。因而,由此产生的人员伤亡时有发生。

2010年4月23日,沙尘暴侵袭了我国多个省市,据媒体报道,当天甘肃省某县的强沙尘暴使局部时段的能见度接近于零,在内蒙古的多个县市,沙尘所到之处都是漆黑一片。

在沙尘暴的威力下,房顶被掀翻,街道上的广告牌被刮掉,路边的树木被吹得东倒西歪,到处一片狼藉,惨不忍睹。

另据媒体报道,在2007年3月16日,伊朗遭遇到沙尘暴的猛烈袭击,造成5人死亡,14人受伤,其中,有3名不满1周岁的幼儿因为沙尘暴天气而窒息而死。

对于伊朗沙尘暴,某报纸是这样描述的:"在伊朗中部雅兹德省的巴夫小镇上,风速达每小时80公里,严重影响了人们的正常生活,而东南部地区克尔曼省的巴姆市受灾最为严重,风速竟高达每小时130多公里,有两人在车祸中死亡,不少汽车甚至被吹翻或因风沙抛锚,车窗被风暴击碎,沙尘席卷了整个车子。沙尘暴摧毁了大面积的房屋、树木和农场,致使受灾地区停电数小时,造成直接经济损失约1亿美元。"

可见,沙尘暴,特别是强沙尘暴的威力绝不容小觑,它和其他的自然灾害一样能够摧毁我们的家园,能够夺走人们的生命。不过,和别的自然灾害相比,沙尘暴有一点儿有所不同,那就是大多数时候,沙尘暴对人的伤害并不是直接的,而是间接的,比如被吹落的广告牌砸伤,或者因为汽车被吹翻而引发车祸等。

据有关部门统计,像以上案例中这样特大的沙尘暴,从20世纪60年代起至今,已发生了将近60次,而且有逐步上升的趋势。沙尘暴给我们带来了严重的经济损失和人身伤害。所以,我们不能忽视它的危害性,尤其不能让弱小的孩子在这种灾害发生时出现意外。

(1)告诉孩子沙尘天出行要注意安全

当沙尘暴来袭时,即使是成年人出行也都很困难,漫天黄沙,吹得人睁不开眼睛。所以,一般情况下,在这种天气来临时,尽量少让孩子出门。如果他必须出门,也要做好防护工作再出去,并应时刻注意出行安全。

沙尘暴的形成,离不开风力的推动。所以,如果孩子此时外出,一定要注意远离广告牌、树木、电线杆等高耸的物体,以免被砸伤。还要远离河流、湖泊,以免不小心被风卷入水中。

沙尘暴到来时,能见度差,尤其是其中夹杂的黄沙,很容易让人迷眼,从而发生交通事故。所以,最好让孩子带上面纱或能见度较高的护眼镜再出门。

另外,我们还要警告孩子,如果外出时风沙实在太大,不要急着赶路,要把自身安全放在第一位,尽快找到可以躲避的场所,等风沙小一点再出来行走。

(2)教孩子沙尘天气在外要注意饮食卫生

沙尘暴里夹杂着大量的沙土和有害菌,它们会落得到处都是,很难清理干净。所以,在扬沙的天气里,我们要告诉孩子,在上下学的路上尽量不要买外面现成的食品,尤其是路边摊上暴露在外的食品,以防"病从口入"。

即使是风沙看起来已经停息了,我们还是要提醒孩子要多加小心,注意食品卫生问题。因为空气中还残留着大量微小的沙尘和有损健康的悬浮物质,只是我们的肉眼看不到而已。

(3)关注孩子在沙尘天气中的呼吸健康

孩子的呼吸系统发育不完善,每年春季,都有许多孩子由于沙尘暴带来的扬沙而诱发呼吸系统疾病,比如支气管炎、咽炎、肺炎、哮喘等。每一种病痛,都会让孩子痛苦万分,不停地咳嗽,甚至出现呼吸困难的情况。

但孩子活泼好动,我们不可能在刮沙尘期间一直不让他出门。所以,我们一定要让孩子学会自觉地保护自己的身体健康,在出门时自己就能知道戴上口罩,以防此时空气中大量的沙尘或悬浮物质,避免呼吸道受到伤害。

另外,因为微小的沙尘和有害物质是飘散在空气中的,所以,当沙尘暴来时,即使我们紧关门窗,出入小心,它们还是会进入室内,还是会对孩子的身体健康造成不好的影响。尤其是那些幼小的孩子,更容易由此而发病。所以,有条件的家庭,最好能在家中准备一台空气净化机,以过滤空气中微小的沙尘和有害菌。

89.遭遇洪水:立刻爬上高处等待救援

河、湖、海、江所含的水位上涨,超过常规水位的水流现象就是洪水。洪水被称为"自然界的头号杀手",是"地球上最可怕的力量"。自古以来,洪水就给人们带来很多灾难,严重威胁着人民的生命和财产安全。因此,父母要提醒孩子,遇到洪水灾害时,要尽可能地登往高处,并等待救援。

1998年夏天,我国长江流域普降暴雨、大暴雨,长江水位猛涨,洪水泛滥,长江沿岸许多地方被殃及。8月1日晚,湖北省嘉鱼县簰洲湾因洪水而溃口,年仅6岁的江珊和奶奶、妈妈、两个姐姐、两个弟弟听到村子通知后连忙转移。洪水涨得很快,一个巨浪打过来,江珊的妈妈、大姐、两个弟弟消失不见了。幸亏奶奶抓住了一棵白杨树,跟在她身边的江珊和姐姐江黎才没被洪水卷走。

但洪水越涨越快,也越涨越大,姐姐江黎不知道什么时候也从身边消失了。奶奶也有些支持不住了,当她好容易才将江珊转移到一棵高树上时,自己也被洪水卷走了。奶奶临走时冲江珊喊:"等戴红五星的叔叔来救你。"江珊听话地趴在树上,这棵被水冲断了,她就顺着水漂,撞到另一棵就立刻抱住。饿了吃两片树叶,困了却又不敢睡,她只是死死地抱着树。随着水位的上涨,她也不停地往树顶的枝桠上爬。

就这样,6岁的江珊硬是坚持了近9个小时,直到第二天凌晨5点左右,武警湖北消防总队的施救人员发现了她,她才最终获救。

江珊的奶奶被洪水冲走前,不停地对她说:"孩子,你往上爬一点。快爬树,莫睡觉……"江珊也正是因为听了奶奶的话,不断地往高处爬,才躲过了洪水的没顶之灾。因此面对洪水,无论是在农村还是城市,都应该谨遵一个原则:登往高处,尽量避开洪水。

洪水灾害的产生有自然的原因,也有人为的原因。每次洪灾过后,都会给人们带来巨大的危害:赖以生存的环境被破坏,水源、食品被污染,各种蚊虫病害滋生……洪灾是可怕的。所以,在不了解水情的时候,父母要告诫孩子,千万不要盲目逃生,一定要尽量避开洪水,登高待在安全地带等待救援。

2009年,英国北部受到暴雨侵袭,遭遇千年一遇的特大洪水。当时,英格兰西北部小镇科克茅斯有10户家庭同外界失去了联系。这些受困的灾民敲开屋顶,爬上高处以躲避洪水。也正是他们身处高处,才没被洪水吞没,并最终获救。

当洪水来袭时,我们不会总是恰好就在孩子身边,幼小的他就会独自落入巨大的危险中。但如果我们平时就有安全意识,知道教给孩子一些逃生的手段,让他懂得一些自救的知识,那他就会在一片汪洋中争取到生存的机会。否则,就会有一幕幕惨剧发生。

(1)告诉孩子,洪水来袭时不要慌

我们要告诉孩子,当洪水来临时,不管遇到任何情况,千万不要慌,一定要沉着冷静地去面对。如果时间来得及,他应听从家人或学校的安排,丢弃不必要的东西,拿上必备物品,比如食品、饮用水、照明设备、御寒衣物、通讯用品、救生物品(绳索、打火机、救生衣、哨子)等,和人群一起向山坡、高地、避洪台等高处转移,等待救援。

但如果洪水来得措手不及,也不能慌。不能在情况不明时盲目地跳入水中,试图通过游泳逃生。因为洪水的范围可能很大,势态很猛,没等他游到高处,就已经筋疲力尽了;还有可能洪水中有许多尖利的危险物品,如被冲毁的房屋、家具等,都有可能导致划伤而大量出血;还有可能洪水中伴有泥沙,一个不注意,就有可能被堵住口鼻……无论何种情况,都很危险,都会降低孩子的生存几率。

我们要让孩子知道,如果不幸被卷入洪水,也不能慌。要尽快抓住尽可能抓到的木头、门板或是大块塑料泡沫等能漂浮的东西,再尽可能划到离自己最近的高处。

(2)教孩子懂得最应急的做法

告诉孩子,最应急而又相对比较安全、可靠的做法是:立即爬上离得最近的屋顶或楼顶,要不就爬上坚固的高墙或大树上等。总之,要在最短的时间内登上身边的最高处,等待救援。

(3)教孩子学会发出求救信号

小羽的家处在易发洪水的地区,每年雨季,他的家乡都会发生或大或小的洪灾。他早就练就了一身水中逃生的本领。但有一次,他的情况十分危险,到现在他还记忆犹新。他说,那次他是靠着他的红领巾得救的。

那次洪水很大,来得也很突然,把他和家人都冲散了。他在往高处逃生时,先前还觉得自己身边有人,可当他到了一小处高地时,却发现只有他一人了。他意识到,他可能在慌乱中逃错了方向。他很害怕,因为他什么都没来得及带,周围又没有人,只有那一片浑浊的洪水。

当他最后终于镇静下来时,他开始浑身上下找东西,看有没有可以利用上的。可除了一条他无意中塞到裤兜里的红领巾之外,他什么也没找到。于是,凭着经验,他站起来,手拿红领巾不停挥动着,还向四周喊着:"救命——救命——"

他最终得救了,因为救生人员看到了远处那不停晃动的"红点"。

小羽在关键时刻,用红领巾发出的求救信号挽救了自己的生命。

所以,我们也要教孩子学会在危险关头发出求救信号,而不是只在某处傻傻地等。比如,当他被洪水围困时,即使他已经登上高处,但因为地处偏僻,也很难被救生人员发现。此时,他只要打出求救信号,才能争取到生存的机会。除了打电话或向四周大声地求救外,他可以点燃一些东西,可以用照明设备打出强光,可以吹哨子,还可以挥动衣服或树枝……总之,一切易被远处的人发现的方法,他都可以使用。

(4)告诫孩子要注意其他危险因素

我们要告诫孩子,在洪水中潜伏着许多的危险因素。除了前面提到的尖利物品、泥沙,还有倾倒的高压线、折断的电线、不明生物等,这些都是需要他注意的。还有,就是被洪水围困时,他再渴也不能喝没有经过消毒的水。因为洪水中带有大量的细菌和病菌,如果他贸然饮用的话,很可能得上传染病,那就会给本不乐观的情况,雪上加霜。

如果是在不得不喝的情况下,一定要把生水经过沉淀、过滤之后再煮沸,才能饮用。

90.地震发生时躲在哪里更安全？

地震,就是地球内部介质局部发生急剧的破裂产生的震波,从而在一定范围内引起地面震动的现象。从这个概念就能看出,地震的确会对人类生产、生活造成严重的影响。尽管地震并不是每天都发生的,但是它的偶然一次爆发却会带来无可预计的灾难。在地震灾害多发的日本,曾有人这样说:"据统计,真正死于地震的人并不是最多的,更多的人死于无知。"由此可见防震知识的普及有多么重要。

因此,父母一定要提高警惕,并帮助孩子提高防范意识。教孩子尽量熟练掌握关于地震的各项知识,让孩子能在大灾面前,沉着冷静地应对,为自己增加更多生的希望。

不管是1976年的唐山大地震,还是2008年的汶川大地震,在许许多多的生命被地震的魔爪掳掠的同时,仍有一些人利用自己所掌握的避震方法而逃过此劫,获得新生。

在2008年5月12日的汶川地震中,有一位名叫康洁的11岁女生,凭借机敏的应变能力,在千钧一发的关键时刻,让自己成功脱险。

康洁是映秀中心小学六年级的学生,地震发生时,她正和同学们在6楼教室上课。突来的灾难让大家顿时乱作一团,就在教学楼快要倾倒的瞬间,康洁果断地用"跳楼"的方式救了自己一命。就在她刚跳下来的一秒后,教学楼倒塌了,而她只是腿部被划伤了。

后来我们才知道,康洁在地震发生时,迅速地观察了教学楼两边的情况。当她看到教学楼前面是操场,而后面是菜地时,她果断地做出了往菜地里跳的决定。

盲目的"跳楼",其实是地震发生时最不被提倡的一种自救方式。但康洁并没有墨守成规,她的选择也不是盲目的,她根据当时当地的实际情况,灵活、机敏地应变,利用菜地里的烂泥,成功逃生。

2008年5月12日14时28分04秒,四川省汶川县发生8.0级大地震,直接严重受灾地区达10万平方千米。这次地震成为新中国成立以来破坏性最强、波及范围最大的一次地震。在这次地震中,伤亡最为惨烈的是北川县,安县桑枣中学就与之毗邻。尽管地震来的时候,叶志平校长在外地,但全校师生按照以往的演练步骤,仅用了1分36秒就全部冲到了操场,并按班级位置站好。

当叶志平校长从外地赶回冲进学校的时候,他看到的是:全校8栋教学楼已成危楼,但是2200多名学生、上百名老师却安然无恙!通信恢复后,这所学校的老师接到父母的电话,都会噙着泪大声说:"我们学校,学生无一伤亡! 老师无一伤亡! "

在汶川地震中,有许多老师和父母以身护卫或拯救孩子的英雄事例,但桑枣中学的校长叶志平也是一位英雄!他用平时的防震救灾演练,拯救了学校里的孩子和老师。难怪有人称呼叶志平为"灾区最伟大的校长"。由此可见,在日常生活中提前做好防范,对于孩子积极应对灾祸起到了多么重大的作用!

小美是什邡市一所小学五年级的学生。地震发生的当时,她正和同学们在操场上上体育课。体育老师讲完当天的一些内容后,让孩子们自由活动。

然而,就在小美和几个同学走到单杠旁边的时候,突然地动山摇,地震发生了。没见过地震的孩子们一下子都被吓傻了,哭的哭,叫的叫,有的同学被吓得呆呆地在晃动的地面上,被不断摇晃的大地颠簸得左摇右晃。

而小美则在紧急关头立即趴在地上,并使劲儿抓住身边的单杠。地震过去后,很多同学都受了伤,摔得鼻青脸肿的有的是,而小美则因为懂得避震小知识而让自己安然无恙。

每一个父母都希望自己的孩子能够在地震发生时成为像事例中小美这样安然无恙的那一个。其实,要做到这一点并不是太难,只要家长教会孩子一些相关的避震知识,那么我们的孩子很可能就会成为幸运的那一个。

地震和爆炸不同,从地震最初发生到房屋被破坏,其间大约有12秒左右的时间,这段宝贵时间对逃生极其重要。

在地震过程中,一定要保持冷静,千万不要由于惊慌失措而失掉逃生的机会。由于高楼的特殊性,除非你在底层,否则地震时跑出高楼显然是不可能的,而应该抓紧时间躲到最近的安全地带。

地震发生时怎样才能最大限度保证孩子的安全?哪些自救常识我们有必要教会孩子?

(1)在操场或室外时,可原地不动蹲下,双手保护头部,注意避开高大建筑物或危险物。不要回到教室去。震后应当有组织地撤离。千万不要跳楼!不要站在窗外!不要到阳台上去!必要时应在室外上课。

(2)地震预警时间短暂,室内避震更具有现实性,而室内房屋倒塌后形成的三角空间,往往是人们得以幸存的相对安全地点,可称其为“避震空间”。这主要是指大块倒塌体与支撑物构成的空间。室内易于形成三角空间的地方是:炕沿下、坚固家具附近;内墙墙根、墙角;厕所、储藏室等开间小的地方。

(3)在公共场所要听从现场工作人员的指挥,不要慌乱,不要涌向出

264

口,要避免拥挤,要避开人流,避免被挤到墙壁或栅栏处。在影剧院、体育馆等处应注意避开吊灯、电扇等悬挂物;用书包等保护头部;等地震过去后,听从工作人员指挥,有组织地撤离。在商场、书店、展览、地铁等处应选择结实的柜台、商品(如低矮家具等)或柱子边,以及内墙角等处就地蹲下,用手或其他东西护头;避开玻璃门窗、玻璃橱窗或柜台;避开高大不稳或摆放重物、易碎品的货架;避开广告牌、电线杆等其他高耸或悬挂物。

"地震"是一个可怕的词,很多父母避讳和孩子谈论类似的灾难。可是你想过吗?当地震发生时,平日积累的正确的自救知识或许就是让孩子躲过一劫的救命稻草。当然一些流传于生活中的急救知识,也有可能是毫无依据的。所以家长要注意防止进入避震的误区!

(1)住楼房向外跑。

破坏性地震从人感觉到震动再到建筑物被破坏,一般只有几十秒。如果家住平房,周围也没有高大建筑物和高墙,可以迅速跑到屋外空旷地避险。如果家住楼房,在家中找到合适的位置避险,比盲目向外跑,生存几率会更大。切忌不能使用电梯,更不能盲目跳楼。

(2)躲进厨房。

很多人都知道,跨度小的房间适合地震避险。因此,有些人会认为小小的厨房是个不错的选择。而且厨房中还很容易找到食物,被压埋后有食物来源能争取更多的等待救援的时间。但是,你忽略了地震避险的另一重要原则,那就是——远火近水。厨房里不但存在煤气灶、天然气灶等火源和有毒气体,而且微波炉、电饭煲、电磁灶等电器也很集中。电路、火源和有毒气体都是威胁生命安全的隐患。因此,卫生间或书房等跨度小的房间,比厨房更适合躲避。

(3)发生地震不懂自救。

遇到危险找妈妈是孩子的本能反应。可是地震发生只有几十秒的时间,正确的自救显然比找妈妈更有效。平日里,要教会孩子正确的地震自救方法。比如要躲在靠近暖气管、床铺、衣柜、桌子等支撑物的地方,或是内墙根、墙角等易于形成三角空间的地方。要远离外墙、门窗和阳台。用靠垫、枕头等柔软的物体护住头部等。尤其对于大一些的孩子,一定要让他树立"自救"就是"自己救自己"的观点。

(4)被压埋后不停哭闹。

地震发生瞬间的自救很重要,而更重要的是在被压埋后,如何积极寻找自救方法,等待救援。告诉孩子,一旦被压埋,不要害怕,也不要丧失信心,更不能惊慌失措,不停哭闹,或盲目地大喊大叫。这样很容易在短时间内消耗掉体力。要沉着冷静地观察周围环境,寻找通道设法爬出去,如果实在无法爬出去。就要注意听地面上的动静,听到有人靠近时,再大声呼救,或是利用口哨等发声工具,甚至用敲击水泥管等方式向外界传递信号。要知道,保存体力是争取救援时间的关键。

(5)找到水源,一次喝个痛快。

积极寻找食物和水源是被压埋后最重要的工作。告诉孩子,一旦找到水源或食物,不要一次全吃光。一定要按照10天计划分配。实在没有水源时,要接饮自己的尿水,以维持体力,等待救援。

对于一些较为灾难性的事情,家长对孩子总是遮遮掩掩,希望孩子不要去接触这些不好的事情。可是,如果家长一味的去遮盖灾难的本质,让孩子认为这个世界是由各种各样的美好而构成的,那么一旦地震等灾难发生了,孩子不仅在身体上会受到伤害,心理上也会受到重创。他们会觉得,这个世界怎么会和他们想的不一样呢?身体上的受伤,经过调养会有恢复的可能,可是心灵上的伤害要想得到解决,似乎没有那么容易。所以,家长在灾难这件事情上一定要利用"残忍",让孩子去了解和明白这些事情,这样一旦发生危险了,他们也会知道该怎样去保护自己!

91.被埋时如何求生?

我们知道,地震来临,高楼大厦能够瞬间成为一片废墟,很多的生命就会在顷刻间被埋入瓦砾之中。除了被重击而砸死的情况,很多被埋入废墟之中的人如果懂得利用自救知识,生还的希望还是很大的。

汶川地震发生的时候,某学校正在教学楼三楼上课的老师和同学们突然感觉到地动山摇,他们很快意识到地震了。

其中一名同学凭借平时掌握的一些地震知识跟跟跄跄地走到墙角,并钻到课桌下将身体藏起来。随后,随着"轰"的一声,这位同学脚下一空就落了下去。就这样,他被埋入了瓦砾中,此时更不幸的是,一条横梁砸了下来,不过幸好被桌子挡住了。

但是,周围的空间是密闭的,空气越来越少,这位同学感到胸闷,呼吸也变得困难,但是,他并没有惊慌,更没有放弃,而是试着用手摸索,终于在有限的空间里找到了一处比较软的地方。手一点点地挖开,探过去,终于,一点点光亮和空气钻了进来。最终,这个孩子被救援人员发现了,把他救了出来。

我们相信,大多数尚未成年的孩子在遇到地震这种突如其来的大灾害时往往会手足无措,不知该如何是好,而像事例中这位同学这样的着实让家长感到欣慰。每一位家长无不期待自己的孩子也会在遭遇灾难时沉着冷静,积极寻求自救和求救的方法和措施。

汶川地震后,电视、网络、报纸等媒体纷纷报道了一个名叫林浩的8岁男孩。原来,就读于汶川县映秀镇小学二年级的林浩在地震发生后,不但保护了自身的安全,而且还用科学的方法帮助了其他同学。林浩的事迹一时间传遍了神州大地。

当日地震时,林浩和同学们正在教室里上课,来不及反应,地震便将房屋震塌,孩子们被埋在废墟中。

一些孩子被突然而来的可怖景象给吓哭了,可林浩却没有慌张,他阻止废墟中的同学们用唱歌来鼓舞士气,以此保存了体力。就这样,经过两个小时的艰难等待,林浩终于爬出了废墟。可是这个时候,林浩发现废墟里大多数同学还没有出来,已经受伤的他没有考虑自己的安危,而是等余震过后巧妙地找到一个入口,钻到废墟里展开对同学们的救援。

林浩用小小的手臂翻腾着一块块砖瓦和石板,尽管很累,但他不敢懈怠,他觉得快一分钟可能就多挽救一个生命。就这样,经过一番艰苦的救援行动后,两名同学被林浩救了出来。

想必很多家长对于个头不高、机灵开朗的林浩仍然记忆犹新,在我们的心里也不得不感慨,这样一个8岁的孩子居然能够如此勇敢和机智,实在令人钦佩和羡慕。更多的家长也希望自己的孩子能够像林浩这样,在遭遇灾害时能够反应机敏,救人救己。

其实,这些知识也是需要家长在平时陪伴孩子的过程中一点点灌输和积累的,因此,只要我们能够及时地、准确地告诉孩子一些科学的自救和求救知识,那么我们的孩子在遭遇地震被埋时也必定能够临危不乱,争取到生存的希望。

(1)保持良好的心态

惊慌是灾害面前的最大敌人。别说是孩子,即使成年人一旦遇事惊慌失措,那么成功的概率也会大打折扣,因此,家长应教育孩子在遭遇不测时一定要保持镇定,想办法保存体力,并坚定活下去的勇气。被埋在废墟中时,要保持冷静,良好的心态非常重要,还要注意保存体力。

(2)教给孩子被困时的自救措施

当被埋入瓦砾中后,要尽量去试探,努力向有光线和空气流通的地方移动。这样,首先可以保证呼吸到空气,而不至于窒息。另外,通过这种操作,也可以更快、更容易地被救援人员发现,以对自己采取施救行动。需要注意的是,在爬行的过程中,身体不要紧张,而应处于放松状态,并想法用身体侧面支撑和卧式支撑这两种方式。

92.突发山洪泥石流怎样自救?

泥石流是山区爆发的特殊洪流,在暴雨时大量的洪水包含着泥沙、石块冲下来,它具有极强的破坏力,而暴雨、河流冲刷、地震等还容易造成山体滑坡,滑坡会掩埋坡上和坡下的农田、道路、建筑物,同时也造成人员伤亡。

尽管在山地环境下,泥石流、滑坡等现象很难避免,但如果能采取积极的防御措施,其危害还是可以减轻的。因此,父母要让孩子了解相关方面的知识,以及应急处理方法,一旦遇到泥石流、山体滑坡,他才能够沉着应对。

2010年8月7日甘肃省舟曲县发生特大泥石流,截止到8月16日有1248人遇难,496人失踪。舟曲县5千米长、500米宽的区域被夷为平地,造成的人员、财产损失不计其数。

当时泥石流来势凶猛,某村的村民赶紧逃到了一处高地上,但是泥石流经过之后,他们却被困在了这里。为了逃生,他们将树木砍倒铺在泥浆上,以免人陷入泥浆。村民们就这样一边铺路一边爬,找到了一个可以接受手机信号的山冈,发出信号求救。最终,这些村民都被解救了。

泥石流往往在很短的时间内，流出数十万甚至数百万立方米的物质，不但堵塞河道，而且摧毁村庄和城镇，破坏道路、森林、农田，给人和环境造成非常大的危害。面对如此严重的自然灾害，父母一定要让孩子多了解一些相关方面的知识，学会应急处理方法，万一不幸遇到此类事件，他才能够沉着应对。

夏天到了，6岁的小云在父母的带领下准备到山上的避暑山庄游玩，在出发前，小云的爸爸妈妈就告诉小云在山上的注意事项，小云很认真地听了爸爸妈妈的话。在出发前，小云按照爸爸妈妈的要求，给自己准备了一个小小的"应急包"，里面放着一些常用的药品、压缩饼干还有矿泉水，以备不时之需。

到了避暑山庄之后，没玩多久，天上忽然下起了大暴雨，不停地冲刷着大地，小云只能和爸爸妈妈在一起躲在位于山腰间的别墅内。到了晚上，大雨还是没有停歇的征兆，这时避暑山庄的工作人员找到了小云一家，告知小云的父母这附近山体松动了，随时都有塌方的危险，让他们赶紧撤离。小云的父母赶紧带上小云离开了别墅，沿着山沟的陡坡爬到了高处。就在小云爬到了坡顶时，忽然在不远处传来巨大的轰鸣声，夹杂着石块泥土的洪流从山上扑了下来，将小云刚才住的别墅群淹没了。

到了第二天，雨停了，不过下山的道路却被泥石流给冲毁了，游客都被困在了山顶上。这时小云才发现，爸爸的手在攀爬过程中受伤了，留下一条深深的伤口，小云赶忙拿出"急救包"里的矿泉水替爸爸冲洗了伤口，然后递给爸爸纱布和消毒用的酒精，让爸爸处理伤口，又拿出了压缩饼干填饱了肚子，解决了燃眉之急。又过了一天一夜，山间的道路才重新开通了，小云和爸爸妈妈这才顺利获救。因为爸爸的伤口得到了及时包扎，没过多久就完全好了。

父母在带孩子到山区出游前,一定要注意天气预警,确保出行期间的天气状况是良好的,千万不要抱有侥幸心理,主观认为自己不会碰上不幸的事。在出行前,父母也应该告诉孩子到山区时,面对山洪泥石流的一些基本应对措施。

(1)遭遇泥石流不要到泥石流的下游躲避

当遭遇泥石流时,要告诉孩子,应该朝和泥石流呈垂直方向的山坡攀爬,千万不要在惊慌失措之下到泥石流的下游躲避。否则泥石流一旦爆发,人奔跑的速度远远不如泥石流奔泻的速度,很容易被泥石流吞没。

(2)若是来不及撤离,应该紧抓附近的大树

山洪泥石流来得太过突然,来不及撤离到安全地带,父母要告诉孩子就近抓紧大树,防止被泥石流吞没,才有一线生机。不要躲在房间里,避免房屋倒塌,被困死在房间里。

如果被洪水泥石流围困在山上,要让孩子保持冷静,不要哭闹,应该要节省体力等待救援人员的救援。一旦发现救援人员,可以高声呼喊或吹口哨吸引救援人员的注意。

93.遭遇低温天气如何求生?

白雪皑皑的冬天,整个世界银装素裹,变得白茫茫一片,显得那么安静,那么纯洁。许多孩子都喜欢冬天,因为他们可以尽情地打雪仗、堆雪人、滑冰……雪和冰既是大自然给孩子的礼物,也是对他的磨炼。可当老天爷变了脸,雪下得太多,气温下降得太快时,他的"礼物"就变成了灾

难,他的"磨炼"也变成了冒险。

雪灾是由于气温太低,而又长时间大量降雪,导致积雪难融才造成的。而冰冻是因为空气中湿度大,温度下降突然而快速,形成了冻雨,并持续低温所形成的特殊天气现象。

一般来说,雪灾、冰冻多发生在我国北方地区,尤其是在东北、内蒙、新疆等地,每年都会发生大雪封山、堵道的现象。但在2008年1月,我们的这种常规印象被打破了,我国南方许多地区,出现了百年不遇的雨雪天气,并发生了特大的雨雪冰冻灾害。

这次灾害范围广,破坏力强,而我们又缺少必要的准备。所以,在我国南方十多个省份都出现了交通瘫痪、断电停产、人员伤亡等现象,造成了巨大损失。

刚刚进入青春期的子健很是叛逆,常常和家长老师作对,又因为爸爸妈妈教育方法不当,致使子健在一次和父母产生的大矛盾过后而选择离家出走。

由于子健的父母在气头上,面对儿子的行为也没加以阻拦,他们原本以为子健只是吓唬一下自己,说不定跑哪个同学家待一阵就回来了。

可让子健的爸爸妈妈没想到的是,子健居然真的离家出走了,经过一天一夜翻天覆地地找寻,也没有任何音讯。

这下可把子健的父母急坏了,他们赶紧向警察报案。

随后,在警方的努力和配合下,终于在辽宁某地的一个破草屋里找到了饥寒交迫的子健。

原来,子健一气之下拿上所有属于自己的两百多元压岁钱,到火车站随意买了一张火车票,坐着慢腾腾的火车到了辽宁。

此时的子健害怕极了,他开始后悔自己的冲动行为,到了晚上,由于没钱住旅馆,他只得在大街上寻找"免费"的栖身之地。

好在子健是个机灵的孩子,他看到一处草场,那里有很多晒干的庄稼的秸秆，还有很多稻草，于是子健就像见到救星一般向草场跑去，他用稻草和秸秆给自己搭建了一个"房子"，身上盖着厚厚的稻草，周围也让稻草围了个严实。就这样，子健得以安然地度过了寒冷的夜晚。

当警察找到子健的时候，子健正在稻草"房子"里啃干面包呢。

尽管子健离家出走的行为让家长为之揪心，但他能够在寒冷的夜里用稻草为自己搭建一所"房子"也着实算是机智之举。很多家长可能会想，如果自己的孩子因为游玩、迷路等置身寒冷的野外，又没有家人陪伴的话，他能顺利熬过寒冷、保住自己的生命安全吗？

在此，我们就来学习一些方法，将这些告诉我们的孩子，说不定会在关键时刻起到帮助呢。

面对雪灾、冰冻，对于小家庭来说，没有什么比保证孩子的安全更重要的事情了。但我们又不能时刻跟在他身边，所以，我们要教给孩子怎样去面对雪灾和冰冻，采取什么样的防范和躲避措施才是正确可行的，以便让他能在灾难中保持冷静的心态，尽量保护好自己。

(1)提醒孩子注意天气变化，提前备好必需品

一般情况下，如遇气温突降、大雪将至的天气，气象台都会通过媒体通知大众。我们只要提醒孩子注意收听、收看天气预报，做好各项防御措施，就能起到防微杜渐的作用。

我们如果能预先知道将有大规模降雪和冰冻，一定要带领孩子提前做好家里的生活准备，以免大雪阻路，冰冻成灾，出不了门，生活陷入困境。

首先是食品和饮用水必须储备充足，其次是保暖用品和衣服、照明设备、药品等生活必需品也必须准备好，最后是要准备好多种能与外界联系的通讯设备，比如电话、手机、电脑等，以备不时之需。

(2)孩子在恶劣天气里出门，要让他小心谨慎

如果孩子还小，没有什么自保能力，在雪灾、冰冻的天气里，最好不

要出门。那些大一点的孩子,如果有必须出门的事情,一定要让他做好各项保护措施再出门。因为在冰天雪地里,有太多潜在的危险,如果我们没有让孩子做好准备就出门,很有可能发生危险。

①孩子雪天出门前,要让他做好保暖。让孩子在出门前,一定要穿够、穿好御寒衣服,帽子、手套、围巾、棉鞋等也要穿戴齐整。千万不要觉得这些小东西烦琐,就不好好穿戴,甚至不去戴。否则,很可能会发生让我们后悔终生的事情。

李翔的家在黑龙江省牡丹江市。已经上初中的他平时住校,只有周末才回家。这天,天气很冷,鹅毛大雪已经飘了一天,但作为已见惯这种天气的东北人,李翔并没有把这放在眼里。回家心切的他,没有戴好棉帽子就骑上自行车往家赶。

学校到李翔家,骑自行车大概有半小时的路程。漫天的雪花,凛冽的寒风,不停吹打着李翔的面颊,让他觉得耳朵都快冻掉了,但因为他着急回家,并没有下车整理衣服和帽子。

当他回到家,摘掉帽子,暖空气包围了他的头部时,他才感觉到耳朵疼痛得让他难以忍受。原来他的耳朵,已经被寒冷的天气冻坏了,他摘帽子的小动作,使他的一只耳朵与头部"分了家",只有一部分相连了。

在冰冻的寒冷天气里,如果我们被冻伤,并不能马上感知到疼痛,因为我们受伤的部位,已经被冻麻木了。所以,我们要让孩子提前做好保暖措施,不让冷空气"钻空子",才能在地冻天寒中,保证他的人身安全。

②雪天出行,要注意交通安全。孩子走路,总是爱和同伴们打打闹闹,互相追逐。但在冷雪飘飞、冰冻遍地的时候,我们要警告孩子,切忌这样做。因为一不小心,他就会滑倒,进而发生如骨折、磕到头部等意外的危险。

③雪天出行,最好不要骑车。雪天地滑,路上来往的车辆很难刹住

闸,孩子骑车出行,容易出现摔倒、碰撞的危险。

④下大雪时,最好不要让孩子到河里的冰面上去玩。因为下大雪时,河里冰上的积雪很厚,我们看不到积雪下河面的真实情况,如果出现有开裂或者有窟窿的地方,孩子很有可能掉入冰窟里而发生致命的危险。

⑤在寒冷的天气里,不要让孩子在室外长时间逗留,以免冻伤而不自知。

(3)教孩子学会处理冻伤

在雪灾、冰冻发生时,孩子难免会被冻伤。我们如果让孩子了解一些冻伤的预防和处理方法,就能减少冷空气对他身体的伤害。比如,我们让孩子少待在寒冷、潮湿、风大的地方,尽量多活动手脚,袜子和鞋不要穿得太紧,以保证四肢血液畅通,以防冻伤。

平时我们可以让孩子坚持用冷水洗手、洗脸,鼓励他经常锻炼身体,就可以增强他机体的抗寒能力,减少冻伤的发生。

告诉孩子,如果有冻伤出现,不要急着去热敷,避免加重局部红肿。可以先用雪反复、快速地搓拭冻伤的部位,在冻伤2个小时后,再进行热敷。如果皮肤没有破损,可以涂抹冻伤药膏。如果皮肤有破损或是出现溃烂,应涂抹有消炎、杀菌作用的软膏,以免发生感染。

94.风灾来袭,及时躲避

"暖风熏得游人醉""二月春风似剪刀",当风以和煦的姿态出现的时候,带给人的是惬意与清凉。然而,一旦风力过强,风就变成了灾害,台风、龙卷风等都属于风灾。鉴于风灾对于人来说具有不可抗力,所以父母要提醒孩子，风灾来临不要抵抗，而要及时躲避。

2009年8月，台风"莫拉克"袭击了我国台湾省及沿海诸多省份。"莫拉克"的中心于7日23时45分在台湾省花莲市沿海登陆，登陆时中心附近最大风力有13级(40米/秒)，中心最低气压955百帕。这次台风使许多省份多处地方发生房屋坍塌、城市内涝，造成了巨大的损失。

据民政部的统计，到8月11日台风转为热带低气压止，"莫拉克"共造成我国内地1103.4万人受灾，死亡8人，失踪3人，紧急转移安置157万人。农作物受灾面积449.6千公顷；因灾直接经济损失97.2亿元。

而台湾省的统计数字更令人触目惊心，"莫拉克"台风造成全台共461人死亡、192人失踪、46人受伤。共撤离灾民24950人，开设收容所56处，收容灾民5822人；农林渔牧损失累计新台币145亿多元。

类似于"莫拉克"这样的台风以及龙卷风，都被看做是经常发生在沿海地区的自然灾害。它们拥有超强的破坏能力，但却又无法通过人力作用彻底消除。因此，面对风灾，人们只能及时躲避，努力将损失降到最低。

2006年3月，美国密苏里州发生了一场猛烈的龙卷风。据媒体报道，当时有一名十几岁的男孩不幸被强风卷到空中，并随风飞到近400米之外才落地。

原来，就在龙卷风到来的时候，这个孩子正坐在由拖车搭起的简陋房屋中看书，天气骤然间大变，龙卷风席卷而来。

据这个男孩回忆，当时只听到龙卷风的声音越来越响，眨眼之间，他就感到房间内的压力越来越大，让他几乎无法呼吸。这时候，他又听到几声巨大的声响，原来他所居住的这所简陋房子的前门和后门的插销都被巨大的压力撕裂，紧接着整扇门都飞了出去，随之而来的是整个拖车也被龙卷风给摧毁,而这个孩子被倒塌的墙壁裹挟着飞到半空中。惊慌之下,孩子以为自己就要和这个世界告别了,没想到他在空中"转悠"了几分钟后,居然落在一片柔软的草地上,浑身无恙。

我们只能说,美国的这个男孩很幸运,而和他相比,更多的还是龙卷风所造成的伤亡者们。

风灾是我国主要的灾害性天气之一,在我国各地都有可能发生。风灾主要分为三种,一是台风灾害,二是龙卷风、雷暴等天气引起的大风灾害,三是由寒潮和冷空气入侵伴随的大风造成的灾害。无论哪一种,都会给人的生产、生活带来相当严重的影响。风灾突发性强、破坏力大,袭击猛烈,这些都决定了它是不可能抵抗的。所以面对风灾,当是以及时躲避与积极防御为主,以保住自身人身安全。

因此,父母要让孩子在了解风灾的基础上,学会沉着冷静、积极应对,让孩子珍惜自己的生命,并学会自保与自救。

(1)教孩子了解风灾的危害

单纯地跟孩子说"风",他也许并不能很理解为什么给人带来清爽的风还会造成危害。孩子对风的理解很片面,所以父母要通过教育让他了解风灾所带来的危害。

尽管地理课上讲过了风,但13岁的韩永对风的了解只停留在了"风的形成""风力""风向"等方面,而对于风的危害他并没有太多的感觉。当时正逢台风"莫拉克"过境,妈妈开始有意识地让韩永和她一起看新闻。

新闻中台风过境后的惨烈景象让韩永感到震惊,他问妈妈:"风的危害这么大吗?"妈妈点点头:"不错。风的确可以给人带来便利,但是风若是肆虐起来变成了灾害,它所造成的破坏也是触目惊心啊!所以,你要记住,风灾来的时候应该学会找地方躲避,保住自己生命安全最重要。"韩永听话地点了点头,并表示以后要好好学习这方面的知识。

韩永的妈妈用实例来教育孩子,让他感同身受,深刻了解风灾的危害。总之,无论哪种方法,父母的目的就是要让孩子重视起风灾的危害来,为他今后的可能性遭遇提前做好心理准备,让他能够更好地保护自己。

(2)告诫孩子收起对风的好奇心

有时候,尽管父母将风灾的危险以及给人带来的损失都如实告知,但孩子还是会对风灾究竟是什么样子的产生好奇。尤其是龙卷风,民间又称其为"龙吸水",这样一个奇妙而壮观的景象,对于孩子来说充满了无穷的吸引力。更何况,世界上专有那么一种人,他们的工作就是不停地追着各种风跑,就为寻求那种景观的刺激。

某电视台有一档Discovery节目,在一段时间里,这个节目播了很多关于龙卷风和飓风的内容,节目中还包括一些"勇敢人"的追风行动。

11岁的成军看后很是心潮澎湃,他对爸爸说:"这风真壮观啊!追风的那些人真酷啊!我也想去试试。"爸爸听后,却摇了摇头:"风灾一旦来临,人根本招架不住,尤其是龙卷风。你难道没看见1吨重的牛都被卷入天空了吗?那个时候最该做的事情,就是要尽可能的躲避。追风的那些人都是经过特殊训练的,他们懂得如何保护自己,但我们不是。你该以自身安全为重,千万不要盲目模仿,到时候后悔都来不及啊!"

成军听后仔细想了想,再看看节目中那些人各式各样的装备,于是打消了这个念头。

像成军这样的孩子,尤其是男孩子,对于刺激性的活动或游戏都很感兴趣。父母就要反复告诫孩子,一些相关的影像完全可以通过电视或网络等途径看到、了解到,千万不能因为好奇心而不顾自己的人身安全!

(3)教孩子掌握防范风灾的措施

无论是台风、龙卷风,还是其他原因引起的大风天气,都具有超强的破坏能力。台风会带来洪涝灾害、海岸侵蚀,而龙卷风则会摧毁它行进路线上的大部分东西,至于寒潮等造成的大风更是对所有生命的严峻考验。因此,父母一定要让孩子学会应对这些灾害性天气,学会用基本的防范措施来保护好自己。

爸爸带着10岁的叶培回到了浙江老家过暑假,近几天的天气预报发布了台风的预警信号。叶培很害怕,爸爸却安慰她:“不要紧,只要我们做好防范,基本的人身安全就没问题。”

几天后,大风大雨骤起。爸爸和老家的亲戚们一起加固了家中的门窗,提前备好了许多食品、饮用水、照明用具以及药品。台风来之前,大家又关掉了所有家用电器的电源。虽然风力强劲,但由于防御措施得当,亲戚家除了房子需要再维修外,大家都很安全。叶培跟着爸爸经历了这一次台风,学到了不少的防范措施,她再也不怕台风了。

一次实际经历好过所有的说教,叶培就是个例子。但是,并不是所有孩子都有亲戚住在临海的地方,但也不是不临海的地方就不会有风灾发生。于是这就要求父母一定要对孩子加强教育,要帮助他学会应对风灾。

(4)让孩子还要注意风灾过后的防御

大风过境之后总是会留下一片狼藉。因此,风灾后也不应该掉以轻心。父母还要提醒孩子注意,风灾过后的防御也同样非常重要。

风灾过后,走路应该小心积水,绕不开的地方要用工具探明路况再走;风灾后总是会有电线被刮断,因此对于触电的防范也很重要;另外一个最重要的事情就是要预防疫情,把好“病从口入”关。

95.遭遇海啸时,及时逃离海边

自然界总是在向我们人类发出挑战,海啸也是其中破坏力超强的一项。在百度百科里关于海啸是这样定义的:海啸是由风暴或海底地震造成的,水下地震、火山爆发或水下塌陷和滑坡等大地活动都可能引起海啸。当地震发生于海底,因震波的动力而引起海水剧烈地起伏,形成强大的波浪,向前推进,将沿海地带淹没,这就是海啸。

据相关资料显示,海啸时掀起的惊涛骇浪,其高度可达10多米至几十米不等,形成“水墙”。又由于海啸的波长很长,可以传播到几千公里而且能量损失很小。正是由于这些原因,海啸一旦发生,就会对陆地上的人类生命和财产造成严重威胁。

很多家长或许还记得2004年的印尼海啸,其巨大无比的威力导致了数十万人遇难。可以说,海啸是可怕的,但是越是可怕,我们越应该对它有一定的了解,并让我们的孩子掌握一些应对海啸的方法,有备无患。

印度洋海啸曾波及泰国的普吉岛, 当时一个名叫蒂莉·史密斯的女孩正和家人在普吉岛度假,她在海滩散步时发现海水冒泡,并且发出嘶嘶的声音,就像煎锅一样。她想起地理课上曾学到过的知识,并且马上判断出这是海啸来临的迹象,于是她立即将自己的想法告诉了妈妈。

她的妈妈马上向酒店工作人员反映了这一情况,并建议安排人员撤离,于是100多名游客被迅速疏散到安全地带。人群刚刚转移完毕,滔天的巨浪就汹涌而来,而此时海滩上已经空无一人。虽然普吉岛上有很多人丧生,但这个海滩和酒店却创造了奇迹。女孩感叹:“当你遇到海啸或其他自然灾害时,才知道了解自然灾难的相关知识是一件多好的事情。”

凭着自己掌握的海啸知识,蒂莉·史密斯不但救了自己和家人,还救了更多人的性命。假如我们的孩子在海滩上玩耍,海面出现了海啸的征兆时,他能判断出来,并报警吗?其实,不仅仅是孩子,许多父母对海啸的知识也是一知半解。所以,父母应该学习一些有关海啸的知识,并将这些知识传达给孩子。那么万一遭遇海啸的时候,我们的孩子或许就会成为第二个蒂莉·史密斯。

(1)海啸来临前的预兆

①地震海啸发生的最早信号是地面强烈震动,地震波与海啸的到达有一个时间差,正好有利于人们抓紧时间逃生。地震是海啸的"排头兵",如果感觉到较强的震动,就不要靠近海边、江河的入海口。沿海地区如果听到附近发生地震的报告,就要做好防海啸的准备,有时,海啸会在地震发生几小时后到达离震源上千公里远的地方。

②如果发现潮汐突然反常涨落,海平面显著下降或者有巨浪袭来,并且有大量的水泡冒出,都应以最快速度撤离岸边。

③海啸前海水异常退去时往往会把鱼虾等许多海生动物留在浅滩,场面蔚为壮观。此时千万不要前去捡鱼或看热闹,应当迅速离开海岸,向内陆高处转移。

④通过氢气球可以听到次声波的隆隆声。

(2)面对海啸如何自救

如果我们无法预知海啸的到来,那么一旦遭遇海啸,也一定要懂得如何自救,这就需要家长们具体而详细地告诉孩子如何在海啸中逃生。

①海啸警报响起时如果在公众场所,那么一定要听从指挥,有序地逃生。

②对于临海边的住房,应立即召集家庭成员一起撤离到安全地区,同时听从当地救灾部门的指示。

③如果在海滩或靠近大海的地方感觉到地震，应立即转移到高处，千万别等着海啸警报拉响了才行动。海啸来临前同样不要待在同大海相连的江河附近。

④外海海底地震引发的海啸让人有足够的时间撤离到高处，而有震感的近海地震往往只留给人们几分钟的时间疏散。

⑤海岸线附近有不少坚固的高层饭店，如果海啸到来时来不及转移到高地，可以暂时到这些建筑的高层躲避。海边低矮的房屋往往经受不住海啸冲击，所以不要在听到警报后躲入此类建筑物。

⑥礁石和某些地形能减缓海啸冲击力。但无论怎样，巨浪还是会对沿海居民构成严重威胁，因此在听到海啸警报后迅速远离低洼地区是最好的求生手段。

当海浪打过来时，如果已经来不及躲闪，那么只能向高处跑，躲在岩石的后面，让岩石减缓海浪的冲击力。

(3)海水中的自救和对落水者的急救

①如果在海啸时不幸落水，要尽量抓住木板等漂浮物，同时注意避免与其他硬物碰撞。如果周围有其他落水者，应向其靠拢，目标扩大更容易被救援人员发现。

②在水中不要举手，也不要乱挣扎，尽量减少动作，能浮在水面随波漂流即可。这样既可以避免下沉，又能够减少体能的无谓消耗。

③如果海水温度偏低，不要脱衣服。

④尽量不要游泳，以防体内热量过快散失。

⑤不要喝海水。海水不仅不能解渴，反而会让人出现幻觉，导致精神失常甚至死亡。

⑥人在海水中长时间浸泡，热量散失会造成体温下降。溺水者被救上岸后，最好能放在温水里恢复体温，没有条件时也应尽量裹上被、毯、大衣等保温。注意不要采取局部加温或按摩的办法，更不能给落水者饮

酒,饮酒只能使热量更快散失。给落水者适当喝一些糖水有好处,可以补充体内的水分和能量。

⑦如果落水者受伤,应采取止血、包扎、固定等急救措施,重伤员则要及时送医院救治。

⑧要及时清除落水者鼻腔、口腔和腹内的吸入物。具体方法是:让落水者俯卧,腹部放在你的大腿上,从后背按压,将海水等吸入物倒出。如溺水者心跳、呼吸停止,则应立即交替进行口对口人工呼吸和心脏按压。

96.遭遇暴风雪时该怎样避险?

"让暴风雪来得再猛烈些吧!"革命者大义凛然的口号时常被生活中的"少年英雄"们用来激发自己的斗志,可是他们或许不知道,大自然界中的暴风雪还是有很强的威力的,如果预防措施不当,就很有可能被其伤害。

简单来说,暴风雪往往是冬季里在强冷空气爆发时形成强降温和大风伴随大雪或大风卷起地面积雪的天气。在气象学上,人们又把暴风雪称为"吹雪"或"雪暴"。一旦遭遇暴风雪,除了生活上会给人们带来诸多不便之外,还会给我们的生命带来危险。

近些年,我国西北、东北及南方一些地区都出现过暴风雪,这种时候,孩子、女性往往是最容易受伤的。过往的经验告诉我们,面对恶劣的风雪天气,一定要让我们及我们的孩子懂得如何避险和自救。

2011年10月底,美国东部地区遭受了罕见的暴风雪袭击,树木及电线杆被积雪压垮,230万户家庭停电,至少3人死亡。

据报道,宾夕法尼亚州东南部1名84岁老翁在家中躺椅上打盹时,树木因不堪积雪负荷而倒塌,压垮了房子,他因此不幸丧生。康涅狄格州州长马洛伊说,该州有1人因路滑发生交通事故罹难。此外,马萨诸塞州的强风和又湿又重的雪导致电线掉落地面,1名20岁男子触电身亡。

而2007年冬天,我国东北地区也遭受了强烈的暴风雪袭击。据某报纸报道,由于暴雪积压,沈阳市皇姑区明廉农贸大厅3个拱形顶棚全部坍塌,造成1死7伤。

在我们的心目中,自然界是美的,想象着那飘舞的雪花和那下过厚厚一层雪的银色世界,让我们宛如进入童话里一般,可是,自然界也不总是"情绪稳定",它也像我们人类一样,偶尔爆发一些"坏脾气",上面所述的两个事例就为我们展现了暴风雪所到而带来的危害。

我们的情绪可以克制,但是自然界的"情绪"却不那么容易控制,为此,要想避免暴风雪的伤害,家长们还是早点儿教会我们的孩子如何在暴风雪到来时避险和自救吧。

(1)保持镇定莫慌张

有些在暴风雪中遇难或者受伤的人,主要原因是因为他们太恐慌而走错了方向,最后造成体力不支,从而不得不放弃生命,因此,当遭遇暴风雪的时候,首先要让我们的孩子保存体力,不要慌不择路。同时,还要调整自己的心态,让自我激励的积极心态压下恐惧、疲劳等负面情绪,只有这样才有希望走出风雪困境。

(2)要让孩子及时补充能量

人在暴风雪天气里肯定是寒冷无比的,而我们人体在寒冷环境中要维持体温,就必然增加代谢,从而造成体力消耗增多。这时候,要想满足身体的需要,就只能通过增加营养物质的摄取来保证,所以,我们应让孩子进食比平时多一些的蛋白质、脂肪类的食物。

(3)叮嘱孩子要防止冻伤

①保暖衣物别太紧

当发生暴风雪的时候,家长们往往怕孩子冻着而给孩子穿更多保暖的衣物,很多家长还会认为,穿得紧一点儿会更加保暖,其实并非如此,如果保暖衣物穿得过紧,反而会造成局部血流不畅,热量无法顺利向身体各处流动,也就不利于保暖。

②可采取的预防措施

不要在太冷或者潮湿的环境中逗留时间过久;尽量多活动一下手部或者足部,如搓手、跺脚等;保持局部干燥,小孩脚部出汗后就要换袜子。

③冻伤后别马上热敷

对于小孩子来讲,寒冷的暴风雪很容易导致他们发生冻伤。虽然这算不上很严重的问题,但是也会对孩子的身体造成不利影响,所以,家长们有必要帮助孩子学会避免冻伤的发生及冻伤后的处理。当发生冻伤后,不要马上热敷或者按摩冻伤部位,否则可能会加重局部水肿,在受冻后一至两小时才可进行热敷。如果局部皮肤没有破损,可以涂抹冻伤膏。如果皮肤出现破损情况,则需要尽快用青霉素软膏涂抹,以防止感染。

97.遇到雪崩,怎样安全逃生?

"雪崩俗称'白色雪龙',是在常年积雪的山中常有的自然灾害,每年都有很多人死于雪崩。产生的原因通常是覆雪处于一种'危险'的平衡状态下,如果稍微有外力作用,就会失去平衡,造成雪块滑动,进而引起更多的覆雪运动,使大量的积雪瞬间倾盆而下;附近的人及村庄往往不能幸免。"维基百科里,对于雪崩做出了这样的解释。

毋庸置疑,雪崩是和我们前面所述的一些自然灾害一样有着极大破坏力的家伙。如果打开网络浏览一下新闻,我们会发现在我们生活的美丽星球上,每年都会有因为雪崩而导致人员伤亡的报道。

2007年冬天,西藏的两个女孩子在刚下过大雪的山坡上玩耍。她们爬到了半山腰的斜坡前,并从斜坡上往下滑行。由于两人的动作过大,山坡上有一大片雪都坍塌下来,瞬间就把两个孩子埋没了。

幸好雪不是很大,两个女孩在雪堆中不停扒雪,两个多小时后,终于从雪堆中爬了出来。这时,她们的手早已冻僵了,因为长期缺氧,脸也变成了紫色,幸运的是,她们很快被人发现了,被及时送到了医院,保住了性命。

如果这两个女孩子的父母能尽早告诉她们在雪坡上滑雪的危险性,不让她们到山坡上去玩耍,也许就不会出现这样的事情。幸好雪崩的范围并不是很大,而且两个女孩在雪崩后也积极地进行了自救,又幸运地被人发现,这才保住了生命。如果引起了大面积的雪崩的话,后果也许不堪设想。

因此,父母应该保护好孩子,在易出现雪崩的季节和天气不让孩子到上坡上去玩耍。如果一定要经过山坡,要让孩子学会如何才能防止引发雪崩,并且让他了解一些雪崩后的自救措施。

(1)远离雪崩的必备常识

①当雪深超过30厘米,雪崩发生的机会就很大。

②在山地走迎风少雪或平坦的山坡。高山滑雪选在20~30度的山坡进行。

③一旦被积雪埋没15分钟以上,尚没有被营救出来,生命便会有危险。为了避免遭遇雪崩、便于寻找雪崩失踪和遇难人员,在雪崩危险地区

作业和活动时应该配备雪崩绳、登山绳、探棒、雪铲等,有条件时配备无线电收发报机。

遇到雪崩逃跑时,一要脱下滑雪板,扔掉滑雪杖;二要选择垂直山体的方向逃生;三要以游泳的姿势逃离,并且尽力保持身体在雪面之上。

(2)雪崩发生时如何逃生

①判断当时形势,不要向下跑。出于本能,人们在遇到雪崩后会直朝山下跑,但冰雪也向山下崩落,而且时速可达200公里。向下跑十分危险,可能被滚滚而下的冰雪埋住。所以应向旁边跑离,或是跑到较高的地方。

②抛弃身上所有笨重物件,如背包、滑雪板、滑雪杖等。带着这些物件,倘若陷在雪中,活动起来会更加困难。

③切勿滑雪逃生,不过,如处于雪崩路线的边缘,则可疾驰逃出险境。

④如果被雪崩赶上,无法逃脱,切记闭口屏息,以免冰雪涌入咽喉和肺部引致窒息。

⑤抓紧山坡旁任何稳固的东西,如矗立的岩石之类。即使有一段时间陷入冰雪之中,但冰雪终究会泻完,那时便可脱险。

⑥如果被冲下山坡,要尽力爬上雪堆表面,同时以俯泳、仰泳或狗爬法逆流而上,逃向雪流的边缘。

⑦雪崩发生后,如有人被卷走,在雪崩还没有完全停止前,不要急于施救,而应密切注意遇难者的位置,等待雪崩完全停止后,迅速进行抢救。

(3)雪崩遇险的自救

①一旦卷入雪崩,应该闭嘴,或将嘴鼻捂住,防止雪尘呛进呼吸系统。

②尽力摆动手脚,爬向雪崩路径边缘,力争留在雪面。因为雪虽然是白色的物体,但雪下30厘米几乎一片漆黑,看不清物体。而且雪下呼救效果极差,营救人员听不到雪下求救的呼声。

③倘若不能摆脱,应保持镇静,避免恐惧,减少氧气消耗,延长幸存时间,为营救创造条件,因为雪崩中窒息是导致遇难者死亡的主要原因。

98.突降暴雨,教孩子如何应对

　　很多孩子从小到大都会面临很多的危险与困难,水灾对于我们来说并不多见,所以类似灾难的预防与处理措施,从我们自身来说都不是十分的了解。但是其危害程度以及后果的严重性是不可估量的,甚至危及人身财产安全。现在家长时常把孩子一个人留在家里,而类似的严重自然灾害的概念,在很多孩子的脑子里甚至没有一个成型的大概轮廓。因此从现在起让孩子懂得重大灾害的严重性,预防与求生手段必不可少。

　　"7.21"必定成为北京人不能忘记的惨痛回忆,北京遭遇多年不遇的特大暴雨,最大降雨量达到460毫米。全市平均降雨量都达到170毫米。降雨量之大,持续时间之长均属罕见。不仅仅造成了重大的财产损失,更造成了数十人遇难,很多是少年儿童。

　　一个晴朗的周末,李伟像平时一样,在家中吃过午饭后离家去上班,把14岁的儿子李华独自留在家里。下午2点刚过,阴云密布,天色大变,一场暴雨已经迫在眉睫。李伟家地势低洼,又是平房独门独院。暴雨倾盆而下,仅仅半个小时雨水就从门口渗进了屋内,此时小华还一个人在自己房间里看电视。当李伟认识到事情的严重性的时候,急忙往家中打电话,此时已经无人接听。

　　李伟急急忙忙赶回家中,发现根本就进不到院子里,雨水基本已没到腰部,大门都难以打开。当李伟进入屋里的时候并没有发现小华,最后经过搜索在院子里发现小华已经遇难。经查明死因是溺亡。

　　但是为什么小华的尸体会出现在院子里呢?最后经过调查事件经过是小华可能因为躲避内进水跑至屋外,由于院子中水流较急,不小心摔倒在水中呛水而遇难。

其实早在暴雨来临之前,曾发布暴雨蓝色预警,但并未能引起人们的足够重视。李华的爸爸就是如此,虽然知道可能要下大雨,但是并没有引起足够的重视,甚至都没有提醒儿子,因此最后酿成了惨剧。正是由于防灾意识的薄弱,才导致这次灾难的发生。确实与灾难相比,更可怕的是人们对灾难的无知、无能、无备,防灾意识薄弱才是最大的灾难。同时更说明了,发生灾害,首先要冷静对待,往往错误冲动的选择会酿成终身遗憾,分析水中人员易出事故的原因:一方面是水流量大,猝不及防;另一方面也是因为有的人不了解水情而涉险入水。

可可是北京石景山区某小学三年级的学生。2011年暑假期间,她跟随妈妈到海淀区的舅舅家做客。舅舅家里有个和可可同岁的表妹圆圆,两个小姑娘在一起玩得很开心。

妈妈本想带可可回石景山的家里,可是可可一定要住下,圆圆也非要她住下。妈妈拗不过,只好答应了。

第二天下午,两个小朋友一起出门玩,由于玩得尽兴而没有注意到阴云密布的天空,而舅舅和舅妈在家打麻将,也没顾上找两个孩子。

不一会儿,天空中忽然下起了大雨,可可和圆圆只好躲到一家商场的门口避雨。雨越下越大,半个多小时后,路面已经成了"大河",很多车辆停在路上,车身都被水没过大半截。

可可和圆圆有些害怕了,眼看着天空越来越黑,她们只好等雨小一些后走回家去。雨终于渐渐小了下来,可可和圆圆不顾路面上的深水,互相搀扶着踏进了"河"里。

刚走了没几步,可可就吓哭了,她长这么大还从来没见过这么大的水,更没有在这么深的水中步行过。圆圆也慌得手足无措,和可可一起哭起来。

幸好执勤的警察发现了两个无人看管的孩子,把她们领到安全的地方,询问了她们的家庭住址,并把她们送回了家。

(1)水灾要从预防开始

我们要清楚地知道,严重的水灾通常发生在低洼地带。如果平时住在这些地方,当有连续暴雨或大暴雨时,须格外小心,应注意收听当地的暴雨警报,在平房居住需要时刻观察房屋周围有无异常。特别是晚上,更应该注意,如果有大雨暴雨期间一定要做好安全转移的准备。说到转移,应选择最佳路线和目的地撤离。事先认清可以提供逃生的出口,以及水灾来临时最容易积水的地方,避免水灾时盲目乱跑,反而更加慌乱,这一点在灾难来临之前有所准备就尤为必要。

转移场所一般应选择在距家最近、地势较高、交通较为方便处,与外界可保持良好的通信、交通联系。在城市中大多是高层建筑的平坦楼顶,地势较高的学校、医院,以及地势高、条件较好的公园大厦等。如自家楼层较高,楼体较坚固,应该作为逃生地点的首选。看到有暴雨预报时,应备足食品、饮用水,搜集家中适合漂浮的材料,加工成救生装置以备万一。保存好能使用的通信设备。收集手电、打火机、手机等作为信号用的物品,提前做好被救援的准备。

(2)水灾来临时不要慌乱,保持镇定的情绪

从现在起让孩子养成一种遇事不慌不乱的心理素质尤其重要,很多情况下,本来不危险的举动,往往都会因为心理慌乱而作出错误的决定,影响判断能力,甚至严重的心理问题会导致身体机能不受控制,引发行动力下降,执行力减弱的危险后果。因此引发错失救援时机,盲目作出错误举动最终酿成悲剧的情况已不在少数。

水灾到来虽然很危险,但是只要不是洪水爆发等突如其来的状况,实际上还是有一定的时间给你应变,因此不要太过紧张恐慌,应该理清思绪,

稳定情绪,避免产生不必要的惊恐和混乱,之后才能做出最合理的判断。

(3)掌握水灾紧急自救常识

我们应该这样告诉孩子,水灾来临的时候,一切财物都不重要,懂得有效地自救才是关键。很多情况下水灾导致人死亡的原因是溺水而亡。因此,在撤离过程中,出现需要涉水的情况,除了找好漂浮物以用来自救以外,如果自己不慎落水,不要慌张,要屏住呼吸,放松身体,人体就自然地浮出水面了。如果遇到脚抽筋,不要紧张,要弯曲身体,双手抱紧脚,等待救援,等待症状减轻。遇到被水底异物,如被冲走的家具、装饰品等绊倒或是缠住脚踝的情况下,不要惊慌随意乱动,慢慢地解开羁绊,以免过于恐慌、动作幅度过大而引起呛水、肢体受伤等,以至于影响逃生或者危及生命。

同时发现高压线或者电器变压设备等危险设施,一定要迅速躲避,防止触电。如果水位上涨被迫离开家中,事先也要多吃一些热量高的食物,比如巧克力、糖类、碳酸饮料等,备好干净的饮用水。不到万不得已的情况下不要选择游泳逃生,在水淹情况下,屋顶和楼顶是首先考虑的选择。

总之,这种突发性的自然灾害还是可以进行有效的准备和预防的,因此在水灾到来之前,我们就应该让孩子懂得如何去自救,如何去预防,如何去面对,这才是关键所在。作为家长更应该牢记以上所述的防灾避险的知识,自己懂得了如何保护孩子,才能在危机来临时给孩子撑好保护伞。

99.森林大火,向正确的方向逃离

尽管森林为人类筑起了一道能制造氧气、阻隔风沙的防护墙。但由于各种原因所造成的森林火灾,对于人类来说也称得上是灾难。森林火灾,突发性强、破坏性大、处置起来较为困难,而且有的还会反复。因此,父母也要让孩子对森林大火引起重视,告诫他身处林区的时候,一定要注意防火,并学会从森林火场中逃生。

2009年2月7日,澳大利亚维多利亚州由于有人纵火而发生森林火灾。连续的高温和干旱,使得此次森林大火更容易扩散,许多人还来不及逃离住所就被烈焰吞没。

而由于这里之前也发生过一些小型火灾,不少人还曾使用家庭灭火器扑过火,所以很多人麻痹大意。他们根据过去的经验,认为火势不会蔓延太快。当大火靠近的时候,他们还希望多抢救一些贵重财产。更有人希望能用灭火器或自来水来扑灭大火。由此种种原因,这些人撤退太晚,结果被大火包围。

澳大利亚的这次森林火灾燃烧了有一月之久,被称为该国"历史上最严重的山火灾害"。共有210人在火灾中死亡,燃烧总面积达41万公顷,1800多栋房屋被烧毁,近100万头牲畜和野生动物死亡。维多利亚州首府墨尔本著名的小镇——马里斯维尔因大火消失。

澳大利亚的这场火灾的确是一场令人心痛的灾难。若是一些人当时能够提高警惕,尽快逃离,也许生命的消失就不会如此之快,也不会如此之多。因此,父母要从中得到启示,要告诫孩子,遇到森林火灾的时候,一定要珍惜自己的生命,尽快向正确的方向逃离。

人类的生存离不开森林、草原、江河湖海等各种自然资源,这些自然环境的构成因素可以调节气候、涵养水源、净化空气,并且能够维持生态平衡。尤其是森林,它对降低二氧化碳排放量、动物群落的生存、水文湍流调节和巩固土壤起着重要作用,可以说是构成地球生物圈当中最重要的一个方面。而森林一旦引发火灾,就将会对森林、森林生态系统和人类带来巨大的危害和损失。

人的生命永远都是最宝贵的,遇到森林大火的时候更是要以能保住生命为重。因此,父母一定要教孩子了解森林、了解森林大火,并学会逃离火场,学会保护自己的生命。

(1)提醒孩子林区不用或慎用易燃物质

森林等地方都会有这样一个警示牌"禁止吸烟"或者"禁止使用明火"。而个别人丧失最起码的森林保护意识和基本的道德规范,乱扔烟头、未燃尽的火柴等物品,或者随意折取树枝、草叶取火等行为,再加上风、湿度等条件,就很容易引起森林大火。

因吸烟点火乱扔未熄灭的烟头造成火灾的案例有许多,其中最典型的就是1987年5~6月间我国黑龙江省大兴安岭的森林火灾。那次大火受灾群众有5万多人,死亡193人,受伤226人,共造成69.13亿元的巨大损失。事后查明,这次特大森林火灾,最初的5个起火点中,有4处系人为引起,其中两处起火点是3名"烟民"的烟头引燃的。

这是一个惨痛的教训,人为使用明火,绝对是林区的大忌!因此,父母要提醒孩子,一定要遵守最基本的道德规范,在林区的时候,尽量不用易燃物质;若是不得已要使用,也要使用规范,熄灭所有的火星,自觉降低火灾发生率。

(2)告诫孩子森林火灾时逃生最重要

森林多树木、草地,可以说只要一小点火星,火势就会以意想不到的速度蔓延开来。因此,父母要让孩子牢记:遇到森林火灾的时候,一定要先逃生,生命是最为重要的。

"2009年7月31日,西班牙度假胜地拉帕尔马岛遭遇森林大火,造成了至少2000公顷的森林被烧毁,约4000人被疏散。"从电视里看到这条新闻时,10岁的儿子感叹:"不知道疏散的时候,他们的东西能不能都拿走。"

爸爸却摇着头对他说："若是遇到森林大火,一定要以逃命为最优先考虑的事情!东西什么的无所谓。"儿子不解地说:"可是火烧总有个过程吧?再说还有那么多贵重的东西呢……"

"不可以!"爸爸立刻打断了儿子的话,"人都说水火无情,尤其是森林大火,一定要先逃生,任何财产都没有人的生命珍贵。记住了吗?"儿子听后吐了吐舌头,接着点了点头。

是的,水火无情,森林大火更是无情。所以,父母需要告诫孩子,假如遇到了森林大火,无论丢失或落下什么东西,都不要心疼,只要生命保住了,什么都可以重新再来。

(3)让孩子千万不要试图扑灭大火

也许有的孩子会有类似的想法:若是我跟着去扑火,没准儿我能扑灭呢?还没准儿我就是个英雄呢?父母一定要及时制止孩子的这种想法。别说是尚未成年的孩子,就是成年人,单枪匹马没有任何工具设施去扑火,也是起不到什么作用的。

父母要让孩子明白,森林大火一旦形成,那将是一场可以称之为"灾害"的大火。它的气势、规模以及破坏程度绝对不是一般建筑火灾所能比及的。因此,千万不要试图去扑灭大火,更不要在这时候有什么英雄主义的思想。父母要让孩子牢记:森林大火绝不可能依靠一个人或几个人的力量就扑灭,这时候逃生最为重要。

(4)教孩子学会逃离森林火场

从森林大火中逃离,并不是盲目地跑就可以了。父母应该教孩子学会如何尽快并较为安全地远离森林火场。

要记住,不要脱去衣服,因为衣服尽管可能会阻碍行动,但却能给身体提供保护,使身体免受辐热侵袭。通过浓烟的方向可以判定风向和火势蔓延的最快的方向,若人在火中,要寻找火势较弱的地方,逆风逃离火海。

若是不能穿过火场,就要寻找一些天然的避火带,比如森林中的开阔平地就可以阻挡火势,但要注意应该清除空地周围的其他植物,并用外衣遮住身体暴露的地方,若有可能,最好是挖一个地洞,把脸贴在地上,以免窒息。另外,河流可以算是最理想的防火带了,在水中一方面可以躲开大火,另一方面还能利用水来保护皮肤、眼睛不受火和烟的侵害。

当然,父母无论使用什么方法,都要达到一个目的,就是要让孩子能够保持冷静头脑去应对森林火灾,并能学会逃离火场,保得自身周全。

100.山体滑坡,牢记各种预防措施

滑坡是山区常见的自然地质现象,但同时它们也被称为"突发性灾害"。这是因为它的发生经常令人猝不及防,人的生命、财产往往在一瞬间就消失殆尽。所以,对于这种突发性灾难,父母要提醒孩子,一定要牢记各种防范措施。

滑坡让临近山区的人们头疼不已,它所带来的损失无可估量。因此,父母应教孩子学会如何逃过这样的灾难,学会如何更好地保护自己。

滑坡是指山坡在河流冲刷、降雨、地震、人工切坡等因素影响下,土层或岩层整体或分散地顺斜坡向下滑动的现象。尽管在山地环境下,滑坡是很难避免,但通过采取积极防御措施,这些危害还是可以减轻的。

10岁的山明家住在山区的一个村子中,地形地貌条件导致这一片区域经常发生山体滑坡、泥石流。尽管滑坡、泥石流肆虐,但山明家除了房子有时候会被毁坏之外,家中成员从来都没有出过意外。这全有赖于山明的父母带着他所做的一系列避灾措施。

山明家旁边有一大块空地,于是爸爸就将这块地当作了避灾的临时用地,在那里搭建了一处临时住所,并备齐了一应生活用品、交通工具、通讯器材、药品等。每当滑坡或泥石流来临时,全家一起躲到临时住所,从而避开灾祸。

所以,父母要帮助孩子摆正认识,要让他多了解这些方面的相关知识,学会应急的处理方法。万一遇到此类事情,使他也能够沉着应对。

(1)滑坡来临前山坡的变化

滑坡裂缝是滑坡形成过程中一种重要的伴生现象,不要在看到下列情况后采取不在乎的做法,或是认为山坡出现裂缝是正常现象。

①土质滑坡张开的裂缝延伸方向往往与斜坡延伸方向平行,弧形特征较为明显,其水平扭动的裂缝走向常与斜坡走向直接相交,并较为平直。

②岩质滑坡裂缝的展布方向往往受到岩层面和节理面的控制。

③当地面裂缝出现时,便说明该山坡已处于不稳定状态了。

(2)滑坡到来前周围事物的变化

滑坡到来前有许多前兆,但不要根据其他因素干扰带来的异常而做错误判断。

①当斜坡局部深陷,而且该沉降与地下存在的洞室以及地面较厚的人工填土无关时,将有可能发生滑坡。

②山坡上建筑物变形,而且变形构筑物在空间展布上具有一定的规律。

③泉水、井水的水质浑浊,原本干燥的地方突然渗水或出现泉水蓄水池大量漏水现象。

④地下发生异常声响,且在出现这种响动的同时,家禽、家畜有异常反应。

(3)山体崩滑时如何逃生

①遇到山体崩滑时要朝向垂直于滚石前进的方向跑。

②遇到山体崩滑时,可躲避在结实的障碍物下,或蹲在地坎、地沟里。

③应注意保护好头部,可利用身边的衣物裹住头部。

④如果灾害发生时不在山上,则不要慌张,尽可能将灾害发生的详细情况迅速报告相关政府部门和单位。并且做好自身的安全防护工作。

(4)发生滑坡后该怎么做

①马上参与营救其他遇险者。

②不要在滑坡危险期未过就回发生滑坡的地区居住,以免第二次滑坡的发生。

③滑坡已经过去,并且自家的房屋远离滑坡,确认安全后,方可进入。

(5)滑坡最易发生在什么时期

①一场大雨过后或正处在连阴雨中。

②各类建筑施工和地震期间。

③每年春季融雪期。

在上述时期内,应该做好防范准备,如果有滑坡前兆,不可存在侥幸心理。在滑坡已发生期间更不可麻痹大意。

(6)外出旅游如何避免遭遇滑坡

①尽量避免在滑坡频发季节到滑坡多发地区旅游。应在滑坡发生可能性最小的季节通过那些易发生滑坡的地区。

②外出旅游时一定要远离滑坡多发区。

③了解滑坡前兆,防患于未然。

(7)野营时如何避免遭遇滑坡

①野营时避开陡峭的悬崖和沟壑。

②野营时避开植被稀少的山坡。

③野营时避开非常潮湿的山坡。

(8)在易发生滑坡地区如何选择安全的住地

①检查房屋地下室的墙上是否存有裂缝裂纹。

②观察房屋周围的电线杆是否有向一方倾斜的现象。

③房屋附近的柏油马路是否已发生变形。

(9)滑坡过后如何检查房屋

滑坡过后,即使房屋依然完好,仍要做好必要的检查工作。

①在重新入住之前,应注意检查屋内水、电、煤气等设施是否损坏。

②管道、电线等是否发生破裂和折断,如发现故障,应立刻拨打报修电话。

101.空难逃生课,你告诉孩子了吗?

在众多交通工具中,飞机发生故障、事故的几率是最低的,所以飞机也是安全性最高的交通工具。但不可否认的是,飞机一旦发生事故,死亡率也是最高的。但我们不可能因为乘坐飞机有风险就不乘坐了,关键是我们要了解一些乘坐飞机时的安全事项,在带孩子乘坐飞机时要把这些注意事项讲给孩子听,以保证孩子的安全。并且,父母还要将飞机发生故障时的应对常识教给孩子,增进孩子的安全意识。

过几天,妈妈就要带4岁的萱萱乘飞机从北京去西安了,萱萱还是第一次坐飞机呢。听到这个消息,萱萱又兴奋又紧张,就问妈妈:"妈妈,飞机里面是什么样子?我们要飞多久呢?我会不会掉下来?"

面对萱萱的诸多问题,妈妈就给她找来飞机外部及内部的图片先让她了解一下,并给萱萱讲解了许多乘坐飞机应该注意的事项。在妈妈的讲解下,萱萱终于对飞机和乘坐飞机需要注意的事情都有所了解了,几天后,她顺利地跟着妈妈一起从北京飞到了西安。

孩子第一次乘坐飞机会比较好奇,也许还会有点儿紧张,父母应该让孩子多了解一下有关飞机的各方面信息,也可以给他找来图片,让他先熟悉一下。虽然乘坐飞机出行的安全系数较高,但还是有必要让孩子了解一下乘坐飞机时的安全常识,一旦出现事故,可以尽量争取逃生的机会。

2011年暑假,就读于石家庄某小学的鹏鹏在爸爸妈妈的陪伴下,一家三口一起前往香港迪士尼乐园游玩。对于第一次坐飞机出远门的鹏鹏来讲,别提有多兴奋了,一想到几小时后就可以见到日思夜想的"米奇",鹏鹏从上飞机开始就激动不已。

飞机终于起飞了。在飞行了半个多小时后,飞机忽然颤动了一下,这可把鹏鹏吓坏了。这时候,广播里空中小姐甜美的声音传出来,她提醒大家系好安全带,飞机有点小故障。

鹏鹏听了,紧张得不得了,他担忧地询问爸爸妈妈会不会出现危险?自己是不是见不到"米奇"了?爸爸妈妈告诉他,不要紧张,不会有什么事的,系好安全带就行。几分钟后,空中小姐告诉乘客,险情解除,此时鹏鹏的心终于踏实下来。

作为现代化交通工具,飞机得到了广泛应用,同时它也缩短了国与国、城市与城市之间的距离。与轮船、火车、汽车等交通工具相比,飞机是最安全、事故概率最低的工具。相关资料表明,死于坐飞机的危险概率是1/85000。据专家介绍,现代喷气式民航机,其安全性已达到每飞行56万小时才有一架飞机失事,它的安全、快捷、舒适是其他交通工具无法比拟的。

尽管如此,我们也不能完全忽略飞机的危险性,因为一旦出现事故,营救起来是非常困难的,而且死亡率也是极高的。那么,为了我们的孩子能够安全地乘坐飞机,家长们有必要让孩子了解一些相关知识,做到有备无患。

(1)搭乘飞机最易发生危险是起飞和降落的时候,在这两个时间段发生的飞机失事占总数的十分之六。因此,起飞时应聆听乘务员讲解怎样应付紧急事故,并留意机上各种安全设施,例如安全门等。

(2)记住靠近自己座位的安全门在哪里及其关启方法(机门上会有说明)。飞机万一失事,可能要在浓烟中找寻出口,把门打开。

(3)把前面椅背袋里的紧急措施说明拿出来看一遍。

(4)发生紧急事故时,要听从乘务员的指示。他们都受过严格训练,善于应付紧急事故。

(5)脱下眼镜、假牙、高跟鞋,口袋里的尖锐物件,例如铅笔、圆珠笔等,也应该拿出来。

(6)如机舱内有烟雾,用手巾(最好是湿的)掩住鼻子和嘴巴。走向安全门时尽可能俯屈身体,贴近机舱地面。

(7)机舱门一打开,充气逃生梯会自行膨胀。用坐着的姿势跳到梯上。

(8)滑到地面后,尽可能远离飞机,不要折返机上取行李。

(9)如果自己或别人受伤,应该通知接受过急救训练的乘务员。

(10)等待援救时,设法和其他乘客交谈,安慰他们,保持求生意志。如可选择座位,应尽可能坐在机舱前部。机尾的颤动和噪音较厉害,机头则比较舒适,所以头等舱都设在前部。